U0193219

高层建筑结构的抗震分析与设计

夏世群　著

科学出版社

北京

内 容 简 介

本书全面阐述高层建筑结构的抗震分析和设计。书中系统介绍了框架结构体系、剪力墙结构体系、框架-剪力墙结构体系、筒体结构体系和巨型结构体系;从场地选择、建筑结构的规则性、结构体系的选择、提高结构抗震性能的措施等方面介绍了结构抗震的概念设计,建筑抗震性能化设计的目标、要求和设计方法,反应谱分析、弹性时程分析、静力弹塑性分析、动力弹塑性分析和多点地震输入分析等抗震分析方法,以及隔震与消能减震设计的一般规定和设计要点。此外,书中还提供了七个建筑工程抗震设计实例供读者参考。

本书可供建筑结构设计领域的科技人员及高等院校相关专业的师生参考。

图书在版编目(CIP)数据

高层建筑结构的抗震分析与设计/夏世群著. —北京:科学出版社,2022.7
ISBN 978-7-03-072652-0

Ⅰ. ①高… Ⅱ. ①夏… Ⅲ. ①高层建筑-建筑结构-防震设计 Ⅳ. ①TU973

中国版本图书馆 CIP 数据核字(2022)第 111936 号

责任编辑:童安齐 / 责任校对:马英菊
责任印制:吕春珉 / 封面设计:东方人华设计工作室

科学出版社 出版
北京东黄城根北街 16 号
邮政编码:100717
http://www.sciencep.com

北京中科印刷有限公司印刷
科学出版社发行 各地新华书店经销

*

2022 年 7 月第 一 版 开本:B5(720×1000)
2022 年 7 月第一次印刷 印张:18 3/4
字数:364 000

定价:150.00 元
(如有印装质量问题,我社负责调换〈中科〉)
销售部电话 010-62136230 编辑部电话 010-62139281(BA08)

前　　言

　　高层建筑具有充分利用空间、缓解城市用地紧张，使城市的地上与地下空间得到最大化利用，最大化容纳人口，以及大型设施等方面的优点，是现在我国建筑施工时首选的建筑方式与建筑风格。与此同时，高层建筑也提示着其结构设计一定要严谨，尤其要注意将结构的抗震性摆在极其重要的位置。如果在设计过程中高层建筑结构抗震设计达不到规定标准，或者说抗震相关的部分不合理，一旦遇到较强的地震，便会暴露出安全问题，严重损害人员以及财产安全。在高层建筑的设计阶段一定要结合实际情况，高度重视结构的抗震性能，选择合适的建筑结构，采用安全可靠的防震加固手段，提升高层建筑的安全性。本书对高层建筑结构的抗震分析与设计进行了研究，希望对高层建筑结构抗震性能设计提供一定的指导。

　　本书共七章。第一章是绪论，包括高层建筑发展、高层建筑结构设计、高层建筑结构抗震设计概述。第二章是高层建筑结构的体系，系统介绍框架结构体系、剪力墙结构体系、框架-剪力墙结构体系、筒体结构体系和巨型结构体系。第三章是结构抗震的概念设计，包括概述，以及从场地的选择、建筑设计的规则性、结构设计的规则性、结构材料和体系的选择、提高结构抗震性能的措施、非结构构件的处理、结构材料与施工质量等方面进行了分析。第四章是建筑抗震性能化设计，包括概述，抗震性能化设计的目标、内容和要求，抗震性能化设计方法。第五章是结构抗震分析，介绍反应谱分析、弹性时程分析、静力弹塑性分析、动力弹塑性分析和多点地震输入分析。第六章是隔震与消能减震设计，包括概述、隔震与消能减震设计的一般规定、隔震房屋设计要点和消能减震房屋的设计要点。第七章是工程实例，提供七个高层建筑工程抗震设计实例，以供读者参考。

　　由于作者的水平和掌握的资料有限，书中难免存在缺点与不足，恳请广大读者提出宝贵意见。

目　　录

第一章 绪 论

第一节 高层建筑发展

一、高层建筑

高层建筑的发展受到多种因素的影响，它与国家经济发展、城市人口的增多、建设可用地的减少、地价的不断高涨、科学技术的进步、钢铁和水泥的应用、电梯的发明、机械化和电气化在建筑中的应用等诸多因素有关。高层建筑是近代经济发展和科学技术进步的产物，至今已有 100 余年的历史。目前，高层建筑作为城市经济繁荣、科学发展和社会进步的重要标志，以及建造业主实力雄厚的象征，受到广泛关注。高层建筑不仅要考虑结构受力，还要考虑建筑功能、文化、社会、经济、设备等因素，才能发挥出最佳的经济效益与社会效益。

（一）高层建筑的定义

超过一定层数或高度的建筑称为高层建筑。参照我国《高层建筑混凝土结构技术规程》（JGJ 3—2010）[1]规定，10 层及 10 层以上或房屋高度大于 28m 的住宅建筑，以及房屋高度大于 24m 的其他高层民用建筑混凝土结构为高层建筑。美国规定高度在 7 层以上或 25m 以上的建筑物为高层建筑；英国规定 24.3m 以上的建筑物为高层建筑；法国规定居住建筑高度在 50m 以上、其他建筑高度在 28m 以上的建筑为高层建筑。

（二）高层建筑的分类

按不同的分类标准或分类指标可对高层建筑进行不同的分类，同时，即使采用相同的分类标准或分类指标，不同国家或不同时期，其分类规定也不相同，目前国际上还没有统一的高层建筑划分标准。以下给出高层建筑的几种分类方法。

1. 按层数和高度分类

国际上按建筑的高度与层数可将高层建筑分为低高层（40 层或 152m 高度以下）、高层、超高层（100 层或 365m 高度以上）结构三类。联合国教科文组织所属的世界高层建筑委员会建议，一般将高层建筑划分为以下四类：第一类，高层建筑为 9～16 层，高度不超过 50m；第二类，高层建筑为 17～25 层，高度不超过 75m；第三类，高层建筑为 26～40 层，高度不超过 100m；第四类，高层建筑为

40 层以上，高度超过 100m。日本规定，8 层以上或高度超过 31m 的建筑为高层建筑，30 层以上的旅馆、办公楼和 20 层以上的住宅定为超高层建筑等。

2. 按高层建筑功能分类

按建筑的主要使用功能，可将高层建筑分为住宅类、旅馆类、办公类和综合类等。

3. 按高层建筑结构材料分类

按高层建筑结构材料的不同，可将建筑分为钢筋混凝土类高层建筑、钢结构类高层建筑、钢-混凝土混合结构类高层建筑等；同样，也可按结构体系或施工方法等进行分类。

（三）高层建筑的特点

高层建筑有其独特的特点，既有有利的方面，又存在很多局限性，具体有以下几个方面。

（1）在相同的建设场地中，建造高层建筑可以获得更多的建筑面积，这样可以部分解决城市用地紧张和地价高涨的问题。设计精美的高层建筑还可以作为城市景观，如迪拜的哈利法塔和上海的金茂大厦等。但高层建筑太多、太密集也会对城市带来热岛效应，玻璃幕墙过多的高层建筑群还可能造成光污染现象。

（2）在建筑面积与建设场地面积相同比值的情况下，建造高层建筑比多层建筑能够提供更多的空闲地面，将这些空闲地面用作绿化和休息场地，有利于美化环境，并带来更充足的采光和通风效果。例如，在新加坡的新建居住区中，由于建造了高层建筑群，留下了更多地面空间，可以更好地建设城市绿化和人们休闲活动空间。

（3）从城市建设和管理的角度看，建筑物向高空延伸，可以缩小城市的平面规模，缩短城市道路和各种公共管线的长度，从而节省城市建设与管理的投资。由于建造高层建筑可以增加人们的聚集密度，缩短相互间的距离，水平交通与竖向交通相结合，使人们在地面上的活动走向空间化，节约了时间，增加了效率。但人口的过分密集有时也会造成交通拥挤、出行困难等问题。

（4）高层建筑中的竖向交通一般由电梯来完成，这样就会增加建筑物的造价，从建筑防火的角度看，高层建筑的防火要求要高于中低层建筑，也会增加高层建筑的工程造价和运行成本。

（5）从结构受力特性来看，横向作用（风荷载和地震作用）在高层建筑分析和设计中将起重要的作用，特别是在超高层建筑中将起主要作用。因此，高层建筑的结构分析和设计要比一般的中低层建筑复杂得多。

综合高层建筑的上述特点，可以认为，建造高层建筑一般是利大于弊，而合理的规划和设计还可以达到美化城市环境的效果。可以预见，在相当长的一段时间内，高层建筑仍将是世界上大部分国家在城市建设中的主要建筑形式。因此，掌握高层建筑的设计知识是对建筑与土木工程领域技术人员的基本要求。作为土木工程专业的学生，更应该掌握高层建筑结构的分析理论和基本设计方法，为今后的工作打下良好的基础。

二、发展概况

（一）国外高层建筑的发展

1. 国外高层建筑的发展阶段

国外高层建筑的发展可分为以下三个阶段。

第一阶段，19 世纪中期以前，欧美一般只能建造 6 层左右的建筑，其主要原因是当时缺少材料和可靠的垂直运输系统。

第二阶段，从 19 世纪中叶到 20 世纪 50 年代初，近 100 年里，1855 年电梯系统的发明、1924 年硅酸盐水泥的发明，以及钢铁工业的不断发展，使建造更高的建筑成为可能。在美国，一些城市出现了 20～30 层的高层建筑，如家庭保险公司大楼（Home lnsurane Building），10 层，高 55m，建于 1883～1885 年，采用铸铁框架承重结构，标志着一种区别于传统砌筑结构的新结构体系的诞生。到 19 世纪，高层建筑已经发展到采用钢结构。建筑物的高度越过了 100m 大关。1898 年建成的纽约公园大道（Park Row）大厦，30 层，高 118m，是 19 世纪世界上最高的建筑。世界上最早的钢筋混凝土框架结构高层建筑，是 1903 年在美国辛辛那提建造的英格尔斯（Ingalls）大楼，16 层。1931 年，美国纽约曼哈顿建造了著名的帝国大厦（Empire State），102 层，高 381m。它保持世界最高建筑的纪录达 41 年之久，直到 1973 年才被世界贸易中心大楼（World Trade Center Towers）打破（世界贸易中心大楼建造在美国纽约，110 层，高 417m，为钢结构）。

这一时期，虽然高层建筑有了比较大的发展，但受到设计理论和建筑材料的限制，结构材料用量较多、自重较大，且仅限于框架结构，建于非抗震区。

第三阶段，随着在轻质高强材料、抗风抗震结构体系、施工技术及施工机械等方面都取得了很大进步，以及计算机在设计中的应用，高层建筑从 20 世纪 50 年代开始飞速发展，特别是从 20 世纪 60 年代到现在，高层建筑已发展至若干结构体系。如 1974 年美国在芝加哥又建成了当时世界最高的西尔斯大厦（Sears Tower），110 层，高 443m，为钢结构筒体结构体系。

一般高度的高层建筑（80～150m）更是大量兴建。朝鲜平壤市的柳京饭店，地面以上 101 层，高 305.4m，为钢筋混凝土结构；1998 年建成的位于马来西亚首都吉隆坡的佩重纳斯大厦（或称石油双塔），88 层，高 452m，为框架-筒体结构。

2. 国外高层建筑发展的主要特点

第一，40 层以上的超高层建筑采用钢结构居多，40 层以下一般都采用现浇钢筋混凝土结构。对 100 幢高层建筑的分析表明，钢结构占 66%，型钢混凝土结构（劲性混凝土结构）占 18%，钢筋混凝土结构仅占 16%。

第二，混凝土强度等级不断提高。如美国旧金山 1983 年建成的一幢高层建筑，柱的混凝土强度达到 45.7MPa。高强钢筋也在建筑工程中广泛应用，尤其是在预应力混凝土构件中。这就使高层建筑中的梁、柱断面尽可能减小，而建筑空间和有效使用面积尽可能增加。

第三，在现浇钢筋混凝土结构高层建筑中，普遍采用了板柱体系，从而简化了大梁和楼板的施工工艺。同时，为降低板柱体系的建筑用钢量，提高板、柱的刚度和抗裂性能，加大结构的跨度，常采用无黏结预应力楼板，其效果也非常好。

第四，大型超高层建筑大多采用多筒结构体系，其刚度大，侧移小。

第五，地基与基础的处理技术比较复杂，按补偿式基础设计要求和建筑整体稳定性，一般高层建筑均设多层地下室。如世界贸易中心大楼设地下室 7 层，其中 4 层是汽车库，可停 2 000 辆小汽车，其余为商场和地下车站。

（二）国内高层建筑的发展

1. 古代高层建筑的发展

公元 524 年在河南建造了嵩岳寺塔，15 层，高约 50m，砖砌单筒结构；公元 652 年在西安建造了大雁塔，7 层，总高约 64m，砖木结构；公元 1055 年在河北定县建造了瞭敌塔，11 层，高约 82m，砖砌双筒结构；公元 1056 年在山西应县建造了木塔，9 层，高约 67m。这些古代高塔建筑不但在建筑艺术上具有很高水平，而且结构体系、施工技术和施工方法也具有很高水平，经受住了若干次大地震的考验。

2. 近代高层建筑的发展

我国近代高层建筑起步较晚，在新中国成立前数目极少，仅在上海、天津、广州等少数城市有高层建筑，其中最高的是上海国际饭店，地下 2 层，地上 22 层，高度为 82.51m。新中国成立后，20 世纪 50 年代在北京建造了一批高层建筑，如北京和平宾馆，地下 1 层，地上 8 层，高度为 27.2m；北京电报大楼，地上 12 层，总高度为 73.37m 等。

到了 20 世纪 60 年代，高层建筑又有所发展，如 1966 年在广州建成了 18 层的人民大厦，高度为 63m；1968 年建成了广州宾馆，总高度为 88m，地下 1 层，地上 27 层，是 20 世纪 60 年代我国最高的一栋高层建筑。

到 20 世纪 70 年代，我国高层建筑发展较快。北京、上海、广州等大城市兴建了一批高层旅馆、公寓、办公建筑，层数最多的是 1976 年建成的广州白云宾馆，地下 1 层，地上 33 层，高度为 114.05m，是 20 世纪 70 年代我国最高的高层建筑。

进入 20 世纪 80 年代以后，高层建筑发展迅速，已从主要位于沿海大城市发展到遍及全国各省、自治区、直辖市。其特点是数量大、层数多、造型复杂、分布地区广泛、不断应用新的结构体系。仅 1980~1983 年所建的高层建筑数量就相当于 1949 年以来 30 多年中所建高层建筑的总和。20 世纪 90 年代以来，超高层建筑和高层建筑的发展更加迅猛，建筑物层数和高度不断增长，我国已建成了多座 200m 以上的高层建筑。例如，上海金茂大厦，88 层，结构高度为 383m，建筑高度为 421m（包括塔尖高度），是正方形筒体-框架结构；深圳帝王商业大厦，81 层，结构高度为 325m，桅杆高度为 384m；广州中天广场，80 层，结构高度为 320m。

21 世纪，高层建筑进入飞速发展的阶段，除北京、上海、深圳、广州等城市外，其他大、中城市（包括西部）高层建筑也在迅速发展。2016 年在上海建成的上海中心大厦，128 层，结构高度为 580m，建筑总高度为 632m。

3. 国内高层建筑发展的特点

国内高层建筑发展的特点如下所述。

第一，层数增多，高度增加，积极参与国际高层建筑竞争。结构高度不断增加，通过高度（体量）可显示地区或国家的实力，因此，建筑高度成为追求目标。为了争取第一（地区、国内甚至世界），各地高层建筑高度不断增加。

第二，结构体型复杂，平面、立面多样化。为了体现个性、追求新颖，高层建筑的平面、立面体型均极其特殊，结构的复杂程度和不规则程度为国内外前所未有，为结构设计带来极大挑战。平面形状有矩形、方形、八角形、多边形、扇形、圆形、菱形、弧形、Y 形、工字形等。立面出现各种类型转换、外挑、内收、大底盘多塔楼、连体建筑、立面开大洞等复杂体型的建筑。

第三，筒体或筒束结构在各类高层建筑中已得到广泛应用。高层建筑结构体系有框架、框架-剪力墙、剪力墙、底层大空间剪力墙、框筒和筒体（包括筒中筒与成束筒）、巨型结构及悬挑结构。超高层建筑结构体系包括框架-筒体结构、筒中筒结构、框架-支撑结构。

第四，高层以钢筋混凝土结构为主，但钢筋-混凝土混合（组合）结构应用较多（尤其是超高层）。

第五，钢结构高层建筑正在崛起。

三、高层建筑结构的发展趋势

随着城市人口的不断增加，建设可用地的减少，高层建筑的高度继续向更高的方向发展，结构所需承担的荷载和倾覆力矩将越来越大。在确保高层建筑物具有足够可靠度的前提下，为了进一步节约材料和降低造价，高层建筑结构构件正在不断改进，设计概念也在不断推陈出新。

（一）构件立体化

高层建筑在水平荷载作用下，主要靠竖向构件提供抗推刚度和强度来维持稳定。在各类竖向构件中，竖向线形构件（柱）的抗推刚度很小；竖向平面构件（墙或框架）虽然在其平面内具有很大的抗推刚度，但其平面外的刚度依然小到可略去不计。由 4 片墙围成的墙筒或由 4 片密柱深梁框架围成的框筒，尽管其基本元件依旧是线形构件或平面构件，但它已经转变成具有不同力学特性的立体构件。在任何方向水平力的作用下，均有宽大的翼缘参与抗压和抗拉，其抗力偶的力臂，即横截面受压区中心到受拉区中心的距离很大，能够抗御很大的倾覆力矩，从而适用于层数很多的高层建筑。

（二）布置周边化

高层建筑的层数多，重心高，纵然设计时注意质量和刚度的对称布置，但由于偶然偏心等原因，地震时扭转振动也是难免的。更何况地震动确实存在转动分量，即使是对称结构，在地面运动的转动分量激发下也会发生扭转振动。因此，高层建筑的抗推构件正在从中心布置和分散布置转向沿高层建筑周边布置，以便能提供足够大的抗扭转力偶。此外，构件沿周边布置并形成空间结构后还可为抵抗倾覆力矩提供更大的抗力偶。

（三）结构支撑化

框筒是用于高层建筑的一种高效抗侧力构件。然而，它固有的剪力滞后效应，削弱了它的抗推刚度和水平承载力。特别是当高层建筑平面尺寸较大，或者因建筑功能需要而加大柱距时，剪力滞后效应就更加严重，致使翼缘框架抵抗倾覆力矩的作用大大降低。为使框筒能充分发挥潜力并有效用于更高的高层建筑，在框筒中增设支撑或斜向布置的抗剪墙板，已成为一种行之有效的方法。

把在抵抗倾覆力矩中承担压力或拉力的杆件，由原来的沿高层建筑周边分散布置，改为向房屋四角集中，在转角处形成一个巨大柱，并利用交叉斜杆连成一个立体支撑体系，这是高层建筑结构中的又一发展趋势。由于巨大角柱在抵抗任何方向倾覆力矩时都具有最大的力臂，比框筒更能充分发挥结构和材料的潜力。1997 年落成的香港中国银行和芝加哥 532m 高的摩天大楼，都是采用了桁架筒体结构，并将全部竖向荷载传至周边结构，特别节省钢材量，这就是此种趋势的两个典型工程实例。预计这种结构体系今后在 300m 以上的超高层建筑中会得到更广泛的应用。

（四）体型多样化

日本东京拟建的千年塔（Millennium Tower），高约 840m，呈圆锥形，底面周长为 600m，可容纳 5 万居民。圆锥形高层建筑的优点有：第一，具有最小的风载体型系数；第二，上部逐渐缩小，减少了上部的风载和地震作用，缓和了超高层建筑的倾覆问题；第三，倾斜外柱轴力的水平分力，可以部分抵消水平荷载。此幢超高层建筑也采用支撑框筒作为结构抗侧力体系，进一步说明结构支撑化已成为超高层建筑结构的发展方向。此外，该超高层建筑每隔若干层设置一个透空层，可以减小设计风荷载。

（五）材料高强化

随着建筑高度的增加，结构面积占建筑使用面积的比例越来越大。为了改善这一不合理状况，采用高强钢和高强混凝土势在必行。随着高性能混凝土材料的不断发展，混凝土的强度等级和韧性性能也不断得到改善。C80 和 C100 强度等级的混凝土已经在超高层建筑中得到实际应用，这可以减小结构构件的尺寸，减少结构自重，必将对高层建筑结构的发展产生重大影响。例如，美国芝加哥市的水塔广场大厦高 262m，就是采用 C70 级高强混凝土建造的。高强度且具有良好可焊性的厚钢板将成为今后高层建筑结构的主要用钢材料，而耐火钢材 FR 钢的出现为钢结构的抗火设计提供了方便。采用 FR 钢材制作高层钢结构时，其防火保护层的厚度可大大减小，从而降低了钢结构的造价，使钢结构更具有竞争性。

（六）建筑轻量化

建筑物越高，自重越大，引起的水平地震作用就越大，对竖向构件和地基造成的压力也越大，从而带来一系列的不利影响。因此，目前在高层建筑中，已开始推广应用轻质隔墙、轻质外墙板，以及采用陶粒、火山渣等作为骨料的轻质混凝土材料，以减轻建筑物自重。例如，1971 年美国采用容重为 $18kN/m^2$ 的轻质高强混凝土，成功地建造了 52 层、高 215m 的贝壳广场大厦。

（七）组合结构化

采用组合结构可以建造比混凝土更高的建筑。在强震多发国家，如日本，组合结构高层建筑发展迅速，其数量已超过混凝土结构的高层建筑。目前应用较为广泛的有外包混凝土组合柱、钢管混凝土组合柱及外包混凝土的钢管混凝土双重组合柱等多种组合结构。特别是由于钢管内混凝土处于三轴受压后状态，能提高构件的竖向承载力，从而可以节省大量钢材。巨型组合柱首次在香港的中国银行大厦中应用，获得成功并取得了很大的经济效益。上海金茂大厦结构中也成功地应用了巨型组合柱。随着混凝土强度的提高以及结构构造和施工技术上的改进创新，组合结构在高层建筑中的应用将进一步扩大。巨型框架结构体系因其刚度大、在内部便于其设置大空间等优点，也将得到更多的应用。例如，上海证券大厦和香港的汇丰银行大厦就采用巨型框架结构体系。多束筒结构体系在实际工程中的应用，已表明该结构体系在适应建筑场地、丰富建筑造型、满足多种功能和减小剪力滞后效应等诸多方面具有很多优点，多束筒结构体系也将在超高层建筑结构工程中扩大应用。

目前，我国高层建筑中已大量应用现浇钢混凝土框架-剪力墙结构体系。这是一种优化组合结构体系。采用钢框架结构替代钢筋混凝土框架结构与混凝土剪力墙结构组合将使框架-剪力墙结构体系进一步优化，提高竖向承载能力和增强抵抗风和地震作用影响的抗侧能力。在钢筋混凝土结构基础上，充分发挥钢结构优良的抗拉性能以及混凝土结构的抗压性能，进一步减轻结构质量，提高结构延性，使设计从一般的高层建筑结构迈向了超高层建筑结构。例如，美国西雅图双联广场大厦，58 层，4 根大钢管混凝土柱，混凝土抗压强度为 133MPa，直径为 3.05m，管壁厚为 30mm，承受 60%的竖向荷载。钢混凝土结构体系中的主要组合结构构件有劲性钢混凝土（型钢混凝土）梁柱、钢管混凝土柱、片式及筒式剪力墙和预应力楼板及钢混凝土组合楼板。

（八）结构耗能减震化

建筑结构的减震[2]有主动耗能减震和被动耗能减震（有时也称主动控制和被动控制）。在高层建筑中的被动耗能减震有耗能支撑、带竖缝耗能剪力墙、被动调谐质量阻尼器以及安装各种被动耗能的油阻尼器等。主动减震则是由计算机控制的，即由各种作动器驱动的调谐质量阻尼器对结构进行主动控制或混合控制的各种作用过程。结构主动减震的基本原理是，通过安装在结构上的各种驱动装置和传感器，与计算机系统相连接，计算机系统对地震动（或风振）和结构反应进行实时分析，向驱动装置发出信号，使驱动装置对结构不断地施加各种与结构反应相反的作用，以达到在地震（或风）作用下减小结构反应的目的。目前在美国、日本等国家，各种耗能减震（振动）控制装置已在高层建筑结构中得以应用，在中国也有部分高层建筑工程中应用了这种技术。随着人类进入信息时代，使计算机、通信设备以及各类办公电子设备不受振动干扰而安全平稳地运行，具有重要的现实意义。与此同时，要求创造一个安全、平稳和舒适的办公环境，并要求能对各种扰动进行有效隔振和控制。因此，高层建筑的耗能减震控制将会有很大的发展空间和广泛的应用前景。

第二节 高层建筑结构设计

一、高层建筑结构体系概述

（一）框架结构体系

框架结构由梁、柱组成抗侧力体系。其优点是建筑平面布置灵活，可以做成有较大空间的会议室、营业场所，也可以通过隔墙等分割成较小的空间，满足各种建筑功能的需要，常用于办公楼、商场、教学楼、住宅等多高层建筑。

框架结构只能在自身平面内抵抗侧向力，故必须在两个正交主轴方向设置框架，以抵抗各个方向的水平力。抗震框架结构的梁柱必须采用刚接，以便梁端能传递弯矩，同时使结构有良好的整体性和较大的刚度。框架抗侧刚度主要取决于梁、柱的截面尺寸。由于梁、柱都是线性构件，截面惯性矩小，因此框架结构的侧向刚度较小，侧向变形较大，在 7 度抗震设防区，一般应用于高度不超过 50m 的建筑结构。

框架结构在侧向力作用下的受力变形特点如图 1-1 所示[3]。其侧移由两部分组成：梁、柱由弯曲变形引起的侧移，侧移曲线呈剪切型，自下而上层间位移减小，如图 1-1（a）所示；柱由轴向变形产生的侧移，侧移曲线呈弯曲型，自下而上层间位移增大，如图 1-1（b）所示；框架结构的侧向变形以由梁柱弯曲变形引起的剪切型曲线为主，如图 1-1（c）所示。

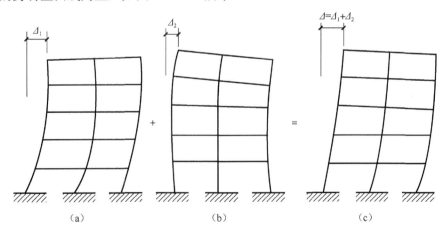

图 1-1 框架在侧向力作用下的受力变形特点

（二）剪力墙结构体系

用钢筋混凝土剪力墙（也称抗震墙）作为承受竖向荷载和抵抗侧向力的结构称为剪力墙结构，也称抗震墙结构。剪力墙由于是承受竖向荷载、水平地震作用和风荷载的主要受力构件，因此应沿结构的主要轴线布置。此外，考虑抗震设计的剪力墙结构，应避免仅单向布置。当平面为矩形、T 形或 L 形时，剪力墙应沿纵、横两个方向布置；当平面为三角形、Y 形时，剪力墙可沿三个方向布置；当平面为多边形、圆形和弧形平面时，剪力墙可沿环向和径向布置。剪力墙应尽量布置得规则、拉通、对直。在竖向方向，剪力墙宜上下连续，可采取沿高度逐渐改变墙厚和混凝土等级或减少部分墙肢等措施，以避免刚度突变。

剪力墙的抗侧刚度和承载力均较大，为充分利用剪力墙的性能，减小结构自重，增大剪力墙结构的可利用空间，剪力墙不宜布置得太密，结构的侧向刚度不宜过大。一般小开间剪力墙结构的横墙间距为 2.7~4m；大开间剪力墙结构的横墙间距可达 6~8m。由于受楼板跨度的限制，剪力墙结构平面布置不太灵活，不能满足公共建筑大空间的要求，一般适用于住宅、旅馆等建筑。

采用现浇钢筋混凝土浇筑的剪力墙是平面构件，在其自身平面内有较大的承载力和刚度，平面外的承载力和刚度小。因此，剪力墙在结构平面上要双向布置，分别抵抗各自平面内的侧向力。抗震设计时，应力求使两个方向的刚度接近。

当剪力墙的高宽比较大时，为受弯为主的悬臂墙，侧向变形呈弯曲型，剪力墙结构变形如图 1-2 所示。经过合理设计，剪力墙结构可以成为抗震性能良好的延性结构。国内外历次大地震的震害情况均显示剪力墙结构的震害一般较轻，因此它在地震区和非地震区都有广泛的应用。

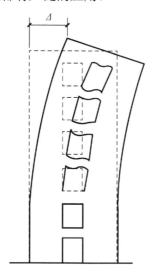

图 1-2　剪力墙结构变形

为了改善剪力墙结构平面开间较小，建筑布局不够灵活的缺点，可采用如图 1-3（a）和（b）所示的框支-剪力墙结构，或者如图 1-4 所示的跳层-剪力墙结构。

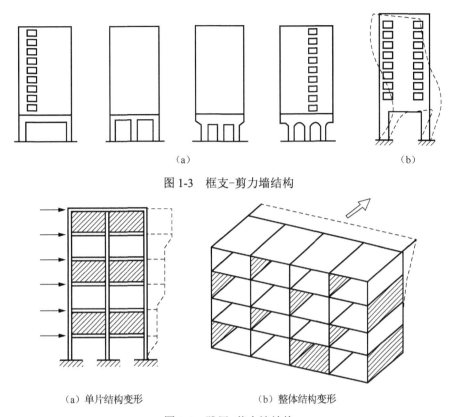

（a） （b）

图 1-3 框支-剪力墙结构

（a）单片结构变形 （b）整体结构变形

图 1-4 跳层-剪力墙结构

（三）框架-剪力墙结构体系

在框架结构中设置部分剪力墙，使框架和剪力墙两者结合起来共同工作，组成框架-剪力墙结构；如果把剪力墙布置成筒体，又可组成框架-筒体结构。

框架-剪力墙结构是一种双重抗侧力体系。剪力墙由于刚度大，可承担大部分的水平力（有时可达 80%~90%），为抗侧力的主体，整个结构的侧向刚度较框架结构大大提高；框架则主要承担竖向荷载，提供较大的使用空间，仅承担小部分的水平力。在罕遇地震作用下，剪力墙的连梁（第一道抗侧力体系）往往先屈服，使剪力墙的刚度降低，由剪力墙承担的部分层剪力转移到框架（第二道抗侧力体系）上。经过两道抗震防线耗散地震作用，可以避免结构在罕遇地震作用下的严重破坏甚至倒塌。

在水平荷载作用下，框架呈剪切型变形，剪力墙呈弯曲型变形。当二者通过刚度较大的楼板协同工作时，变形必将协调，出现弯剪型的侧向变形，框架-剪力墙协同工作如图 1-5（a）~（d）所示。其上下各层层间变形趋于均匀，顶点侧移减小，且框架各层层剪力趋于均匀，框架结构及剪力墙结构的抗震性能得到改善，也有利于减小小震作用下非结构构件的破坏。

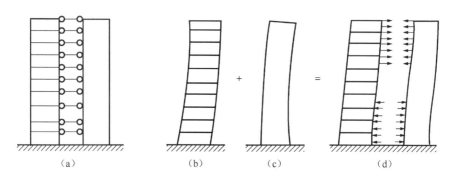

图 1-5　框架-剪力墙协同工作

　　框架-剪力墙结构既有框架结构布置灵活、延性好的特点，又有剪力墙结构刚度大、承载力大的优点，是一种较好的抗侧力体系，被广泛应用于高层建筑。

（四）筒体结构体系

　　筒体结构采用实腹的钢筋混凝土剪力墙或者钢筋混凝土密柱深梁形成空间受力体系，在水平力作用下可以看成固定于基础上的箱形悬臂构件，比单片平面结构具有更大的抗侧刚度和承载力，并具有很好的抗扭刚度，可满足建造更高层建筑结构的需要。筒体的基本形式有三种，即实腹筒、框筒和桁架筒 [图 1-6（a）～（c）]。由这三种基本形式又可形成筒中筒 [图 1-6（d）] 等多种形式。

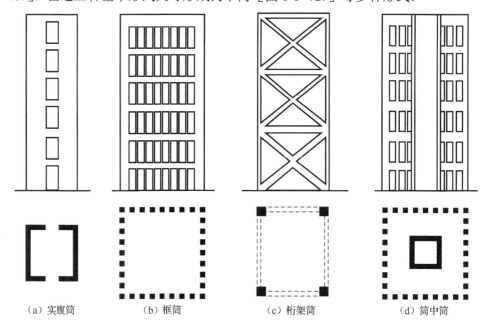

（a）实腹筒　　　　　（b）框筒　　　　　（c）桁架筒　　　　　（d）筒中筒

图 1-6　筒体类型

实腹筒采用现浇钢筋混凝土剪力墙围合成筒体形状，常与其他结构形式联合应用，形成框架-筒体结构平面（图1-7）、筒中筒结构等。

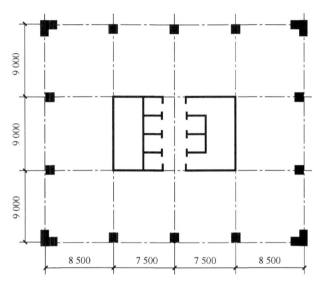

图 1-7 框架-筒体结构平面

框筒结构是由密柱深梁框架围成的，整体上具有箱形截面的悬臂结构。在形式上框筒由四榀框架围成，但其受力特点不同于框架。框架是平面结构，而框筒是空间结构，即沿四周布置的框架都参与抵抗水平力，层剪力由平行于水平力作用方向的腹板框架抵抗，倾覆力矩由腹板框架和垂直于水平力作用方向的翼缘框架共同抵抗，使建筑材料得到充分利用。

用稀柱、浅梁和支撑斜杆组成桁架，布置在建筑物的周边，就形成了桁架筒。与框筒相比，桁架筒更能节省材料。桁架筒一般都由钢材做成，支撑斜杆跨沿水平方向跨越建筑一个面的边长，沿竖向跨越数个楼层，形成巨型桁架，四片桁架围成桁架筒，两个相邻立面的支撑斜杆相交在角柱上，保证了从一个立面到另一个立面支撑的传力路线连续，形成整体悬臂结构，水平力通过支撑斜杆的轴力传至柱和基础。近年来，由于桁架筒受力的优越性，国内外已陆续建造了钢筋混凝土桁架筒体及组合桁架筒体。

（五）巨型结构体系

巨型结构（图1-8）也称为主次框架结构，主框架为巨型框架，次框架为普通框架。

巨型结构常用的结构形式有两种：一种是仅由主次框架组成的巨型框架结构；另一种是由周边主次框架和核心筒组成的巨型框架-核心筒结构。

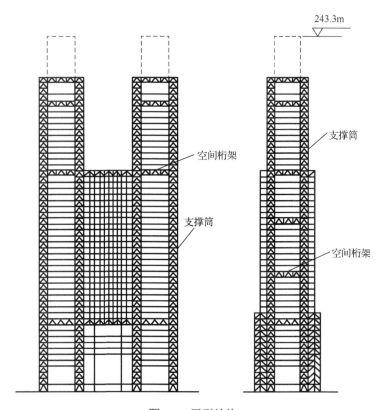

图 1-8　巨型结构

巨型框架柱的截面尺寸大，多采用由墙体围成的井筒，也可采用矩形或工字形的实腹截面柱，巨柱之间用跨度和截面尺寸都很大的梁或桁架做成巨梁连接，形成巨型框架。巨型大梁之间，一般为 4～10 层，设置次框架，次框架仅承受竖向荷载，梁柱截面尺寸较小，次框架的支座是巨型大梁，竖向荷载由巨型框架传至基础，水平荷载由巨型框架承担或巨型框架和核心筒共同承担。

巨型结构的优点是：在主体巨型结构的平面布置和沿高度布置均为规则的前提下，建筑布置和建筑空间在不同楼层可以有所变化，形成不同的建筑平面和空间。

二、高层建筑结构设计的特点

（一）结构内力与变形

1. 水平荷载成为决定因素

在低层建筑中，往往是以重力为代表的竖向荷载控制着结构设计；在高层建筑中，尽管竖向荷载仍对结构设计产生重要影响，但水平荷载却起决定性的作用。

随着建筑层数的增多，水平荷载成为结构设计中的控制因素。一方面，因为建筑自重和楼面使用荷载在竖向构件中引起的轴力和弯矩的数值仅与建筑高度的一次方成正比，而水平荷载对结构产生的倾覆力矩及由此在竖向构件中引起的轴力是与建筑高度的两次方成正比。另一方面，对某一特定建筑来说，竖向荷载大体上是定值，而作为水平荷载的风荷载和地震作用，其数值是随结构动力特性的不同而有较大幅度变化的。

2. 轴向变形不容忽视

（1）对连续梁弯矩的影响。采用框架体系和框-墙体系的高层建筑中，框架中柱的轴压应力往往大于边柱的轴压应力，中柱轴向压缩变形大于边柱轴向压缩变形。当房屋很高时，此种差异轴向变形将会达到较大的数值，其后果相当于连续梁中间支座产生沉陷，使连续梁中间支座处的负弯矩值减小，跨中正弯矩值和端支座负弯矩值增大（图 1-9）。在图 1-9 中，图（a）表示未考虑各柱差异压缩时梁的弯矩分布；图（b）表示各柱差异压缩后梁的实际弯矩分布。在低层建筑中，因为柱的总长度较小，此种效应不显著，所以未曾考虑过。

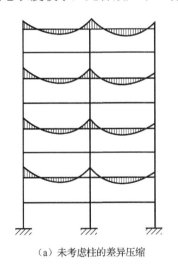

（a）未考虑柱的差异压缩　　　　　　（b）各柱差异压缩后的实际情况

图 1-9　框架连续梁的弯矩分布

（2）对预制件下料长度的影响。在高层建筑中特别是超高层建筑中，柱的承载很大，柱的总高度又很大，整根柱重力荷载下的轴向变形有时达数百毫米，对建筑物的楼面标高产生不可忽视的影响。因此，在制作预制构件时，应根据轴向变形计算值，对下料长度进行调整。

例如，美国休斯敦的 75 层得克萨斯商业大厦，采用型钢混凝土墙和钢柱组成的混合结构体系。据计算，中心钢柱由于负荷面积大，截面尺寸小，重力荷载下的轴向压缩变形要比型钢混凝土剪力墙多 260mm，这就要求该钢柱在下料时总共要加长 260mm，并需逐层调整。

（3）对构件剪力和侧移的影响。在水平荷载作用下，采用同一矩阵位移法程序，按考虑、不考虑轴向变形两种方法分别计算其剪力和位移。计算结果表明，与考虑构件轴向变形的剪力相比较，不考虑竖构件轴向变形时，各构件水平剪力的误差达 30%以上，结构顶点位移小一半以上。

3. 侧移成为控制指标

与低层建筑不同，结构侧移已成为高层建筑结构设计中的关键因素。随着建筑高度的增加，水平荷载下结构的侧向变形迅速增大。结构顶点侧移与建筑高度 H 的四次方成正比。

设计高层建筑时，不仅要求结构具有足够的强度，还要求具有足够的抗推刚度，使结构在水平荷载下产生的侧移被控制在某一限度之内，因为高层建筑的使用功能和安全，与结构侧移密切相关。

结构在阵风作用下的振动加速度超过 0.015g 时，就会影响建筑物内人员的正常工作与生活。从关系式 $a=A(2\pi f)$ 又可看出，当建筑在阵风作用下发生振动的频率 f 为一定值时，结构振动的侧移幅值与振动加速度 a 成正比，因而侧移幅值的大小成为关键因素。

过大的侧向变形会使隔墙、围护墙以及它们的高级饰面材料出现裂缝或损坏；此外，也会使电梯因轨道变形而不能正常运行。

高层建筑的重心较高，过大的侧向变形将使结构因 $P-\Delta$ 效应而产生较大的附加应力，甚至因侧移与应力的恶性循环导致建筑物倒塌。

4. 结构延性是重要设计指标

相对于低层建筑而言，高层建筑更柔一些，地震作用下的变形就更大一些。为了使结构在进入塑性变形阶段后仍具有较强的变形能力，避免倒塌，特别需要在构造上采取恰当的措施，来保证结构具有足够的延性。

（二）构件的基本形式

在高层建筑中，结构要承受水平荷载、竖向荷载和转动力矩等多种力的作用，这些力又随房屋的高度、平面形状和设防烈度等多种因素而有较大幅度的变化。为了适应高层建筑各种情况的不同要求，在实际工程中已经出现了 10 多种结构体系。然而组成这些结构体系的构件可归为三种基本形式，即线形构件、平面构件和立体构件（图 1-10）。下面就其受力和变形特点作一简要叙述。

（a）线形构件　　　　　　（b）平面构件　　　　　　（c）立体构件

图 1-10　构件的基本形式

1. 线形构件

具有较大长细比的细长构件，称为线形构件（或线构件）。当它不是作为一个独立构件承受荷载，而是作为某种构件（如框架、桁架或支撑）中的一个组成部分时，则称为杆件。它作为柱或梁使用时，主要承受弯矩、剪力和压力，其变形中的最主要成分是垂直于杆轴方向的弯曲变形。当它作为桁架或支撑中的弦杆和腹杆使用时，主要是承受轴向压力或拉力，轴向压缩或轴向拉伸是其变形的主要成分。线形构件是组成框架体系、框-撑体系、框-墙体系和板柱体系的基本构件。

2. 平面构件

具有较大横截面边长比（宽厚比）的片状构件称为平面构件（或面构件）。它作为楼板使用时承受平面外弯矩，垂直于其平面的挠度是其变形的特点。它作为墙体使用时，承受着沿其平面作用的水平剪力和弯矩，也承担一定的竖向压力。弯曲变形和剪切变形是墙体侧移的主要成分。平面构件出平面的刚度和承载力很小，结构分析中常略去不计。平面构件是组成全墙体系、框-墙体系、框托墙体系和叠盒体系的基本构件。

3. 立体构件

由线形构件或平面构件组成的具有较大横截面尺寸和较小壁厚的整体管状构件，称为立体构件，又称空间构件。框架筒体就是由梁和柱等线构件组成的立体构件。实陵筒体和带孔筒体则是由实心墙体、带孔墙体或平面支撑围成的立体构件。在高层建筑中，立体构件作为竖向筒体使用时主要承受倾覆力矩、水平剪力和扭转力矩。与线形构件和平面构件相比较，立体构件的空间刚度大得多，而且具有较大的抗扭刚度，在水平荷载作用下产生的侧移值较小，因而特别适合用于高层建筑。立体构件是框筒体系、筒中筒体系、框筒束体系、支撑框筒体系、大型支撑筒体系和巨型框架体系中的基本构件。

（三）确定结构类型的基本要素

在低层建筑中，水平荷载处于次要地位，结构的荷载主要是以重力为代表的竖向荷载。由于低层建筑的层数较少，建筑总重较小，对结构材料的强度要求不高，因而在结构类型的选择上比较灵活，制约的条件较少。高层建筑则不同，层数多，总重大，每个竖构件所负担的重力荷载很大，而且水平荷载又在竖构件中引起较大的弯矩、水平剪力和倾覆力矩。为使竖构件的结构面积在使用面积中所占比例不致过大，要求结构材料具有较高的抗压、抗弯和抗剪强度。对位于地震区的高层建筑，还要求结构材料具有足够的延性，这就使强度低、延性差的砌体结构在高层建筑的应用受到很大限制。不过，在砌体内配筋即采用配筋砌体结构，可以提高砌体的抗震能力，扩大砌体结构在高层建筑中的应用范围。层数较多的高层建筑就需要采用钢筋混凝土结构，层数更多的超高层建筑则以采用钢结构、混凝土-钢混合结构或型钢-混凝土结构为宜。概括起来，结构材料具有匀质、高强、轻量、良延等性质，是选定高层建筑结构类型的基本要素。

（四）结构体系的适用范围

1. 结构材料用量

由于抵抗水平力是高层建筑结构的主要目标，抗侧力体系便成为结构体系的重要组成部分，抗侧力能力的强弱则是衡量结构体系是否经济有效的尺度。

在高层建筑单位楼层面积的结构材料用量中，用于承担重力荷载的结构材料，与房屋层数成线性比例增加。其中，用于楼盖结构的材料用量大体是定值，几乎与房屋层数无关；用于墙、柱等竖向承重构件的材料用量，随房屋层数比例增长。然而，用于抵抗侧力的结构材料数量，则按房屋层数二次方的关系曲线急剧增长。实践证明，所选定的抗侧力体系是否经济有效，对于结构材料的用量影响很大，综合各方面条件经过精心设计所确定的最优抗侧力体系，将使结构材料用量得以大幅度下降。

2. 建筑内部空间

高层建筑对内部空间的要求因其使用性质而异。楼层使用功能不同，建筑平面布置也就随之变化。小空间平面布置方案仅适用于住宅及旅馆的客房部；办公楼要求大小空间兼有，餐厅、商场、展览厅及工业厂房则要求大空间的平面布置方案，舞厅和宴会厅更要求内部无柱的大空间。各种结构体系所能提供的内部空间是不同的。因此，在结构方案设计阶段，应首先考虑建筑使用功能对内部空间的需求，再结合其他条件综合考虑，确定一种既实用又经济有效的结构体系。表1-1列出几种常用结构体系所能提供的内部空间，供设计参考。

表 1-1 常用结构体系所能提供的内部空间

结构体系	结构平面	建筑平面布置	内部空间
框架		灵活	大空间
剪力墙	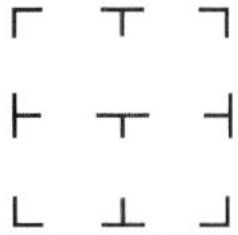	限制大	小空间
框架-剪力墙	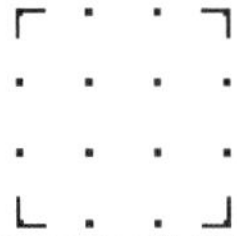	比较灵活	较大空间
框筒		灵活	大空间
框架-核心筒	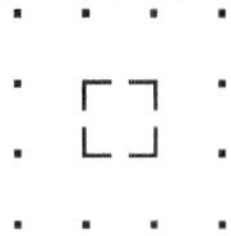	比较灵活	较大空间
筒中筒		比较灵活	较大空间

3. 适用房屋高度

（1）钢筋混凝土结构体系。在低层建筑中，结构基本上仅负担重力荷载，建筑使用功能是确定结构体系的唯一因素，因而结构体系的种类比较少。在高层建筑中，因为结构除了负担重力荷载外，还要负担较大的水平荷载，而且随着房屋高度的增加，水平荷载往往成为确定结构体系的关键性因素。所以，随着高层建筑的发展，新的结构体系不断涌现，每一种体系在房屋体形和高度方面都有它的最佳适用范围。

（2）钢结构体系。近十几年，我国各大城市都兴建了许多高层建筑，除个别采用砖结构外，绝大多数都是采用钢筋混凝土结构。由于房屋高度的日益增大，钢筋混凝土结构已不再是唯一经济、有效的结构类型，钢结构以其构件截面小、自重轻、延性好、安装快等优点，业已成为我国高层建筑中一个重要的结构类型。随着高层建筑的发展，钢结构同样出现了多种结构体系，而且也都有其各自的适用条件和应用范围。

（五）结构体系的选定

设计地震区的高层建筑，在确定结构体系时，除了要考虑前面提到的材料用量、建筑内部空间和适用的房屋高度等因素外，还需要进一步考虑下列抗震设计准则。

（1）具有明确的计算简图和合理的地震力传递路线。

（2）具备多道抗震防线，不会因部分结构或构件失效而导致整个体系丧失抵抗侧力或承受重力荷载的能力。

（3）具有必要的承载力、良好的延性和较多的耗能潜力，从而使结构体系遭遇地震时有足够的防倒塌潜力。

（4）沿水平和竖向，结构的刚度和强度分布均匀，或按需要合理分布，避免出现局部削弱或突变，形成薄弱环节，从而防止地震时出现过大的应力集中或塑性变形集中。在确定建筑方案的同时，应综合考虑房屋的重要性、设防烈度、场地条件、房屋高度、地基基础、材料供应和施工条件，并结合体系的经济、技术指标，选择最合适的结构体系。

第三节　高层建筑结构抗震设计概述

一、建筑抗震设计要求

（一）引言

建筑抗震设计一般包括概念设计、抗震计算和构造措施三个方面，其中概念设计是指根据地震灾害、工程经验等所形成的基本设计原则和设计思想，进行建筑和结构的总体布置并确定细部构造的过程。概念设计在总体上把握抗震设计的基本原则；抗震计算为建筑抗震设计提供定量手段；构造措施则可以在保证结构整体性、加强局部薄弱环节等意义上保证抗震计算结果的有效性。建筑抗震设计上述三个层次的内容是一个不可分割的整体，忽略任何一部分，都可能造成建筑抗震设计的失败。

建筑抗震概念设计主要包括场地选择和地基基础设计、把握建筑结构的规则性、选择合理抗震结构体系、合理利用结构延性、重视非结构因素，以及确保材料和施工质量。

由于我国的抗震设计是将小震下的地震力作为荷载参与计算，使之达到"不坏"的标准。这种设计对于抵抗大地震并无多大益处，甚至因刚度太大而在大震情况下出现脆性破坏。对于特殊的建筑结构，可以进行"性能设计"。性能设计宜多考虑隔震、减震技术。当建筑结构采用抗震性能化设计时，应根据抗震设防类别、设防烈度、场地条件、结构类型和不规则性，以及建筑使用功能和附属设施功能的要求、投资大小、震后损失和修复难易程度等，对选定的抗震性能目标提出技术和经济可行性综合分析，论证建筑抗震性能化设计的总原则，同时还给出了建筑结构的抗震性能化设计三个方面的要求，即选定地震动水准、选定性能目标、选定性能设计指标。建筑结构的抗震性能化设计计算应符合的具体要求如下：

第一，分析模型应正确、合理地反映地震作用的传递途径和楼盖在不同地震动水准下是否整体或分块处于弹性工作状态。

第二，弹性分析可采用线性方法，弹塑性分析可根据性能目标所预期的结构弹塑性状态，分别采用增加阻尼的等效线性化方法及静力或动力非线性分析方法。

第三，结构非线性分析模型相对于弹性分析模型可有所简化，但二者在多遇地震下的线性分析结果应基本一致，应计入重力二阶效应并合理确定弹塑性参数；同时依据构件的实际截面、配筋等计算承载力，可通过与理想弹性假定计算结果的对比分析，着重发现构件可能破坏的部位及其弹塑性变形程度。

（二）场地和地基

选择建筑场地时，应根据工程需要和地震活动情况、工程地质和地震地质的有关资料，对抗震有利、一般、不利和危险的地段做出综合评价。对不利地段，应提出避开要求；当无法避开时应采取有效措施。对危险地段，严禁建造甲类、乙类建筑，不应建造丙类建筑。建筑场地为Ⅰ类时，甲类、乙类建筑应允许按本地区设防烈度要求采取抗震构造措施；丙类建筑应允许按本地区抗震设防烈度降低 1 度的要求采取抗震构造措施，但抗震设防烈度为 6 度时仍应按本地区抗震设防烈度的要求采取抗震构造措施。地基和基础设计应符合下列要求。

（1）同一结构单元的基础不宜设置在性质截然不同的地基上。

（2）同一结构单元不宜部分采用天然地基，部分采用桩基；当采用不同基础类型或基础埋深显著不同时，应根据地震时两部分地基基础的沉降差异，在基础上部结构的相关部位采取相应措施。

（3）地基为软弱黏性土、液化土、新近填土或严重不均匀土时，应根据地震时地基不均匀沉降或其他不利影响，采取相应的措施。

（三）建筑结构的规则性

建筑结构不规则可能造成较大地震扭转效应，产生严重应力集中，或形成抗震薄弱层。因此，在建筑抗震设计中，应使建筑物的平面布置规则、对称，具有良好的整体性；建筑的立面和竖向剖面宜规则，结构的侧向刚度变化宜均匀。竖向抗侧力构件的截面尺寸和材料强度宜自下而上逐渐减小，避免抗侧力结构的侧向刚度和承载力突变而形成薄弱层。

建筑结构的不规则类型可分为平面不规则（表 1-2）和竖向不规则（表 1-3）。当采用不规则建筑结构时，应按《建筑抗震设计规范（2016 年版）》（GB 50011—2010）[4]的要求进行地震作用计算和内力调整，并应对薄弱部位采取有效的抗震构造措施。

表 1-2　平面不规则的主要类型

不规则类型	定义和参考指标
扭转不规则	在具有偶然偏心的规定的水平力作用下，楼层两端抗侧力构件弹性水平位移（或层间位移）的最大值与平均值的比值大于 1.2
凹凸不规则	平面凹进的尺寸，大于相应投影方向总尺寸的 30%
楼板局部不连续	楼板的尺寸和平面刚度急剧变化，例如，有效楼板宽度小于该层楼板典型宽度的 50%，或开洞面积大于该层楼面面积的 30%，或较大的楼层错层

表 1-3　竖向不规则的主要类型

不规则类型	定义和参考指标
侧向刚度不规则	该层的侧向刚度小于相邻上一层的 70%，或小于其上相邻三个楼层侧向刚度平均值的 80%；除顶层或出屋面小建筑外，局部收进的水平向尺寸大于相邻下一层的 25%
竖向抗侧力构件不连续	竖向抗侧力构件（柱、抗震墙、抗震支撑）的内力由水平转换构件（梁、桁架等）向下传递
楼层承载力突变	抗侧力结构的层间受剪承载力小于相邻上一层的 80%

对于体型复杂、平立面特别不规则的建筑结构，可按实际需要在适当部位设置防震缝，形成多个较规则的结构单元，但应注意使设缝后形成的结构单元的自振周期避开场地的卓越周期。

（四）抗震结构体系

大量的震害实例表明，采取合理的抗震结构体系，加强结构的整体性，增强结构各构件延性是减轻地震破坏、提高建筑物抗震能力的关键。结构体系应根据建筑的抗震设防类别、抗震设防烈度、建筑高度、场地条件、地基、结构材料和施工等因素，经技术、经济和使用条件综合分析确定。

1. 建筑抗震结构体系的要求

（1）应具有明确的计算简图和合理的地震作用传递途径。

（2）宜有多道抗震防线，应避免因部分结构或构件破坏而导致整个结构丧失抗震能力或对重力荷载的承载能力。在建筑抗震设计中，可以利用多种手段实现设置多道防线的目的，如增加结构超静定数、有目的地设置人工塑性铰、利用框架的填充墙、设置耗能元件或耗能装置等。

（3）应具备必要的抗震承载力、良好的变形能力和消耗地震能量的能力。结构抵抗强烈地震，主要取决于其吸能和耗能能力。这种能力依靠结构或构件在预定部位产生塑性铰，即结构可承受反复塑性变形而不倒塌，仍具有一定的承载能力。为实现上述目的，可采用结构各部位的联系构件形成耗能元件，或将塑性铰控制在一系列有利部位，使这些并不危险的部位首先形成塑性铰或可以修复的破坏，从而保护主要承重体系。

（4）宜具有合理的刚度和承载力分布，避免因局部削弱或突变而成为薄弱部位，产生过大的应力集中或塑性变形集中；对可能出现的薄弱部位，应采取措施提高其抗震能力。

（5）结构在两个主轴方向的动力特性宜相近。

2. 结构构件的设计要求

（1）砌体结构应按规定设置钢筋混凝土圈梁和构造柱、芯柱，或采用约束砌体、配筋砌体等。

（2）混凝土结构构件应控制截面尺寸和受力钢筋、箍筋的设置，防止剪切破坏在于弯曲破坏，混凝土的压溃先于钢筋的屈服、钢筋的锚固黏结破坏先于钢筋破坏。

（3）预应力混凝土的构件，应配有足够的非预应力钢筋。

（4）钢结构构件的尺寸应合理控制，避免局部失稳或整个构件失稳。

（5）多、高层的混凝土楼、屋盖宜优先采用现浇混凝土板。当采用预制装配式混凝土楼屋盖时，应从楼盖体系和构选上采取措施确保各预制板之间连接的整体性。

3. 结构各构件间连接要求

（1）构件节点的破坏，不应先于其连接的构件。

（2）预埋件的锚固破坏，不应先于连接件。

（3）装配式结构构件的连接，应能保证结构的整体性。

（4）预应力混凝土构件的预应力钢筋，宜在节点核心以外锚固。

（五）非结构构件

非结构构件，包括建筑非结构构件和建筑附属机电设备。为了减少附加震害的发生次数，减少损失，应处理好非承重结构构件与主体结构之间的关系。

第一，附着于楼、屋面结构上的非结构构件，以及楼梯间的非承重墙体，应与主体结构有可靠的连接或锚固，避免地震时倒塌伤人或砸坏重要设备。

第二，框架结构的围护墙和隔墙，应考虑对结构抗震的不利影响，避免不合理设置而导致主体结构的破坏。

第三，幕墙、装饰贴面与主体结构应有可靠连接，避免地震时其脱落伤人。

第四，安装在建筑上的附属机械、电气设备系统的支座和连接，应符合地震使用功能的要求，且不应导致相关部件的损坏。

（六）结构材料与施工

建筑结构材料与施工质量的好坏，直接影响建筑物的抗震性能。因此，在《建筑抗震设计规范（2016 年版）》（GB 50011—2010）中，对结构材料性能指标提出了最低要求；对施工中的钢筋代换及施工顺序也提出了具体要求。抗震结构对材料和施工质量的特殊要求，应在设计文件上注明，并应保证切实执行。

1. 砌体结构材料

普通砖和多孔砖的强度等级不应低于 MU10，其砌筑砂浆强度等级不应低于 M5；混凝土小型空心砌块的强度等级不应低于 MU7.5，其砌筑砂浆强度等级不应低于 Mb7.5。

2. 混凝土结构材料

混凝土的强度等级，框支梁、框支柱及抗震等级为一级的框架梁、柱、节点核心区，不应低于 C30；构造柱、芯柱、圈梁及其他各类构件不应低于 C20。

抗震等级为一、二、三级的框架和斜撑构件（含梯段），其纵向受力钢筋采用普通钢筋时，钢筋的抗拉强度实测值与屈服强度实测值的比值不应小于 1.25；钢筋的屈服强度实测值与屈服强度标准值的比值不应大于 1.3，且钢筋在最大拉力下的总伸长率实测值不应小于 9%。

3. 钢结构的钢材

钢材的屈服强度实测值与抗拉强度实测值的比值不应大于 0.85；钢材应有明显的屈服台阶，且伸长率不应小于 20%；钢材应有良好的焊接性和合格的冲击韧性。

4. 结构材料性能指标

普通钢筋宜优先采用延性、韧性和焊接性较好的钢筋；普通钢筋的强度等级，纵向受力钢筋宜选用符合抗震性能指标的不低于 HRB400 级的热轧钢筋，也可采用符合抗震性能指标的 HRB335 级热轧钢筋；箍筋宜选用符合抗震性能指标的不低于 HRB335 级的热轧钢筋，也可选用 HPB300 级热轧钢筋。钢筋的检验方法应符合国家标准《混凝土结构工程施工质量验收规范》（GB 50204—2015）[5]的规定。

混凝土结构的混凝土强度等级，抗震墙不宜超过 C60；其他构件，抗震设防烈度为 9 度时不宜超过 C60，抗震设防烈度为 8 度时不宜超过 C70。

钢结构的钢材宜采用 Q235 等级 B、C、D 的碳素结构钢与 Q345 等级 B、C、D、E 的低合金高强度结构钢；当有可靠依据时，其还可采用其他钢种和钢号。

5. 其他要求

在施工中，当需要以强度等级较高的钢筋替代原设计中的纵向受力钢筋时，应按照钢筋受拉承载力设计值相等的原则换算，并应满足最小配筋率要求。

采用焊接连接的钢结构，当接头的焊接拘束度较大、钢板厚度不小于 40mm 且承受沿板厚方向的拉力时，钢板厚度方向截面收缩率不应小于国家标准《厚度方向性能钢板》（GB/T 5313—2010）关于 Z15 级规定的容许值。

钢筋混凝土构造柱和底部框架-抗震墙房屋中的砌体抗震墙，其施工应先砌墙后浇构造柱和框架梁柱。

混凝土墙体、框架柱的水平施工缝，应采取措施加强混凝土的结合性能。对于抗震等级一级的墙体和转换层楼板与落地混凝土墙体的交接处，宜验算水平施工缝截面的受剪承载力。

二、高层建筑结构抗震设计

（一）高层钢筋混凝土结构抗震设计

建筑抗震设计时，多层和高层钢筋混凝土结构房屋首先应满足抗震概念设计要求。

1. 结构体系的选择及相关要求

多层和高层钢筋混凝土结构房屋在我国地震区得到了广泛应用。其抗震结构体系主要有框架结构、抗震墙（剪力墙）结构、框架-抗震墙结构、筒体结构等。多层和高层钢筋混凝土建筑的不同抗震结构体系具有不同的性能特点，在确定结构方案时，应根据建筑使用功能要求和抗震要求进行合理选择。一般来讲，结构抗侧移刚度是选择抗震结构体系要考虑的重要因素，特别是高层建筑的设计，这一点往往起控制作用。

框架结构体系的特点是自重轻、地震作用小、结构内部空间较大和布置灵活；但其侧向刚度较小，地震时水平位移较大，会造成非结构构件的破坏。对于较高建筑，过大的水平位移会引起 $P\text{-}\Delta$ 效应，使结构震害更为严重，因此，框架结构适用于一般高度的建筑。

抗震墙（剪力墙）结构体系的特点是自重大、侧向刚度大，空间整体性好，但布置不灵活。抗震墙结构适合住宅、宾馆等建筑。

框架-抗震墙结构体系的特点是克服了纯框架结构刚度小和纯抗震墙结构自重大的缺点，发挥了各自的长处，如具有抗侧刚度较大、自重较轻、结构布置较灵活、结构的水平位移较小的优点，且抗震性能较好。该结构适用于办公写字楼、宾馆、高层住宅等。

由于多层和高层钢筋混凝土建筑的不同结构体系具有不同的抗侧移刚度，建筑物的高度和高宽比是其重要的影响因素。因此，在选择结构体系时必须考虑建筑的高度和高宽比的限制要求。同时，还应考虑建筑物的刚度与场地条件的相互影响，应注意使房屋的自振周期与场地的特征周期尽量避开，避免发生共振，以减小地震作用。

我国《高层建筑混凝土结构技术规程》（JGJ 3—2010）将钢筋混凝土高层建

筑结构按房屋高度划分为 A 级和 B 级两个级别。规定了各自的最大适用高度和高宽比的限制要求，并提出了不同的抗震设计要求。A 级高度的建筑是目前应用最广泛的建筑，B 级高度的建筑的最大适用高度和高宽比可比 A 级适当放宽，但其结构抗震等级、抗震计算及构造措施等要求更加严格。A 级高度乙类和丙类建筑的最大适用高度应符合表 1-4 的要求，对于甲类建筑，6 度、7 度、8 度时宜按本地区设防烈度提高 1 度后符合表 1-4 要求，9 度时应专门研究。

B 级高度乙类和丙类建筑的最大适用高度应符合表 1-5 的要求，对于甲类建筑，6 度、7 度时宜按本地区设防烈度提高 1 度后符合表 1-5 的要求，8 度时应专门研究。应当注意的是，上述规定只适用于规则结构，对于平面、竖向不规则结构或建造在Ⅳ类场地的结构，上述最大适用高度应适当降低。

表 1-4　多层及 A 级高度钢筋混凝土高层建筑的不同抗震设防烈度最大适用高度　（单位：m）

结构体系		抗震设防烈度最大适用高度				
		6 度	7 度	8 度		9 度
				(0.20g)	(0.30g)	
框架		60	50	40	35	—
框架-剪力墙		130	120	100	80	50
剪力墙	全部落地剪力墙	140	120	100	80	60
	部分框支剪力墙	120	100	80	50	不应采用
筒体	框架-核心筒	150	130	100	90	70
	筒中筒	180	150	120	100	80
板柱-剪力墙		80	70	55	40	不应采用

注：1. 房屋高度是指室外地面至主要屋面高度，不包括局部突出屋面的电梯机房、水箱、构架等高度；
　　2. 框架不含异型柱框架结构；
　　3. 部分框支抗震墙结构，指地面以上有部分框支抗震墙的抗震墙结构；
　　4. 当房屋高度超过表中数值时，结构设计应有可靠依据，并采取有效措施。

表 1-5　B 级高度钢筋混凝土高层建筑的不同抗震设防烈度最大适用高度　（单位：m）

结构体系		抗震设防烈度最大适用高度			
		6 度	7 度	8 度	
				(0.20g)	(0.30g)
框架-剪力墙		160	140	120	100
剪力墙	全部落地剪力墙	170	150	130	110
	部分框支剪力墙	140	120	100	80
筒体	框架-核心筒	210	180	140	120
	筒中筒	280	230	170	150

注：1. 房屋高度是指室外地面至主要屋面高度，不包括局部突出屋面的电梯机房、水箱、构架等高度；
　　2. 部分框支抗震墙结构，指地面以上有部分框支抗震墙的抗震墙结构；
　　3. 当房屋高度超过表中数值时，结构设计应有可靠依据，并采取有效措施。

《高层建筑混凝土结构技术规程》(JGJ 3—2010)中对 A 级高度建筑的相应规定与《建筑抗震设计规范(2016 年版)》(GB 50011—2010)中对多、高层现浇钢筋混凝土房屋最大适用高度的规定基本一致,可以得出钢筋混凝土高层建筑结构的高宽比不宜超过表 1-6 规定的数值。

表 1-6　钢筋混凝土高层建筑结构适用的最大高宽比

结构体系	抗震设防烈度		
	6 度、7 度	8 度	9 度
框架	4	3	—
板柱-剪力墙	5	4	—
框架-剪力墙、剪力墙	6	5	4
框架-核心筒	7	6	4
筒中筒	8	7	5

2. 抗震等级划分

抗震等级是多层和高层钢筋混凝土结构、构件进行抗震设计的标准。统一结构体系,不同的抗震等级,具有不同的抗震设计计算(抗弯、抗剪等)和构造措施要求。为此,我国有关规范考虑建筑重要性类别、抗震设防烈度、结构类型及房屋高度等因素,并对钢筋混凝土结构划分了不同的抗震等级。多层建筑和 A 级高度丙类高层建筑的抗震等级按表 1-7 确定,B 级高度丙类高层建筑的抗震等级按表 1-8 确定。对甲、乙、丁类建筑,则应在对各自抗震设防烈度调整后,再查表确定抗震等级。注意,当本地区设防烈度为 9 度时,A 级高度乙类高层建筑的抗震等级应按特一级采用,甲类建筑应采取更有效的抗震措施。

表 1-7　多层建筑和 A 级高度丙类高层建筑结构的抗震等级

结构体系		抗震设防烈度								
		6 度		7 度			8 度			9 度
框架结构	高度/m	≤24	>24	≤24	>24		≤24	>24		≤24
	框架	四	三	三	二		二	一		一
	大跨度框架	三		二			一			一
框架-抗震墙结构	高度/m	≤60	>60	≤24	25～60	>60	≤24	25～60	>60	≤24	25～50
	框架	四	三	四	三	二	三	二	一	二	一
	抗震墙	三		三	二		二	一		一
抗震墙结构	高度/m	≤80	>80	≤24	25～80	>80	≤24	25～80	>80	≤24	25～60
	抗震墙	四	三	四	三	二	三	二	一	二	一

续表

结构体系		抗震设防烈度						
		6 度		7 度			8 度		9 度
部分框支抗震墙结构	高度/m	<80	>80	≤24	25～80	>80	≤24	25～80	
	抗震墙 一般部位	四	三	四	三	二	三	二	
	抗震墙 加强部位	三	二	三	二	一	二	一	
	框支层框架	二		二		一	一		
框架-核心筒结构	框架	三		二			一		一
	核心筒	二		二			一		一
筒中筒结构	外筒	三		二			一		一
	内筒	三		二			一		一
板柱-抗震墙结构	高度/m	≤35	>35	≤35		>35	≤35	>35	
	框架、板柱的柱	三	二	二		二	一		
	抗震墙	二	二	二		一	二	一	

注：1．建筑场地为Ⅰ类时，除6度外应允许按表内降低1度所对应的抗震等级采取抗震构造措施，但相应的计算要求不应降低；

　　2．接近或等于高度分界时，应允许结合房屋不规则程度及场地、地基条件确定抗震等级；

　　3．大跨度框架指跨度不小于18m的框架；

　　4．高度不超过60m的框架-核心筒结构按框架-抗震墙的要求设计时，应按表中框架-抗震墙结构的规定确定其抗震等级。

表 1-8　B 级高度丙类高层建筑结构的抗震等级

结构体系		抗震设防烈度		
		6 度	7 度	8 度
框架-剪力墙	框架	三	一	一
	剪力墙	二	一	特一
剪力墙	剪力墙	二	一	一
部分框支剪力墙	非底部加强部位剪力墙	二	一	一
	底部加强部位剪力墙	一	一	特一
	框支框架	一	特一	特一
框架-核心筒	框架	二	一	一
	筒体	二	一	特一
筒中筒	外筒	二	一	特一
	内筒	二	一	特一

注：底部带转换层的筒体结构，其转换框架和底部加强部位筒体的抗震等级应按表中部分框支剪力墙结构的规定采用。

当裙房与主楼相连时，除应按裙房本身确定外，其抗震等级不应低于主楼的抗震等级；当裙房与主楼分离时（设有防震缝），应按裙房本身确定抗震等级。

3. 结构布置

建筑物结构的合理布置在抗震概念设计中十分重要。钢筋混凝土结构的布置包括平面布置、结构竖向布置及防震缝的设置。

1）结构平面布置

结构平面布置一般要求如下：结构平面布置宜简单、规则、对称、减小偏心，尽量避免平面不规则情况，使刚度和承载力分布均匀。在布置柱和抗震墙的位置时，要使结构平面的质量中心与刚度中心尽可能重合或靠近，以减小水平地震作用下产生的扭转反应。框架和抗震墙应双向均匀设置，柱截面中线与抗震墙截面中线、梁轴中线与柱截面中线之间的偏心距不宜大于偏心方向柱宽的 1/4。

对于 10 层和 10 层以上或高度大于 28m 且属于 A 级高度的高层钢筋混凝土建筑，平面长度 L 不宜过长，平面局部突出部分的长度 l 不宜过大。图 1-11 中 L、l 等值宜满足表 1-9 的要求，不宜采用角部重叠的平面图形或细腰形平面图形。在实际工程中，设防烈度为 6 度、7 度时，L/B 不宜大于 4；设防烈度为 8 度、9 度时，L/B 不宜大于 3。l/b 不宜大于 1，在凹角处应采取加强措施。

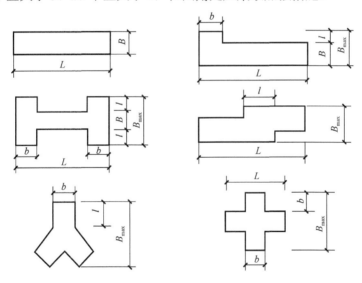

图 1-11 建筑结构平面

表 1-9 L、l 的比值限值

抗震设防烈度	L/B	l/B_{max}	l/b
6 度、7 度	≤6.0	≤0.35	≤2.0
8 度、9 度	≤5.0	≤0.30	≤15

B 级高度的高层建筑及复杂高层建筑，其平面布置的规则要求更加严格。

2）结构竖向布置

结构竖向布置应尽量避免不规则的情况，具体要求如下：高层建筑的竖向体形宜规则、均匀；结构竖向抗侧力构件宜上下连续贯通。

结构避免过大的外挑和内收。当结构上部楼层收进部位到室外地面的高度 H，与房屋高度 H_1 之比大于 0.2 时，上部楼层收进后的水平尺寸 B_1，不宜小于下部楼层水平尺寸 B 的 0.75 倍，如图 1-12（a）、（b）所示；当上部结构楼层相对于下部楼层外挑时，下部楼层的水平尺寸 B 不宜小于上部楼层水平尺寸 B 的 0.9 倍，且水平外挑尺寸 a 不宜大于 4m，如图 1-12（c）、（d）所示。

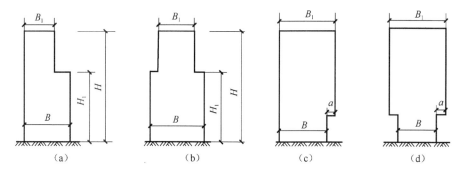

图 1-12　结构竖向收进和外挑

结构的侧移刚度宜下大上小逐渐均匀变化，楼层侧移刚度不宜小于相邻上部楼层侧移刚度的 70% 或其上相邻三个楼层侧移刚度平均值的 80%（图 1-13）。

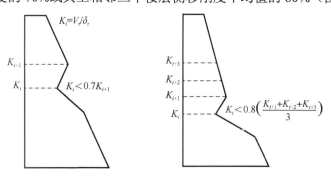

图 1-13　侧移刚度沿竖向变化不均匀（宜避免）

对于 A 级高度高层建筑的楼层层间抗侧力结构的受剪承载力不宜小于上一层受剪承载力的 80%，且不应小于其上一层受剪承载力的 65%；B 级高度高层建筑的楼层层间抗侧力结构的受剪承载力不应小于其上一层受剪承载力的 75%。

3）防震缝的设置

当结构平面形状不规则时，设置防震缝，可以将不规则的建筑结构划分成若干较为简单、规则的结构，使其对抗震有利。但防震缝会给建筑立面处理、屋面防水、地下室防水处理等带来难度，而且在强震时防震缝两侧的相邻结构单元可能发生碰撞，造成震害。因此，应提倡尽量不设防震缝。当必须设置防震缝时，其缝最小宽度应符合下列要求：

（1）框架结构房屋，高度不超过 15m 时可取 70mm；超过 15m 时，设防烈度为 6 度、7 度、8 度和 9 度时相应每增加 5m、4m、3m 和 2m，宜加宽 20mm。

（2）震墙结构房屋的防震缝宽度可采用第（1）项规定的 50%，且均不宜小于70mm。

（3）按较低房屋高度确定缝宽。

防震缝应沿房屋上部结构的全高设置。当利用伸缩缝或沉降缝兼作防震缝时，其缝宽必须满足防震缝的要求，且还应满足伸缩缝或沉降缝设置的要求。

当设防烈度为 8 度、9 度时的框架结构房屋防震缝两侧结构高度、刚度或层高相差较大时，可在缝两侧房屋的尽端沿全高设置垂直于防震缝的抗撞墙，每侧抗撞墙的数量不应少于两道，宜分别对称布置，墙肢长度可不大于一个柱距，抗撞墙布置示意图如图 1-14 所示。框架和抗撞墙的内力应按考虑和不考虑抗撞墙两种情况分别进行分析，并按不利情况取值。防震缝两侧抗撞墙的端柱，箍筋应沿房屋全高加密。

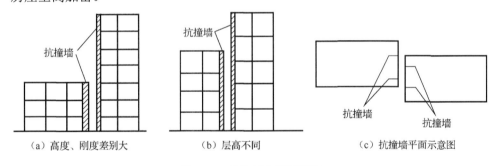

（a）高度、刚度差别大　　　　（b）层高不同　　　　（c）抗撞墙平面示意图

图 1-14　抗撞墙布置示意图

4. 结构材料

对钢筋混凝土结构进行抗震设计时，在地震作用下，为保证整体结构及结构构件的承载力和延性，对材料的一般要求如下：

（1）混凝土的强度等级。框支梁、框支柱及抗震等级为一级的框架梁、柱、节点核心区，不应低于 C30；构造柱、芯柱、圈梁及其他各类构件不应低于 C20；设防烈度为 8 度、9 度时分别不宜超过 C70 和 C60。

（2）普通钢筋宜优先采用延性、韧性和可焊性较好的钢筋；普通钢筋的强度等级，纵向受力钢筋宜选用 HRB400 级和 HRB335 级热轧钢筋，箍筋宜选用 HRB335、HRB400 和 HPB235 级热轧钢筋。

（3）抗震等级为一级、二级的框架结构，其纵向受力钢筋采用普通钢筋时，钢筋的抗拉强度实测值与屈服强度实测值的比值不应小于 1.25，且钢筋的屈服强度实测值与强度标准值的比值不应大于 1.3。

（二）高层钢结构抗震概念设计

1. 结构平、立面布置以及防震缝的设置

与其他建筑结构一样，钢结构房屋应尽量避免采用第一章所规定的不规则结构，多、高层钢结构房屋的平面布置宜简单、规则和对称，并应具有良好的整体性。建筑的竖向布置宜规则，结构的抗侧刚度宜均匀变化，竖向抗侧构件的截面尺寸和材料强度宜自下而上逐渐减小，避免抗侧刚度和承载力突变。不应采用特别不规则的设计方案。设计中如出现平面不规则或竖向不规则的情况，应按要求进行水平地震作用计算和内力调整，并对薄弱部位采取有效的抗震构造措施。由于钢结构可耐受的结构变形比混凝土结构变形要大，一般不宜设防震缝。需要设置防震缝时，可按实际需要在适当部位设置防震缝，形成多个较规则的抗侧力结构单元，缝宽不应小于相应钢筋混凝土结构房屋的 1.5 倍。

2. 钢结构房屋结构类型的选择及所适用的结构尺寸

根据结构总体高度和抗震设防烈度可确定结构类型和最大适用高度。表 1-10 为参照《建筑抗震设计规范（2016 年版）》（GB 50011—2010）列出的多、高层钢结构房屋适用的最大高度（房屋高度是指室外地面到主要屋面板板顶的高度，不包括局部突出屋顶部分）。纯钢框架结构有较好的抗震能力，即在大震作用下具有很好的延性和消能能力，但在弹性状态下抗侧刚度相对较小。框架-支撑（抗震墙板）结构是在纯框架结构基础上增加了支撑或带竖缝墙板等抗侧构件，从而提高了结构的整体刚度和抗侧能力，即这种结构体系可以建得更高。简体结构是超高层建筑中应用较多，也是建筑物高度最高的一种结构形式，世界上最高的建筑物大多采用简体结构。

表 1-10　钢结构房屋适用的不同抗震设防烈度最大高度　　　　（单位：m）

结构体系	抗震设防烈度					
	6 度	7 度		8 度		9 度
		(0.1g)	(0.15g)	(0.20g)	(0.30g)	
框架	110	110	110	90	70	50
框架-中心支撑	220	220	200	180	150	120
框架-偏心支撑（延性墙板）	240	240	220	200	180	160
各类简体和巨型结构	300	300	280	260	240	180

影响结构宏观性能的另一个尺度是结构高宽比，即房屋总高度与结构平面最小宽度的比值，这一参数对结构刚度、侧移、振动模态有直接影响。计算高宽比

的高度应从室外地面算起。

结构设计对结构尺度参数的选择要同时满足表 1-10 和表 1-11 的要求。

表 1-11 钢结构房屋适用的最大高宽比

设防烈度	6 度、7 度	8 度	9 度
最大高宽比	6.5	6.0	5.5

在选择结构类型时，除考虑结构总高度和高宽比之外，还要根据各结构类型抗震性能的差异及设计需要加以选择。不超过 12 层的钢结构房屋可采用框架结构、框架-支撑结构或其他结构类型；超过 12 层的钢结构房屋，抗震设防烈度为 8 度、9 度时，宜采用偏心支撑、带竖缝钢筋混凝土抗震墙板、内藏钢支撑钢筋混凝土墙板或其他消能支撑及筒体结构。

3. 支撑、加强层的设置要求

根据抗震概念设计的思想，多、高层钢结构[6]的安全性和经济性的原则应按多道防线设计。在上述结构类型中，框架结构一般设计成梁铰机制，有利于消耗地震能量、防止倒塌，梁是这种结构的第一道抗震防线；框架-支撑（抗震墙板）体系以支撑或抗震墙板作为第一道抗震防线；偏心支撑体系是以梁的消能段作为第一道防线。

在框架结构中增加中心支撑（图 1-15）或偏心支撑（图 1-16）等抗侧力构件可以形成框架-支撑体系。对不超过 12 层的钢结构宜采用中心支撑，有条件时也可采用偏心支撑等消能支撑；超过 12 层的钢结构，宜采用偏心支撑，但在顶层可采用中心支撑。

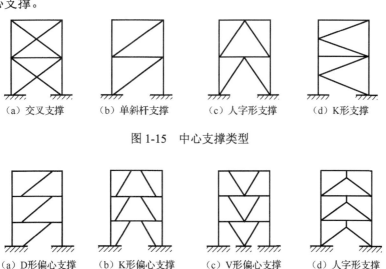

（a）交叉支撑	（b）单斜杆支撑	（c）人字形支撑	（d）K 形支撑

图 1-15 中心支撑类型

（a）D 形偏心支撑	（b）K 形偏心支撑	（c）V 形偏心支撑	（d）人字形支撑

图 1-16 偏心支撑类型

　　不论是哪一种支撑，均可提供较大的抗侧刚度，因此，其结构平面布置应遵循抗侧移刚度中心和水平地震作用合力接近重合的原则，即在两个方向上对称布置，以减小结构可能出现的扭转。支撑框架之间楼盖的长宽比不宜大于 3，以保证抗侧刚度沿长度方向分布均匀。

　　中心支撑构造简单、设计施工方便，在小震作用下具有较大的抗侧刚度，但是在大震作用下，支撑易受压失稳，造成刚度和耗能能力的急剧下降。偏心支撑在小震及正常使用条件下具有与中心支撑相当的抗侧刚度，在大震作用下靠梁的受弯段耗能，具有与纯框架相当的延性和耗能能力，是一种良好的抗震结构，但构造相对复杂。

　　多高层钢结构的中心支撑宜采用交叉支撑、人字形支撑、斜杆支撑，不宜采用 K 形支撑。对于不超过 12 层的钢结构房屋宜优先采用交叉支撑，它可按拉杆设计，较经济。当采用只能受拉的单斜杆支撑时，必须设置两组不同倾斜方向的支撑，以保证结构在两个方向具有同样的抗侧能力。而 K 形支撑在地震作用下可能因受压斜杆屈曲或受拉斜杆屈服，引起较大的侧移使柱发生屈曲或倒塌，故抗震中不宜采用。支撑的轴线应交汇于梁柱构件轴线的交点，确有困难时偏离中心不应超过支撑杆件的宽度，并计入由此产生的附加弯矩。

　　与中心支撑不同的是，偏心支撑框架中的每根支撑至少有一端偏离梁柱节点，而直接与框架梁直接连接。偏心支撑框架根据其支撑的设置情况分为 D 形、K 形、V 形和人字形（图 1-16）。梁支撑节点与梁柱节点之间的梁段或梁支撑节点与另一梁支撑节点之间的梁段即为消能段。偏心支撑框架的设计原则是强柱、强支撑和弱消能梁段，即在大震时消能梁段屈服形成塑性铰，且具有稳定的滞回性能，即使消能梁段进入应变硬化阶段，支撑斜杆、柱和其余梁段仍保持弹性。因此，每根斜杆只能在一端与消能梁段连接，若两端均与消能梁段相连，则可能一端的消能梁段屈服，另一端消能梁段不屈服，使偏心支撑的承载力和消能能力降低。

　　设置加强层可提高结构总体抗侧刚度，减小侧移，增强周边框架对抵抗地震倾覆力矩的贡献，改善筒体、剪力墙的受力。如使用简单的竖向支撑体系，对减小结构侧移的效果是有限的，此时采取措施发挥边框架的作用对提高侧移刚度将有一定效果。如果配合加强型桁架或设置加强层，便能充分发挥周边框架对抗倾覆力矩的作用，抗侧刚度将大大加强。加强层可以使用筒体外伸臂或由加强桁架组成，可根据需要沿结构高度设置多处，工程上一般可结合防灾避难层设置。

　　4. 多层和高层钢结构房屋中楼盖的形式

　　在多、高层钢结构中，楼盖既担负着楼面荷载向竖向承重构件的传递，又担负着将水平荷载分配给抗侧力构件，以及建筑的竖向防火分区及管线的埋设等作用。其选择主要考虑以下几点：①保证楼盖有足够的平面整体刚度，使得结构各抗侧力构件在水平地震作用下具有相同的侧移；②较轻的楼盖自重和较低的楼盖结构高度；③有利于现场快速施工和安装；④较好的防火、隔声性能，便于敷设动力、设备及通信等管线设施。

高层钢结构楼盖设计有多种选择，主要考虑下面几个因素：①建筑对楼面空间和室内净空的要求；②建筑防火、隔声、设备管线等方面的要求；③结构楼面荷载的需求及分布特点；④结构整体刚度的要求；⑤结构施工安装的技术要求。目前，楼板的做法主要有压型钢板现浇钢筋混凝土组合楼板、装配式预制钢筋混凝土楼板、装配整体式预制钢筋混凝土楼板和现浇混凝土楼板等。压型钢板现浇钢筋混凝土组合楼板，结构整体刚度大，施工速度快，但造价相对较高；装配式预制整钢筋混凝土楼板，结构整体刚度大，施工速度较快，造价较低；装配整体式预制钢筋混凝土楼板，结构整体刚度较大，施工速度快，造价较低；现浇混凝土楼板，整体性好，但需要支模，施工速度慢。

我国《建筑抗震设计规范（2016 年版）》（GB 50011—2010）建议钢结构的楼盖宜采用压型钢板现浇钢筋混凝土组合楼板或非组合楼板。对不超过 12 层的钢结构，尚可采用装配整体式钢筋混凝土楼板，也可采用装配式楼板或其他轻型楼盖；对超过 12 层的钢结构，当楼盖不能形成一个刚性的水平隔板以传递水平力时，必须加设水平支撑，一般每 2～3 层加设一道。当采用压型钢板钢筋混凝土组合楼板或现浇钢筋混凝土楼板时，采取可靠措施保证与钢梁的连接；当采用装配式、装配整体式楼板时，应将楼板预埋件与钢梁焊接或采用其他措施，以满足楼盖整体性的要求。

5. 地下室

高层钢结构设置地下室对于提高上部结构抗震稳定性、结构抗倾覆能力，以及增加结构下部整体性、减小结构沉降起到有利作用。地下室和基础作为上部结构连续的锚连部分，应具有可靠的埋置深度和足够的承载力及刚度。因此，对于超过 12 层的钢结构应设置地下室。其基础埋置深度，当采用天然地基时不宜小于房屋高度的 1/15；当采用桩基时，桩承台埋深不宜小于房屋总高度的 1/20。

支撑桁架沿竖向连续布置，可使层间刚度变化较均匀。当设置地下室时，框架-支撑（抗震墙板）结构中竖向连续布置的支撑（抗震墙板）应延伸至基础；框架柱应至少延伸至地下一层。同时，不可因建筑方面的要求而在地下室移动支撑的位置。

第二章　高层建筑结构的体系

第一节　框架结构体系

一、结构布置与计算简图

（一）结构布置

高层框架结构在进行结构布置时，需要注意以下问题。

（1）应综合考虑建筑使用功能、结构合理性、经济以及方便施工等因素，进行框架柱网布置。宿舍、办公楼、旅馆、医院病房楼等需要小开间的建筑可设计成小柱网。建筑平面要求有较大空间的房屋可设计成大柱网，但梁柱的截面尺寸会随之增大。在有抗震设防的框架结构中，柱网过大将给实现延性框架增加困难。

（2）框架结构应设计成双向梁柱刚接的抗侧力结构体系。主体结构除个别部位外，不应采用梁柱铰接。若有一个方向为铰接时，应在铰接方向设置支撑等抗侧力构件。抗震设计的框架结构不应采用单跨框架。

（3）高层框架结构宜优先采用全现浇结构，也可采用装配整体式框架，此时宜优先采用预制梁板现浇柱方案，并从楼盖体系和构造上采取措施确保梁板与梁板之间连接的整体性。

按照楼板支承方式的不同，可将框架分为横向承重、纵向承重和纵横向承重，框架承重方式如图 2-1 所示。但对于水平荷载而言，无论横向承重还是纵向承重，框架都是抗侧力结构。

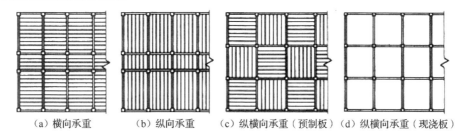

（a）横向承重　　（b）纵向承重　　（c）纵横向承重（预制板）（d）纵横向承重（现浇板）

图 2-1　框架承重方式

（4）框架柱的平面布置应均匀对称，同层框架柱抗侧力刚度应大致相同，避免在地震作用下各个击破导致结构破坏。框架沿高度方向各层平面柱网尺寸宜相同。上、下楼层柱截面变化时，应尽可能减小上、下柱的偏心。同时，应尽量避免因错层和局部抽柱而形成不规则框架，若无法避免时，应视不规则程度采取加强措施，如加厚楼板、增加边梁配筋等。

（5）框架结构按抗震设计时，不应采用部分由砌体墙承重之混合承重形式。框架结构中的楼梯间、电梯间，以及局部出屋顶的电梯机房、水箱间等，应采用框架承重，不应采用砌体墙承重。

（6）框架结构的填充墙及隔墙宜选用轻质墙体。抗震设计时应考虑其对结构抗震的不利影响，避免不合理设置而导致主体结构的破坏。如果采用砌体填充墙，其布置应符合下列要求：一要避免上、下层刚度变化过大；二要避免形成短柱；三要减少因抗侧刚度偏心所造成的扭转。

（7）抗震设计时，框架结构的楼梯间应符合下列规定：首先，应尽量减小因楼梯间的布置造成的结构平面不规则；其次，宜采用现浇钢筋混凝土楼梯，楼梯结构应有足够的抗倒塌能力；再次，宜采取措施减小楼梯对主体结构的影响；最后，当钢筋混凝土楼梯与主体结构整体连接时，应考虑楼梯对地震作用及其效应的影响，并应对楼梯构件进行抗震承载力验算。

（8）框架梁、柱中心线宜重合。当梁柱中心线不能重合时，在计算中应考虑偏心对梁柱节点核心区受力和构造的不利影响，以及梁荷载对柱子的偏心影响。梁、柱中心线之间的偏心距，9度抗震设计时不应大于柱截面在该方向宽度的1/4；非抗震设计和6~8度抗震设计时不宜大于柱截面在该方向宽度的1/4，如偏心距大于该方向柱宽的1/4时，可采取增设梁的水平加腋（图2-2）等措施。设置水平加腋后，仍须考虑梁柱偏心的不利影响。

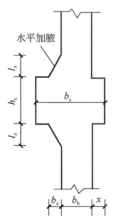

图2-2 梁的水平加腋

① 梁的水平加腋厚度可取梁截面高度，其水平尺寸宜满足下列要求：

$$b_x / l_x \leqslant 1/2 \qquad (2\text{-}1)$$

$$b_x / b_b \leqslant 2/3 \tag{2-2}$$

$$b_b + b_x + x \geqslant b_c /2 \tag{2-3}$$

式中：b_x、l_x——梁水平加腋的宽度和长度；

　　　　b_b——梁截面宽度；

　　　　b_c——沿偏心方向柱截面宽度；

　　　　x——非加腋侧梁边到柱边的距离。

② 梁采用水平加腋时，框架节点有效宽度 b_j 宜符合下列要求。

当 $x=0$ 时，b_j 按下式进行计算：

$$b_j \leqslant b_b + b_x \tag{2-4}$$

当 $x \neq 0$ 时，b_j 取式（2-5）和式（2-6）计算得到的较大值，且应满足式（2-7）的要求，即

$$b_j \leqslant b_b + b_x + x \tag{2-5}$$

$$b_j \leqslant b_b +2 x \tag{2-6}$$

$$b_j \leqslant b_b +0.5 h_c \tag{2-7}$$

式中：h_c——柱截面宽度。

③ 加腋部分应附加间距不大于 200mm、直径不小于 $\phi12$ 的斜筋和不少于 $\phi8@150$ 的附加箍筋。

（二）计算简图

1. 框架计算单元

框架结构是一个由纵向框架和横向框架组成的空间结构（图 2-3），应采用空间框架的分析方法进行结构计算。当框架较规则时，可以忽略它们之间的联系，选取具有代表性的纵、横向框架作为计算单元，按平面框架分别进行计算。

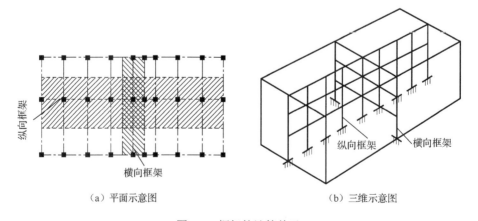

（a）平面示意图　　　　　　　　　　　（b）三维示意图

图 2-3　框架的计算单元

竖向荷载作用下，一般采用平面结构分析模型，图 2-3（a）所示阴影部分为计算单元所受竖向荷载的计算范围。水平力作用下，采用平面协同分析模型，取变形缝之间的区段为计算单元。

2. 梁的计算跨度

框架结构计算简图中，框架梁的计算跨度一般取为柱的计算轴线间的距离。对上下等截面的柱子，其计算轴线即为截面的形心线；当上下柱截面发生改变时，取顶层柱的形心线作为柱的计算轴线进行整体分析。楼面梁与竖向构件的偏心以及上下层竖向构件之间的偏心宜按实际情况计入结构的整体计算。

当框架梁柱截面相对其跨度较大时，构件交点处会形成相对的刚性节点区域（图 2-4），在进行结构整体计算时，宜考虑该刚性区域的影响。刚域的长度可按下列公式近似计算：

$$l_{b1} = a_1 - 0.25h_b \qquad (2\text{-}8)$$
$$l_{b2} = a_2 - 0.25h_b \qquad (2\text{-}9)$$
$$l_{c1} = c_1 - 0.25b_c \qquad (2\text{-}10)$$
$$l_{c2} = c_2 - 0.25b_c \qquad (2\text{-}11)$$

当计算的刚域长度为负值时，应取为零。

对斜形或折线形横梁，当其坡度 $i \leqslant 1/8$ 时，可近似按水平梁计算；当各跨跨长相差不大于 10% 时，可近似按等跨梁计算；当框架梁是有支托的加腋梁时，若 $I_m / I \leqslant 4$ 或 $h_m / h \leqslant 1.6$（其中 I_m、h_m 分别是支托端最高截面的惯性矩和高度；I、h 分别是跨中截面的惯性矩和高度）时，则可以不考虑支托的影响，简化为无支托的等截面梁。

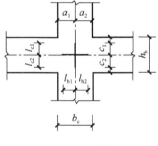

图 2-4　刚域

3. 柱的计算长度

梁柱刚接的多、高层框架结构，在计算轴心受压框架柱稳定系数 ϕ 和偏心受压构件裂缝宽度的偏心距增大系数时，各层框架柱的计算长度 l_0 可按表 2-1 取用。

表 2-1　框架结构各层柱的计算长度

楼盖类型	柱的类别	l_0	楼盖类型	柱的类别	l_0
现浇楼盖	底层柱	$1.0H$	装配式楼盖	底层柱	$1.25H$
	其余各层柱	$1.25H$		其余各层柱	$1.5H$

注：H 是底层柱为从基础顶面到一层楼盖顶面的高度；其余各层柱为上下两层楼盖顶面之间的高度。

4. 构件截面尺寸估算

1）梁截面尺寸的估算

在一般荷载情况下，框架结构的主梁截面高度 h_b 可按计算跨度 l_b 的 1/18～1/10 确定；梁净跨与截面高度之比不宜小于 4。梁的截面宽度不宜小于梁截面高度的 1/4，也不宜小于 200mm。当梁高较小或采用梁宽大于柱宽的扁梁时，扁梁截面高度 h_b 可取计算跨度 l_b 的 1/22～1/16，并应满足现行有关规范对挠度和裂缝宽度的规定，同时应符合下列要求：

$$b_b \leqslant 2b_c \tag{2-12}$$

$$b_b \leqslant b_c + h_b \tag{2-13}$$

$$h_b \leqslant 16d \tag{2-14}$$

式中：　b_c ——柱截面宽度，圆形截面取柱直径的 0.8 倍；

　　　　b_b、h_b ——梁截面宽度和高度；

　　　　d ——柱纵筋直径。

2）柱截面尺寸的估算

框架柱的截面面积 A_e 通常根据经验或作用于柱上的轴力设计值 N_v（竖向荷载标准值可取 12～15kN/m²，分项系数取 1.25），并考虑弯矩影响后近似确定，一般按下列公式近似估算后再确定边长：

仅有风荷载作用或无地震作用组合时，有

$$A_e \geqslant (1.05 \sim 1.1)N_v / f_c \tag{2-15}$$

有水平地震作用组合时，

$$A_e \geqslant \zeta N_v / (nf_c) \tag{2-16}$$

式中：　f_c ——混凝土轴心抗压强度；

　　　　ζ ——增大系数，取 1.2～1.3；

　　　　n ——柱轴压比限值。

同时，框架柱截面尺寸还必须满足以下要求：矩形截面柱的边长，非抗震设计时不宜小于 250mm，抗震设计时，四级不宜小于 300mm，一级、二级、三级时不宜小于 400mm；圆柱截面直径，非抗震和四级抗震设计时不宜小于 350mm，一级、二级、三级时不宜小于 450mm；柱剪跨比宜大于 2；柱截面高宽比不宜大于 3。

5. 梁、柱刚度计算

在结构内力与位移计算时，现浇楼盖和装配整体式楼盖中的框架梁，其刚度可考虑楼板的翼缘作用而予以增大。近似计算时，楼面梁刚度增大系数可根据梁翼缘尺寸与梁截面尺寸的比例情况取 1.3～2.0。无现浇面层的装配式楼面、开大洞口的楼板则不宜考虑楼面梁刚度的增大。框架柱则按实际截面尺寸计算其侧向刚度和线刚度。

二、框架结构内力计算

框架是典型的杆系体系，为结构力学中的超静定刚架。其内力计算方法很多，常用来对框架进行手工精确计算的方法有力矩分配法、无剪力分配法、迭代法等。在实用中有更为精确、更省人力的计算机程序分析方法（杆有限元法）。但有些近似的手算方法目前仍为工程师们所常用，这些方法概念清楚、计算简单，计算结果易于分析与判断，能反映刚架受力的基本特点。以下就对多层多跨框架的常用近似计算方法加以介绍，包括竖向荷载作用下的分层法、弯矩二次分配法和水平荷载作用下的反弯点法和 D 值法。

（一）竖向荷载作用下结构的内力计算

1. 分层法

竖向荷载作用下的多层多跨框架，其侧向位移很小；当梁的线刚度大于柱的线刚度时，在某层梁上施加的竖向荷载，对其他各层杆件内力的影响不大。为简化计算，作如下假定：第一，竖向荷载作用下，多层多跨框架的位移忽略不计；第二，每层梁上的荷载对其他层梁、柱的弯矩、剪力的影响忽略不计。

这样，即可将 n 层框架分解成 n 个单层敞口框架，用力矩分配法分别计算（图 2-5）。

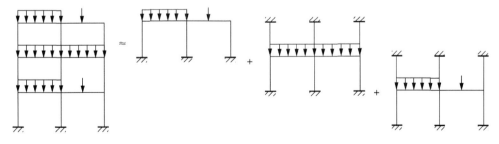

图 2-5　分层法的计算简图

分层计算所得的梁的弯矩即为其最后的弯矩。除底层柱外，其余各柱属于上、下两层，所以柱的最终弯矩为上、下两层计算弯矩之和。上、下层柱弯矩叠加后，在刚节点处弯矩可能不平衡。为提高精度，可对节点不平衡弯矩再进行一次分配（只分配，不传递）。

分层法计算框架时，还需注意以下问题。

（1）分层后，均假定上、下柱的远端为固定端，而实际上除底层处为固定外，其他节点处是有转角的，为弹性嵌固。为减小由此引起的计算误差，除底层外，其他层各柱的线刚度均乘以折减系数 0.9；所有上层柱的传递系数取为 1/3，底层柱的传递系数仍取 1/2。

（2）分层法一般适用于节点梁、柱线刚度比 $\sum i_b / \sum i_c \geqslant 3$，且结构与竖向荷载沿高度分布较均匀的多层、高层框架，若不满足此条件，则计算误差较大。

2. 弯矩二次分配法

该法是对弯矩分配法的进一步简化，在忽略竖向荷载作用下框架节点侧移时采用。具体做法是将各节点的不平衡弯矩同时分配和传递，并以两次分配为限。其计算步骤如下。

（1）计算各节点的弯矩分配系数。

（2）计算各跨梁在竖向荷载作用下的固端弯矩。

（3）计算框架各节点的不平衡弯矩。

（4）将各节点的不平衡弯矩同时进行分配，并向远端传递（传递系数均为 1/2），再将各节点不平衡弯矩分配一次后，即可结束。

弯矩二次分配法所得结果与精确法相比，误差很小，其计算精度已可满足工程设计要求。

3. 荷载的布置

竖向荷载有恒荷载和活荷载两种。恒荷载是长期作用在结构上的重力荷载，因此要按其实际布置情况计算其对结构构件的作用效应。对活荷载则要考虑其不利布置。确定活荷载的最不利位置，一般有以下四种方法。

1）分跨计算组合法

该法是将活荷载逐层、逐跨单独作用在框架上，分别计算结构内力，根据所设计构件的某指定截面，组合出最不利的内力。用这种方法求内力，计算简单，在运用计算机求解框架内力时，常采用这一方法。但其用手算时工作量大，较少采用。

2）最不利活荷载位置法

这种方法类似于楼盖连续梁、板计算中所采用的方法，即对于每一控制截面，直接由影响线确定其最不利活荷载位置，然后进行内力计算，框架梁的活荷载不利布置如图 2-6 所示。这种方法虽然可以直接计算出某控制截面在活荷载作用下的最大内力，但需要独立进行很多种最不利荷载位置下的内力计算，计算工作量大，一般不采用。

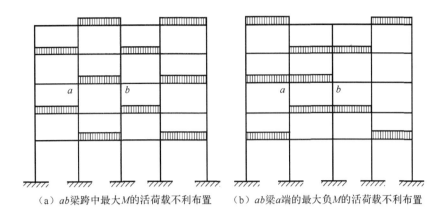

（a）ab梁跨中最大M的活荷载不利布置　　　（b）ab梁a端的最大负M的活荷载不利布置

图 2-6　框架梁的活荷载不利布置

3）分层组合法

此法是以分层法为依据，对活荷载的最不利布置作如下简化。

（1）对于梁，只考虑本层活荷载的不利布置，而不考虑其他层活荷载的影响。因此，其布置方法和连续梁的活荷载最不利布置方法相同。

（2）对于柱端弯矩，只考虑相邻上下层的活荷载的影响，而不考虑其他层活荷载的影响。

（3）对于柱的最大轴力，则必须考虑在该层以上所有层中与该柱相邻的梁上活荷载的情况，但对于与柱不相邻的上层活荷载，仅考虑其轴向力的传递而不考虑其弯矩的作用。

4）满布荷载法

此法不考虑活荷载的不利布置，而是将活荷载同时作用于各框架梁上进行内力分析。这样求得的结果与按考虑活荷载最不利位置所求得的结果相比，在支座处内力极为接近，在梁跨中则明显偏低。因此，应对梁的跨中弯矩进行调整，通常乘以 1.1～1.2 的系数。设计经验表明，在高层民用建筑中，当楼面活荷载不大于 $4kN/m^2$ 时，活荷载所产生的内力相较于恒载和水平荷载产生的内力要小很多，因此采用此法的计算精度可以满足工程设计要求。但当楼面活荷载大于 $4kN/m^2$ 时，活荷载不利分布对梁弯矩的影响较大，此时若采用满布荷载法计算，梁正、负弯矩应同时予以放大，放大系数可取为 1.1～1.3。

4. 内力调整

竖向荷载作用下梁端的负弯矩较大，导致梁端的配筋量较大；同时柱的纵向钢筋及另一个方向的梁端钢筋也通过节点，因此节点的施工较困难。即使钢筋能排下，也会因钢筋过于密集使浇筑混凝土困难，不容易保证施工质量。考虑到钢筋混凝土框架属超静定结构，具有塑性内力重分布的性质，因此可以通过在重力荷载作用下，梁端弯矩乘以调整系数 β 的办法适当降低梁端弯矩的幅值。根据工程经验，考虑到钢筋混凝土构件的塑性变形能力有限的特点，调幅系数 β 的取值为：对现浇框架 $\beta=0.8\sim0.9$；对装配整体式框架 $\beta=0.7\sim0.8$。

框架梁端负弯矩调幅后，梁跨中弯矩应按平衡条件相应增大；截面设计时，框架梁跨中截面正弯矩设计值不应小于竖向荷载作用下按简支梁计算的跨中弯矩设计值的 50%。梁端弯矩调幅后，不仅可以减小梁端配筋数量，方便施工，而且还可以使框架在破坏时梁端先出现塑性铰，保证柱的相对安全，以满足"强柱弱梁"的设计原则。这里应注意，梁端弯矩的调幅只是针对竖向荷载作用下产生的弯矩进行的，而对水平荷载作用下产生的弯矩不进行调幅。因此，不应采用先组合后调幅的做法。

（二）水平荷载作用下结构的内力计算

1. 反弯点法

框架在水平荷载作用下，节点将同时产生转角和侧移。根据分析，当梁的线刚度和柱的线刚度之比大于 3 时，节点转角 θ 将很小，其对框架的内力影响不大。因此，为简化计算，通常假定 $\theta=0$（图 2-7）。实际上，这等于把框架横梁简化成线刚度无限大的刚性梁。这种处理，可使计算大大简化，而其误差一般不超过 5%。

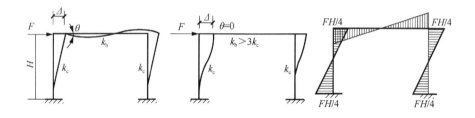

图 2-7　反弯点法

采用上述假定后，对一般层柱，在其 1/2 高度处截面弯矩为零，柱的弹性曲线在该处改变凹凸方向，故此处称为反弯点。反弯点距柱底的距离称为反弯点高度。对于第一层层柱，取其 2/3 高度处截面弯矩为零。

柱端弯矩可由柱的剪力和反弯点高度的数值确定，边节点梁端弯矩可由节点力矩平衡条件确定，而中间节点两侧梁端弯矩则可按梁的线刚度分配柱端弯矩求得。

假定楼板平面内刚度无限大，楼板将各平面抗侧力结构连接在一起共同承受水平力，当不考虑结构扭转变形时，同一楼层柱端侧移相等。根据同一楼层柱端侧移相等的假定，框架各柱所分配的剪力与其侧向刚度成正比，即第 i 层第 k 根柱所分配的剪力为

$$V_{ik} = \left(k_{ik} \bigg/ \sum_{k=1}^{m} k_{ik} \right) V_i \quad (k = 1, \cdots, m) \tag{2-17}$$

式中：V_i——第 i 层楼层的剪力；

　　　k_{ik}——第 i 层第 k 根柱的侧向刚度（根据柱上下端转角为零的假定可求得 $k_{ik} = 12Ek_c / h^2$，k_c、h 分别为柱的线刚度和高度）。

反弯点法适用于层数较少的框架结构，因为这时柱截面尺寸较小，容易满足梁柱线刚度比大于 3 的条件。对于高层框架，由于柱截面加大，梁柱线刚度比值相应减小，反弯点法的误差较大，此时就需采用改进反弯点法——D 值法。

2. D 值法（改进反弯点法）

前述反弯点法只适用于梁柱线刚度比大于 3 的情形。如不满足这个条件，柱的侧向刚度和反弯点位置，都将随框架节点转角大小而改变。这时再采用反弯点法求框架内力，就会产生较大误差。

下面介绍改进的反弯点法。这个方法近似考虑了框架节点转动对柱的侧向刚度和反弯点高度的影响，是目前分析框架内力比较简单而又比较精确的一种近似方法，因此其在工程上广泛采用。对改进反弯点法求得的柱的侧向刚度，工程上用 D 表示，故改进的反弯点法又称为"D 值法"。用 D 值法计算框架内力的步骤如下。

（1）计算各层柱的侧向刚度 D，即

$$D = \alpha \frac{12k_c}{h^2} \tag{2-18}$$

式中：k_c、h——柱的线刚度和高度；

　　　α——节点转动影响系数，是考虑柱上下端节点弹性约束的修正系数（由梁柱线刚度，按表 2-2 取用）。

表 2-2　节点转动影响系数 α 的计算公式

楼层	计算简图		$\bar{K}$	α
	边柱	中柱		
一般层	k_1 ／ k_2	k_1 ＼ k_2 ／ k_3 ＼ k_4	$\bar{K} = \dfrac{k_1 + k_2}{2k_c}$ $\bar{K} = \dfrac{k_1 + k_2 + k_3 + k_4}{2k_c}$	$\alpha = \dfrac{\bar{K}}{2 + \bar{K}}$
首层	k_2	k_1 ＼ k_2	$\bar{K} = \dfrac{k_2}{k_c}$ $\bar{K} = \dfrac{k_1 + k_2}{k_c}$	$\alpha = \dfrac{0.5 + \bar{K}}{2 + \bar{K}}$

（2）计算各柱所分配的剪力 V_{ik}，按刚度分配，即

$$V_{ik} = \left(D_{ik} \Big/ \sum_{k=1}^{m} D_{ik} \right) V_i \quad (k=1,\cdots,m) \tag{2-19}$$

式中：V_{ik}——第 i 层第 k 根柱所分配的剪力；

　　　　D_{ik}——第 i 层第 k 根柱的侧向刚度。

（3）确定反弯点高度 h'。影响柱子反弯点高度的主要因素是柱上、下端的约束条件，影响柱两端的约束刚度的主要因素有结构总层数及该层所在的位置；梁、柱的线刚度比；上层与下层梁刚度比；上、下层层高变化。因此，框架柱的反弯点高度按以下公式计算：

$$h' = yh = (y_0 + y_1 + y_2 + y_3)h \tag{2-20}$$

式中：y_0——标准反弯点高度比（取决于框架总层数、该柱所在层及梁、柱线刚度比 $\overline{K}$，均布水平荷载下和倒三角形分布荷载下，可分别从对应的表格查得）；

　　　　y_1——某层上、下梁线刚度不同时，该层柱反弯点高度比的修正值〔根据比值 i 和梁、柱线刚度比 $\overline{K}$，当 $k_1+k_2<k_3+k_4$，$\alpha_1=(k_1+k_2)/(k_3+k_4)$，这时反弯点上移，故 y_1 取正值；当 $k_1+k_2>k_3+k_4$ 时，$\alpha_1=(k_3+k_4)/(k_1+k_2)$，这时反弯点下移，故 y_1 取负值；对于首层不考虑 y_1 值〕；

　　　　y_2、y_3——上、下层高度与本层高度 h 不同时反弯点高度比的修正值（令上层层高和本层层高之比 $h_{\pm}/h=\alpha_2$，$\alpha_2>1$ 时，y_2 为正值，反弯点向上移；$\alpha_2<1$ 时，y_2 为负值，反弯点向下移。同理令下层层高和本层层高之比为 $h_{\mathrm{F}}/h=\alpha_3$，$y_3$ 的值可在对应的表格查到）。

（4）计算柱端弯矩 M_c 和梁端弯矩 M_b。由柱剪力 V_{ik} 和反弯点高度 h'，可求出各柱的弯矩 M_c。求出所有柱的弯矩后，考虑各节点的力矩平衡，对每个节点，由梁端弯矩之和等于柱端弯矩之和，可求出梁端弯矩之和 $\sum M_b$。把 $\sum M_b$ 按与该节点相连的梁的线刚度进行分配（即某梁所分配到的弯矩与该梁的线刚度成正比），即可求出该节点各梁的梁端弯矩。

（5）计算梁端剪力 V_b 和柱轴力 N。根据梁的两端弯矩，可计算出梁端剪力 V_b，由梁端剪力进而可计算出柱轴力，边柱轴力为各层梁端剪力按层叠加，中柱轴力为柱两侧梁端剪力之差，即按层叠加。

3. 内力组合及最不利内力

1）控制截面

对于框架梁，两端支座截面一般是最大负弯矩和最大剪力作用处，跨中截面

常常是最大正弯矩作用处。因此，框架梁通常选取梁端支座内边缘处的截面和跨中截面作为控制截面。若考虑了刚域的影响，则梁端控制截面的计算弯矩可以取刚域端截面的弯矩值。

对于框架柱，剪力和轴力值在同一楼层内变化很小，而弯矩最大值在柱的两端，因此可取各层柱的上、下端截面作为设计控制截面，并且需取换算到梁上、下边缘处的柱截面内力作为计算内力。

2）最不利内力组合

框架结构上作用的荷载可分水平荷载和竖向荷载。风荷载和地震荷载属于水平荷载，它们的计算应考虑两个方向的作用，如果结构对称，水平荷载为反对称，只需进行一次内力计算，水平荷载反向作用时，内力改变正负号即可，截面内力组合时，二者取其一。

最不利内力组合就是在控制截面处对截面配筋起控制作用的内力组合。对于框架梁支座截面，最不利内力是最大负弯矩和最大剪力，以及可能出现的正弯矩。框架梁跨中截面，最不利内力是最大正弯矩或可能出现的负弯矩。

对于框架柱的上、下端截面，可能为大偏压情况，也可能为小偏压情况，前者 M 越大越不利，后者 N 越大越不利。同时，弯矩的大小和方向也不相同，但一般柱子都是对称配筋，故只需选择正、负弯矩中绝对值最大的弯矩进行组合。

在某些情况下，最大或最小内力不一定是最不利的。因为对大偏心截面而言，偏心距 $e_0 = M/N$ 越大，截面的配筋越多。因此，有时候 M 虽然不是最大，但相应 N 较小，此时偏心距最大，也能成为最不利内力。对于小偏心截面，当 N 可能不是最大，但相应 M 比较大时，配筋反而需要多一些，会成为最不利内力。

三、框架结构抗震设计的一般原则

为了保证当建筑遭受中等烈度的地震影响时具有良好的耗能能力，以及当建筑遭受高于本地区设防烈度的预估的罕遇地震影响时，不致倒塌或发生危及生命的严重破坏，要求结构具有足够的延性。要保证结构的延性就必须保证构件有足够大的延性，特别是重要构件。构件的延性一般用结构顶点的延性系数 μ 表示为

$$\mu = \Delta u_p / \Delta u_y \tag{2-21}$$

式中：Δu_p、Δu_y——结构顶点屈服位移和结构顶点弹塑性位移限值。

一般认为，在抗震结构中结构顶点延性系数应不小于 3～4。

框架结构顶点位移是由楼层的层间位移积累产生的，而层间位移又是由结构构件的变形形成的。因此，要求结构具有一定的延性就必须保证框架梁、柱有足够大的延性，使塑性铰首先在框架梁端出现，尽量避免或减少在柱中出现，即按照节点处梁端实际受弯承载力小于柱端实际受弯承载力的思路进行计算，以争取使结构能够形成总体机制，避免结构形成层间机制，框架结构破坏机制如图 2-8 所示。

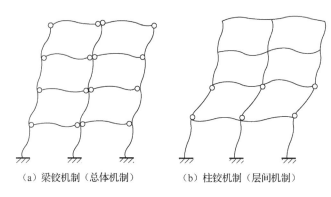

（a）梁铰机制（总体机制）　　　　　（b）柱铰机制（层间机制）

图 2-8　框架结构破坏机制

根据震害分析，以及近年来国内外试验研究资料，梁、柱塑性铰的设计，应遵循下述一些原则。

第一，强柱弱梁。要控制梁、柱的相对强度，使塑性铰首先在梁中出现，尽量避免或减少在柱中出现。因为塑性铰在柱中出现，很容易形成几何可变体系而倒塌。

第二，强剪弱弯。对于梁、柱构件而言，要保证构件出现塑性铰，而不过早地发生剪切破坏。这就要求构件的抗剪承载力大于塑性铰的抗弯承载力。为此，要提高构件的抗剪强度，形成"强剪弱弯"。

第三，强节点、强锚固。为了保证延性结构的要求，在梁的塑性铰充分发挥作用前，框架节点、钢筋的锚固不应过早破坏。

抗震设计时，为保证结构构件具有良好的抗震性能，应选用合适的结构材料。

混凝土：各类结构用混凝土的强度等级均不宜低于 C20，一级抗震等级框架梁、柱及其节点的混凝土强度等级不应低于 C30；作为上部结构嵌固部位的地下室楼盖的混凝土强度等级不宜低于 C30；现浇非预应力混凝土楼盖结构的混凝土强度等级不宜高于 C40；框架柱的混凝土强度等级，抗震设防烈度 9 度时不宜高于 C60，8 度时不宜高于 C70。

钢筋：按一级、二级、三级抗震等级设计的框架和斜撑构件，其纵向受力钢筋的抗拉强度实测值与屈服强度实测值的比值不应小于 1.25；纵向受力钢筋的屈服强度实测值与屈服强度标准值的比值不应大于 1.3；钢筋在最大拉力下的总伸长率实测值不应小于 9%。

由于影响地震作用和结构承载力的因素十分复杂，地震破坏机理尚不十分清楚，结构设计中的地震作用、地震作用效应及承载力计算是相当近似的。为了从总体上保障工程结构的抗震能力，就必须重视概念设计，充分合理地采取抗震构造措施。对于钢筋混凝土框架结构，其关键在于做好梁、柱及其节点的构造设计。

第二节　剪力墙结构体系

一、剪力墙的分类

根据剪力墙墙肢截面的高宽比的值，剪力墙分为一般剪力墙、短肢剪力墙、小墙肢、框架柱等。

由于剪力墙上洞口大小、位置及数量的不同，在水平荷载作用下，其受力特点也不同，主要表现在两个方面：一是各墙肢截面上正应力的分布，二是沿墙肢高度方向上弯矩的变化规律。因此，根据剪力墙墙体开洞的大小，剪力墙可以分为以下几种类型（图 2-9）。

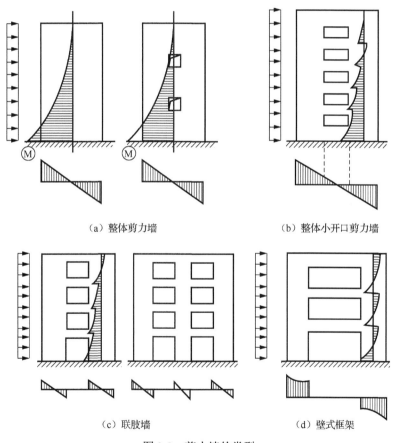

(a) 整体剪力墙　　　　　　(b) 整体小开口剪力墙

(c) 联肢墙　　　　　　(d) 壁式框架

图 2-9　剪力墙的类型

（1）整体剪力墙。不开洞或开洞面积小于墙面面积 15% 的墙称为整体剪力墙，当孔洞间净距及孔洞至墙边净距大于孔洞长边时，可以忽略洞口的影响。整体剪力墙如同竖向悬臂梁，截面上正应力呈直线分布，沿墙的高度上弯矩既不发生突变也不出现反弯点，如图 2-9（a）所示。变形曲线以弯曲型为主。

（2）整体小开口剪力墙。洞口面积比整体剪力墙的稍大，超过墙面面积的15%，但小于等于25%，连梁刚度很大，墙肢的刚度相对较小，连梁的约束作用很强，墙的整体性很好。水平荷载作用产生的弯矩主要由墙肢的轴力承担，墙肢自身弯矩很小，不超过墙体整体弯矩的15%。弯矩图有突变，但基本上无反弯点，截面上正应力接近直线分布，如图2-9（b）所示。变形曲线仍以弯曲型为主。

（3）联肢墙。洞口较大（开洞率达到25%～50%），剪力墙的整体性已破坏，剪力墙成为由一系列连梁约束的墙肢组成。联肢墙墙肢弯矩图有突变，并有反弯点（仅在一些楼层），墙肢局部弯矩较大，截面上正应力不再呈直线分布，如图2-9（c）所示。变形已由弯曲型逐渐向剪切型过渡。

（4）壁式框架。洞口尺寸很大（开洞率大于50%），墙肢宽度较小，连梁的线刚度接近墙肢的线刚度，墙肢弯矩与框架柱相似，其弯矩图不仅在楼层处有突变，而且在大多数楼层中都出现反弯点，如图2-9（d）所示。壁式框架剪力墙的受力性能接近于框架，变形曲线以剪切型为主。

二、剪力墙的布置

（一）剪力墙的平面布置

剪力墙是承受竖向荷载、水平地震作用和风荷载的主要受力构件，因此剪力墙应沿结构的主要轴线布置：当平面为矩形、T形、L形时，沿纵横两个方向布置；当平面为三角形时，剪力墙沿三向布置；当平面为多边形、圆形和弧形平面时，可沿环向和径向布置。

剪力墙应尽量布置得比较规则，拉通、对直，当稍有错开或转折时，可作为一道墙来进行考虑（图2-10）。

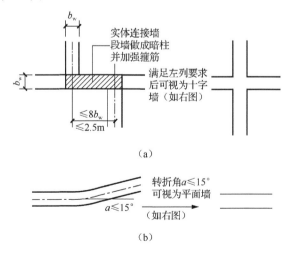

图 2-10　内外墙错开或转折

高层建筑结构不应采用全部为短肢剪力墙（墙肢截面高宽比为 5～8 的剪力墙）的剪力墙结构，短肢剪力墙较多时，应布置筒体（或一般剪力墙），形成短肢剪力墙与筒体（或一般剪力墙）共同抵抗水平力的剪力墙结构，其最大适用高度应适当降低，且 7 度和 8 度抗震设计时分别不应大于 100m 和 60m，短肢剪力墙截面宽度不应小于 200mm。

控制剪力墙结构抗侧刚度。在剪力墙结构中，如果墙体的数量太多，会使结构的抗侧刚度和重量都太大，不仅材料用量大，减小可利用空间，而且地震反应增大，使上部结构和基础设计困难。

为了使剪力墙既有安全的承载力又有必要的抗侧刚度，除了承载力和变形计算以外，还应使其具有合适的抗侧刚度。一般在方案或初步设计阶段和施工图设计阶段都应采取设计措施。

（1）一般地，采用墙距 6～8m 的大开间剪力墙体系比小开间剪力墙（间距 3～3.9m）的效果更好。

（2）同一轴线上的连续剪力墙过长时，应用楼板（不设连梁）或弱连梁（跨高比 l_n/h 宜大于 6）将其划分为若干个墙段（图 2-11），每一个墙段可以是单片整截面墙、小开口墙和多股墙，这样的结构措施将使该轴线上的剪力墙侧向刚度明显降低，提高延性，防止剪切破坏。

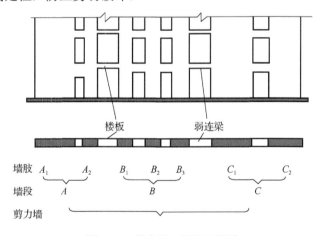

图 2-11　剪力墙、墙段和墙肢

（3）剪力墙的每一墙段的高宽比不小于 2，以防止剪切破坏，每一墙肢的长度不大于 8m，否则需留施工洞，用砖填塞。

（4）一级抗震等级的结构中不应采用一字墙，二级、三级抗震等级的结构中不宜采用一字墙。划分是否属于非一字墙与一字墙如图 2-12 所示。

非一字墙：墙肢两边均为 $l_n/h<5$ 的连梁，或一边为此连梁另一边为 $l_n/h\geqslant5$ 的非连梁。

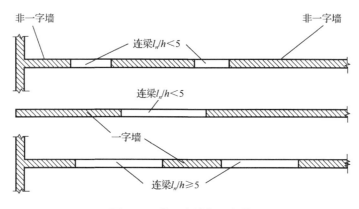

图 2-12　非一字墙与一字墙

一字墙：墙肢两边均为 $l_n/h \geqslant 5$ 的连梁，或一边为连梁另一边为无翼墙或端柱。

（5）判断剪力墙结构的合理刚度可通过控制结构的基本自振周期来考虑，宜使剪力墙结构的基本自振周期控制在（0.04～0.05）n（其中 n 为建筑结构层数）。当周期过短，地震力过大时，可以采用适当降低剪力墙墙厚及混凝土等级，降低连梁高度，增加洞口宽度或用施工洞减小墙肢长度等方法。

（二）剪力墙结构竖向布置

剪力墙结构竖向刚度突变，外挑、内收等都会使结构的变形过分集中在某些楼层，如有水平荷载作用将出现严重的破坏甚至倒塌。抗震设计的高层建筑结构，其楼层的侧向刚度不宜小于相邻上部楼层侧向刚度的 70%，或其上相邻三层侧向刚度平均值的 80%。因此，对剪力墙结构竖向布置应采取以下一些合理的措施。

（1）墙厚和混凝土等级沿竖向改变时，二者不宜在同一层改变；混凝土强度等级一般一层降一级，墙厚每层可减少 50～100mm。

（2）为减小上、下剪力墙结构的偏心，一般墙厚宜两侧同时内收。外墙为了平整，电梯井为了使用可以单面内收。

（3）剪力墙应沿竖向贯通建筑物的全高，不宜突然取消或中断。顶部取消部分剪力墙形成大空间时，延伸到顶的剪力墙应予以加强。

（4）多层大空间剪力墙结构的底层应设落地剪力墙或筒体，落地剪力墙数目抗震设防时不宜小于 50%。

（5）底层取消部分剪力墙时应设置转换楼层；底层落地剪力墙和筒体应加厚，并可提高混凝土强度等级以补偿底层的刚度。

（6）不宜采用上宽下窄的刀把形剪力墙，否则应进行专门的平面有限元分析，并加强配筋构造。

（7）合理布置剪力墙的洞口。剪力墙的门窗洞口宜上下对齐、成列布置，形成明确的墙肢和连梁，且一个墙段内各墙肢刚度不宜相差悬殊，避免出现薄弱的小墙肢，应避免设置使墙肢刚度相差悬殊的洞口。

抗震设计时，一级、二级、三级抗震等级剪力墙底部加强部位不宜采用错洞墙，且任何部位均不宜采用叠合错洞墙。当无法避免时，应采取相应的措施，如图 2-13 所示。

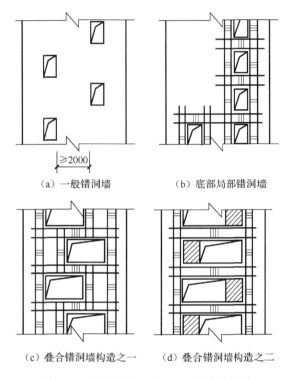

（a）一般错洞墙 　　　　　　　　（b）底部局部错洞墙

（c）叠合错洞墙构造之一 　　　　（d）叠合错洞墙构造之二

图 2-13　剪力墙洞口不对齐时的构造措施

剪力墙相邻洞口之间以及洞口与墙边缘之间要避免小墙肢。墙肢宽度不宜小于 $3b_w$（其中 b_w 为墙厚），且不应小于 500mm。

无论哪一种洞口，其位置距墙边需保持一定距离：内部正交墙处，≥150mm，并避免出现十字短墙；外墙 T 形截面处，≥300mm；外墙转角处，≥600mm。

B 级高度的高层建筑不应在角部剪力墙上开设转角窗。抗震设防烈度 8 度及 8 度以上设防区的高层建筑，不宜在角部剪力墙上开设转角窗，否则应进行专门研究，并采取更严格的措施。

（8）控制剪力墙平面外弯矩。剪力墙在自身平面内刚度及承载力大，而在平面外刚度及承载力都相对很小。当剪力墙墙肢与其平面外方向的楼面梁连接时，会造成墙肢平面外弯曲，一般情况下并不进行墙的平面外刚度及承载力验算。但是当梁高大于 2 倍墙厚时，梁端弯矩对墙平面外的安全不利，此时应至少采取以下措施（图 2-14）中的一个措施，减小梁端部弯矩对墙的不利影响：①沿梁轴线方向设置与梁相连的剪力墙，抵抗该墙肢平面外弯矩。②当不能设置与梁轴线方向相连的剪力墙时，宜在墙与梁相交处设置扶壁柱。③扶壁柱宜按计算确定截面及配筋；当不能设置扶壁柱时，应在墙与梁相交处设置暗柱，并宜按计算确定配筋。④必要时，剪力墙内可设置型钢。

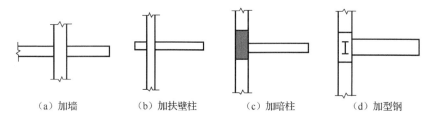

（a）加墙　　　（b）加扶壁柱　　　（c）加暗柱　　　（d）加型钢

图 2-14　梁墙相交时的措施

此外，还可以采用下列减小梁端部截面弯矩的措施，减小剪力墙平面外的弯曲：做成变截面，即将梁端部截面减小，减小梁端弯矩；楼面梁端设计成铰接或半铰接；通过弯矩调幅减小梁端弯矩。

第三节　框架-剪力墙结构体系

一、框架-剪力墙结构的形式与布置

框架-剪力墙或框架-筒体结构（统称框架-剪力墙结构）是由框架结构和剪力墙结构这两种受力、变形性能不同的超静定抗侧力结构单元通过楼板或连梁协调变形，共同承受竖向及水平荷载的结构体系。它既能为建筑提供较大的使用空间，又具有良好的抗侧力刚度。框剪结构中的剪力墙可以单独设置，也可利用电梯井、楼梯间、管道井等墙体。因此，这种结构已被广泛应用于各类多、高层房屋建筑，如办公楼、酒店、住宅、教学楼、医院大楼等。

（一）结构体系和形式

由两种受力和变形性能不同的抗侧力结构单元组成的结构体系，如果其中每一种抗侧力结构单元都具备足够的刚度和承载力，可以承受一定比例的水平荷载，并可通过楼板连接而协同工作，共同抵抗外力，则称这种结构体系为"双重抗侧力体系"。反之，若其中的某一结构单元抗侧力能力很弱，主要依靠另一结构单元抵抗侧向力，则称之为"非双重抗侧力体系"。

框架-剪力墙结构中，无论是在剪力墙屈服以后，或者是在框架部分构件屈服之后，另一部分抗侧力结构还能够继续发挥较大的抗侧力作用，两部分之间会发生内力重分布，它们仍然可以共同抵抗水平荷载，从而形成多道设防。因此，框架-剪力墙结构在抗震设计时应为双重抗侧力体系。

　　板柱-剪力墙结构是由无梁楼板与柱组成的板柱框架和剪力墙共同承受竖向和水平作用的结构。其受力特点与框架-剪力墙结构类似。但由于板柱框架属于弱框架，抗侧力的能力很弱，主要依靠剪力墙抵抗侧向荷载，特别是板柱连接点是非常薄弱的环节，对抗震尤为不利。因此，板柱-剪力墙结构虽然也是由两类结构单元组成，但它是典型的"非双重抗侧力体系"。抗震设计时，高层建筑不能单独使用板柱结构，而必须设置剪力墙（或剪力墙组成的筒体）来承担水平力。

　　框架-剪力墙结构的组成形式灵活，其常用的组成形式一般有以下几种：框架与剪力墙（单片墙、联肢墙或较小井筒）分开布置；在框架结构的若干跨内嵌入剪力墙（带边框剪力墙）；在单片抗侧力结构内连续分别布置框架和剪力墙；上述两种或三种形式的混合。

　　（二）框架-剪力墙结构的变形及受力特点

　　对于纯框架结构，由柱轴向变形引起倾覆状的变形影响是次要的，由 D 值法可知，框架结构的层间位移与层间总剪力成正比，自下而上，层间剪力越来越小，因此层间的相对位移，也是自下而上越来越小。这种形式的变形与悬臂梁的剪切变形相一致，故称为剪切型变形。当剪力墙单独承受侧向荷载时，则剪力墙在各层楼面处的弯矩，等于该楼面标高处的倾覆力矩，该力矩与剪力墙纵向变形的曲率成正比，其变形曲线将凸向原始位置。由于这种变形与悬臂梁的弯曲变形相一致，故称为弯曲型变形，变形曲线对比如图 2-15 所示。框架-剪力墙结构是由变形特点不同的框架和剪力墙组成的，由于它们之间通过平面内刚度无限大的楼板连接在一起，它们不能自由变形，结构的位移曲线就成了一条反 S 曲线，其变形性质称为弯剪型。

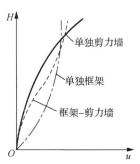

图 2-15　变形曲线对比

　　在下部楼层，剪力墙位移较小，它拉着框架按弯曲曲线变形，剪力墙承担大部分剪力；在上部楼层则相反，剪力墙位移越来越大，有外倾的趋势，而框架则呈内收趋势，框架拉着剪力墙按剪切型曲线变形，框架除承担水平力以外，还将额外承担把剪力墙拉回来的附加水平力。剪力墙因为给框架一个附加水平力而承受负剪力。由此可见，上部框架结构承受的剪力较大（图 2-16），与最大剪力在结构底部的纯框架结构不同，其剪力控制部位是在房屋高度的中部甚至是上部。因此，对实际布置有剪力墙（如电梯井墙等）的框架结构，不应简单按纯框架计算，必须按框剪结构协同工作进行分析，否则将无法保证框架部分上部楼层的安全。

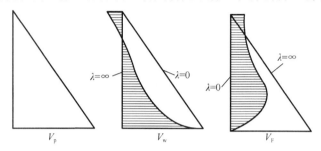

图 2-16　水平力在框架与剪力墙之间的分配

由图 2-16 可知，框架-剪力墙结构在水平力作用下，框架与剪力墙分担的水平剪力 V_F、V_w 与结构刚度特征值 λ 直接相关，并沿结构高度发生变化，但总有 $V_p = V_F + V_w$。在结构的底部，由外荷载产生的水平剪力全部由剪力墙承担，框架所承受的总剪力 V_F 总等于零；在结构的顶部，总剪力总等于零，但 V_w 和 V_F 均不为零，两者大小相等，方向相反。

（三）结构布置

1. 剪力墙的合理数量

框架-剪力墙结构中，剪力墙配置过少，结构的侧移将会增大，还会影响结构的安全。但剪力墙配置过多，既影响正常使用，也会使结构刚度和自重增大，加大地震效应，从而提高工程造价。可见，确定剪力墙的合理数量是框架-剪力墙结构初步设计的关键。

目前，确定剪力墙的数量，是以满足相关规则关于结构水平位移限值为依据。实际设计时，通常先根据经验适量布置，然后再通过验算逐步修正。一般可按照以下方法初步确定剪力墙数量。

（1）剪力墙的壁率是指单位楼面面积上一个方向的剪力墙长度，即壁率=某一方向剪力墙水平截面总长/建筑面积。按壁率确定剪力墙数量时，上述比值在 50～150mm/m² 较合适。

（2）底层剪力墙截面面积 A_w、柱截面面积 A_c 与底层楼面面积 A_f 之间的关系应在表 2-3 的范围内。

表 2-3　底层剪力墙截面面积 A_w、柱截面面积 A_c 与底层楼面面积 A_f 百分比　（单位：%）

设计条件	$(A_w + A_c)/A_f$	A_w/A_f
7 度、II 类场地	3～5	1.5～2.55
8 度、II 类场地	4～6	2.5～3

（3）用结构自振周期校核，由设计经验可知，截面尺寸、结构布置、剪力墙数量合理的框架-剪力墙结构基本自振周期 T_1（s）在下式的范围内：

$$T_1 = (0.06 \sim 0.08)N \tag{2-22}$$

式中：N——建筑物层数。

（4）在水平地震作用下，为满足侧向位移限值的要求，所需剪力墙的合理数量也可按以下的简化方法确定。

假定条件及适用范围：框架梁与剪力墙连接为铰接；结构基本周期考虑非结构墙体影响的折减系数 $\psi_T = 0.75$；结构高度不超过 50m，质量和刚度沿高度分布比较均匀；满足弹性阶段层间位移比 $\Delta u / h$ 的限值；剪力墙承受的地震倾覆力矩不少于结构总地震倾覆力矩的 50%。

所需剪力墙的合理数量，可通过计算所需剪力墙的平均总刚度 EI_w（kN·m²）来确定，EI_w 可由下式求得：

$$EI_w = H^2 C_F / \lambda^2 \tag{2-23}$$

$$\lambda = H\sqrt{C_F / (EI_w)} \tag{2-24}$$

其中

$$C_F = \overline{D}\ \overline{h}$$

$$\overline{h} = H/n$$

式中：C_F——框架平均总刚度，kN；

$\overline{D}$——各层框架柱平均抗推刚度 D 值（可取结构中部楼层的 D 值作为 $\overline{D}$ 值）；

$\overline{h}$——平均层高，m；

n——层数；

H——建筑物总高度；

λ——框剪结构刚度特征值。

为满足剪力墙承受的地震倾覆力矩不小于结构总地震倾覆力矩的 50%，应使结构刚度特征值 λ 不大于 2.4。为了使框架充分发挥作用，达到框架最大楼层剪力 $V_{Fmax} \geqslant 0.2 F_{Ek}$（$F_{Ek}$ 为底部楼层总剪力），剪力墙刚度不宜过大，应使 λ 值不小于 1.15。

2. 剪力墙的布置

框架-剪力墙结构体系的结构布置除应符合框架和剪力墙各自的相关规则外，还应满足下列要求。

（1）框架-剪力墙结构中，剪力墙是主要的抗侧力构件。为抵抗纵横两个方向的地震作用，抗震设计时，结构两主轴方向均应布置剪力墙，并应设计成双向刚接抗侧力体系，除个别节点外不应采用铰接；尽可能使结构各主轴方向的抗侧力刚度接近；非抗震设计时，允许只在受风面大的方向布置剪力墙，受风面小的方向只要能满足风荷载作用下的变形控制条件即可不设剪力墙。

（2）框架-剪力墙结构中剪力墙的布置一般按照"均匀、对称、分散、周边"的原则，布置在建筑物的周边附近、楼梯间、电梯间、平面形状变化及恒载较大的部位，使结构的刚度中心和质量中心尽量接近；纵、横剪力墙宜组成 L 形、T 形等形式，以增大剪力墙的刚度和抗扭能力；梁与柱或柱与剪力墙的中线宜重合。

（3）在伸缩缝、沉降缝、防震缝两侧不宜同时设置剪力墙；平面形状凹凸较大，是结构的薄弱部位，宜在凸出部分的端部附近布置剪力墙；纵向剪力墙宜布置在结构单元的中间区段内，不宜集中在两端布置纵向剪力墙，否则在平面中适当部位应设置施工后浇带以减少混凝土硬化过程中的收缩应力影响，同时应加强屋面保温以减少温度变化产生的影响。

（4）剪力墙布置时，如因建筑使用需要，纵向或横向一个方向无法设置剪力墙时，该方向可采用壁式框架或支撑等抗侧力构件，但两方向在水平力作用下的位移值应接近。壁式框架的抗震等级应按剪力墙的抗震等级考虑。

（5）单片墙的刚度宜接近，长度较长的剪力墙宜设置洞口和连梁形成双肢墙或多肢墙，单肢墙或多肢墙的墙肢长度不宜大于 8m；单片剪力墙底部承担的水平剪力不宜超过，结构底部总水平剪力的 40%。

（6）剪力墙宜全部贯通建筑物，沿高度墙的厚度宜逐渐减薄，避免刚度突变；当剪力墙不能全部贯通时，相邻楼层刚度的减弱不宜大于 30%，在刚度突变的楼层板应按转换层楼板的要求加强构造措施；剪力墙开洞时，洞口宜上下对齐；楼、电梯间等竖井的设置，宜尽量与其附近的抗侧力构件的布置相结合，使之形成连续、完整的抗侧力结构，不宜孤立地布置在单片抗侧力结构或柱网以外的中间部分。

3. 剪力墙的间距

框架-剪力墙结构依靠楼盖传递水平荷载给剪力墙，楼板在平面内必须有足够的刚度，才能保证框架与剪力墙协同工作，所以必须限制剪力墙的间距。当建筑平面为长矩形或平面有一部分长宽比较大时，剪力墙沿长度方向的间距不宜小于表 2-4 的要求；当这些剪力墙之间的楼盖有较大开洞时，剪力墙的间距应适当减小；长矩形平面中的纵向剪力墙不宜集中布置在房屋的两尽端。

表 2-4　剪力墙间距　　　　　　　　　　（单位：m）

楼盖形式	剪力墙间距			
	非抗震设计	抗震设计		
		6 度、7 度	8 度	9 度
现浇	5.0B, 60	4.0B, 50	3.0B, 40	2.0B, 30
装配整体	3.0B, 50	3.0B, 40	2.5B, 30	

注：1. B 为楼面宽度，单位为 m；
　　2. 装配整体式楼盖的现浇层应符合有关规范的有关规定；
　　3. 现浇层厚度大于 60mm 的叠合楼板可作为现浇板考虑。

4. 板柱-剪力墙结构的设计和构造

（1）应布置成双向抗侧力体系，两主轴方向均应设置剪力墙。

（2）抗震设计时，楼盖周边不应设置外挑板，应设置周边柱间框架梁，房屋的顶层及地下一层顶板宜采用梁板结构。

（3）有楼梯间、电梯间等较大开洞时，洞口周围宜设置框架梁或边梁。

（4）无梁板可根据承载力和变形要求采用无柱帽板或有柱帽板。当采用托板式柱帽时，托板的长度和厚度应按计算确定，且每方向长度不宜小于板跨度的 1/6，其厚度不宜小于 1/4 无梁板的厚度，抗震设计时，托板每方向长度尚不宜小于同方向柱截面宽度与 4 倍板厚度之和，托板处总厚度尚不宜小于 16 倍柱纵筋直径。当不满足承载力要求且不允许设置柱帽时可采用剪力架，此时板的厚度，非抗震设计时不应小于 150mm，抗震设计时不应小于 200mm。

（5）剪力墙之间的楼、屋盖长宽比，6 度、7 度不宜大于 3，8 度不宜大于 2。

（6）双向无梁板厚度与长跨之比，不宜小于表 2-5 的规定。

表 2-5 双向无梁板厚度与长跨的最小比值

非预应力楼板		预应力楼板	
无柱帽	有柱帽	无柱帽	有柱帽
1/30	1/35	1/40	1/45

（7）抗震设计时，板柱-剪力墙结构中各层横向及纵向剪力墙应能承担相应方向该层的全部地震剪力；各层板柱部分除应符合计算要求外，尚应能承担不少于该层相应方向地震剪力的 20%。

（8）楼板跨度在 8m 以内时，可采用钢筋混凝土平板。跨度较大而采用预应力楼板且抗震设计时，楼板的纵向受力钢筋应以非预应力低碳钢筋为主，部分预应力钢筋主要用作提高楼板刚度和加强板的抗裂能力。

（9）板柱-剪力墙结构中，为防止板的完全脱落而下坠，沿两个主轴方向均应布置通过柱截面的板底连续钢筋，且钢筋的总截面面积应符合下式要求：

$$A_s \geqslant N_G / f_y \qquad (2-25)$$

式中：A_s——通过柱截面的板底连续钢筋的总截面面积；

N_G——在该层楼面重力荷载代表值作用下的柱轴向压力设计值；

f_y——通过柱截面的板底连续钢筋的抗拉强度设计值。

（10）板柱-剪力墙结构中，板的构造应符合下列规定：

第一，抗震设计时，无柱帽的板柱-剪力墙结构应沿纵横柱轴线在板内设置暗梁，暗梁宽度可取与柱宽度相同或柱宽加上柱宽度以外各 1.5 倍板厚，暗梁配筋应符合下列规定：暗梁上、下纵向钢筋应分别取柱上板带上、下钢筋总截面面积的 50%，且下部钢筋不宜小于上部钢筋的 1/2。纵向钢筋应全跨拉通，其直径宜大于暗梁以外板钢筋的直径，但不宜大于柱截面相应边长的 1/20；暗梁的箍筋，在构造上应至少配置四肢箍，直径不应小于 8mm，间距不应大于 300mm。

第二，设置托板式柱帽时，非抗震设计时托板底部宜布置构造钢筋；抗震设计时托板底部钢筋应按计算确定，并应满足抗震锚固要求。计算柱上板带的支座钢筋时，可考虑托板厚度的有利影响。

第三，无梁楼板允许开局部洞口，但应验算满足承载力及刚度要求。当未作专门分析时，在板的不同部位开单个洞的大小应符合图 2-17 的要求。若在同一部位开多个洞时，则在同一截面上各个洞宽之和不应大于该部位单个洞的允许宽度。所有洞边均应设置补强钢筋。

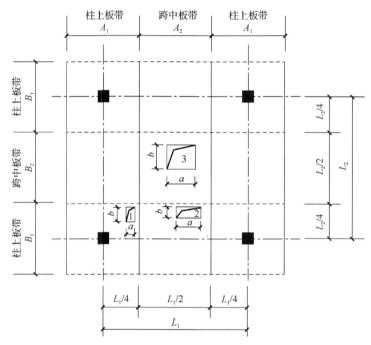

洞 1：$b \leqslant b_c/2$ 且 $b \leqslant t/2$，其中，b 为洞口长边尺寸，b_c 为相应于洞口长边方向的柱宽，t 为板厚；

洞 2：$a \leqslant A_2/4$ 且 $b \leqslant B_1/4$；洞 3：$a \leqslant A_2/4$ 且 $b \leqslant B_2/4$。

图 2-17　无梁楼板开洞位置要求

二、框架-剪力墙结构截面设计与构造要求

框架-剪力墙结构中的剪力墙常设有端柱，同时也常将框架梁或连梁拉通穿过剪力墙。这种每层有梁、周边带柱的剪力墙也称为带边框剪力墙，它比矩形截面的剪力墙具有更高的承载能力和更好的抗震性能，其构造要求也与普通剪力墙稍有不同。

（一）剪力墙一般要求

框架-剪力墙结构、板柱-剪力墙结构中，剪力墙都是抗侧力的主要构件，承

担较大的水平剪力，故其配筋应满足以下要求：剪力墙竖向和水平分布钢筋的配筋率，抗震设计时均不应小于 0.25%，非抗震设计时均不应小于 0.20%，并应至少双排布置；各排分布钢筋之间应设置拉筋，拉筋直径不应小于 6mm，间距不应大于 600mm。

（二）带边框的剪力墙截面设计与构造要求

（1）带边框剪力墙的截面厚度应符合下列规定抗震设计时，一级、二级剪力墙的底部加强部位均不应小于 200mm，且不应小于层高的 1/16；除上面情况以外的其他情况下不应小于 160mm，且不应小于层高的 1/20；当剪力墙截面厚度不满足本款以上要求时，应按相关规范计算墙体稳定。

（2）剪力墙的水平钢筋应全部锚入边框柱内，锚固长度不应小于 l_a（非抗震设计）或 l_{aE}（抗震设计）。

（3）带边框剪力墙的混凝土强度等级宜与边框柱相同。

（4）与剪力墙重合的框架梁可保留，也可做成宽度与墙厚相同的暗梁，暗梁截面高度可取墙厚的 2 倍或与该片框架梁截面等高，暗梁的配筋可按构造配置且应符合一般框架梁相应抗震等级的最小配筋要求。

（5）剪力墙截面宜按工字形设计，其端部的纵向受力钢筋应配置在边框柱截面内。

（6）边框柱截面宜与该榀框架其他柱的截面相同，边框柱应符合有关框架柱构造配筋规定；剪力墙底部加强部位边框柱的箍筋宜沿全高加密；当带边框剪力墙上的洞口紧邻边框柱时，边框柱的箍筋宜沿全高加密。

第四节　筒体结构体系

一、筒体结构概念设计

当高层建筑结构层数多、高度大时，由平面抗侧力结构所构成的框架、剪力墙和框架-剪力墙结构已不能满足建筑和结构的要求，开始采用具有双向抗侧移能力的刚度和承载力更大的筒体结构。

筒体结构的基本特征是水平力主要由一个或多个空间受力的竖向筒体承受。筒体可以由剪力墙组成，也可以由密柱框筒构成。筒体结构可以分为框筒、筒中筒、桁架筒和束筒等多种形式，是超高层建筑结构的首选结构形式，且多采用混合结构形式。

（一）筒体结构的受力性能及变形特点

研究表明，筒体结构的空间受力性能与其高度或高宽比等诸多因素有关。

1. 实腹筒结构

作为竖向交通运输和服务设施的通道通常选用实腹筒结构，实腹筒结构还是结构总体系中抗侧力的主要构件。在实际工程中，实腹筒常常需要开一些孔洞或者门洞（如电梯井的门等），当筒体的孔洞面积小于 30%时，对截面的受力影响可以忽略不计；当孔洞面积大于 50%～60%时，特别是将筒壁作为外墙时，它的结构受力性能更接近于框筒，孔洞对截面受力的影响不可忽略。

1）实腹筒的受力特点

如忽略孔洞的影响，则实腹筒可看作封闭箱形截面空间结构，如同一个竖在地面上的悬臂梁。各层楼面结构的支撑作用使整个结构呈现出很强的整体工作性能。理论分析及试验研究表明，实腹筒在水平荷载作用下更接近于薄壁杆件，产生整体弯曲、扭转。实腹筒发生整体弯曲时，如图 2-18（b）所示，整个截面变形基本符合平面假定，腹板正应力为斜直线分布，翼缘正应力大小相等，为水平线。

此外，设剪力墙的宽度为 B，则内力臂长度为 $2B/3$［图 2-18（a）］，而筒体的内力臂长度接近于 B，因此实腹筒比剪力墙具有更高的抗弯承载力。剪力墙既承担弯矩又承担剪力；而筒体的弯矩由翼缘承担，剪力主要由腹板承担。

2）实腹筒的变形特点

当结构高宽比小于 1 时，结构在水平荷载作用下的侧移变形以剪切型为主；当高宽比大于 4 时，结构在水平荷载作用下的侧移变形为弯曲型；当高宽比为 1～4 时，结构在水平荷载作用下的侧移变形为弯剪型。筒体结构高宽比一般大于 4，因此其在水平荷载作用下的侧移变形为弯曲型，如图 2-19 所示。

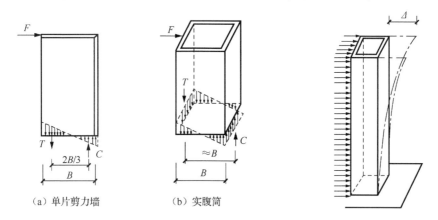

（a）单片剪力墙　　　　（b）实腹筒

图 2-18　单片剪力墙与实腹筒抗弯能力的比较　　　图 2-19　水平荷载作用下实腹筒的侧移

3）实腹筒的破坏机理

试验表明，在地震作用下实腹筒可能发生的破坏形式有六种：①斜向受拉破坏；②斜向受压破坏；③薄壁墙截面压屈失稳或受压主筋压屈；④施工缝截面发生剪切滑移破坏；⑤墙体底部受弯钢筋屈服破坏；⑥连梁弯曲剪切破坏等。其中，前四种为脆性破坏，后两种为较理想的破坏形式，即当塑性铰发生在连续梁端头和墙体根部时，结构能够以比较稳定的形式耗散地震能。因而，筒体的弯曲强度和弯曲破坏部位将直接影响筒体的破坏形式。

2. 框筒结构

框筒结构是由密排柱在每层楼板平面用窗裙墙梁连接起来的密柱深梁框架（图2-20）组成的空腹筒，它与普通框架结构受力不同。普通框架结构是平面结构，仅考虑平面内的承载力及刚度，忽略平面外的作用；而框筒是空间结构，可以充分发挥结构的空间作用，平行于水平荷载的框架和垂直于水平荷载的框架都参与工作。框筒的水平剪力由腹板框架承担，整体弯矩由翼缘框架承担。框筒的抗侧移刚度、抗扭刚度比框架结构大得多。

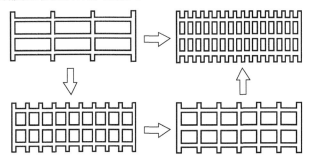

图 2-20　从框架到框筒的演变

框筒可看成在实腹筒上开了很多小孔洞，但它的受力与实腹筒是有区别的。在水平荷载作用下，框筒不再保持平截面变形，剪力滞后现象使翼缘框架各柱受力不均匀，各柱轴力呈抛物线形分布，中部柱子的轴向应力减小，角柱轴向应力增大；腹板框架与一般平面框架相似，各柱轴力也不是直线分布。这一作用使楼板产生翘曲，并引起内部间隔和次要结构的变形，且使框筒中间柱的承载力得不到发挥，结构的空间作用减弱。因此，如何减少剪力滞后效应的影响成为框筒结构设计的主要问题。

（二）筒体结构布置

筒体结构的布置除必须符合高层建筑的一般布置原则外，还应重点考虑减少剪力滞后效应的影响，充分发挥所有框架柱的作用，提高其空间性能。研究表明，筒中筒结构的空间受力性能与其高度、高宽比、平面形状和构件尺寸等因素有关。根据工程实践经验和力学分析结果，将筒体结构布置的要点归纳如下。

1. 平面布置

筒体结构宜采用双轴对称平面，如圆形、正多边形、椭圆形或矩形等，内筒宜居中，筒体墙肢宜均匀、对称布置。三角形平面宜切角，外筒的切角长度不宜小于相应边长的 1/8，其角部可设置刚度较大的角柱或角筒；内筒的切角长度不宜小于相应边长的 1/10，切角处的筒壁宜适当加厚。如为矩形平面，则其长宽比不宜大于 2，否则在较长的一边剪力滞后现象会比较严重，长边中部的柱子将不能充分发挥作用。

2. 立面布置

当高宽比小于 3 时，就不能较好地发挥筒体结构的整体空间作用。因此，筒中筒结构的高度不宜小于 80m，高宽比不宜小于 3。框架-核心筒结构的高度和高宽比可不受此限制。对于高度不超过 60m 的框架-核心筒结构，可按框架-抗震墙结构设计，可适当降低核心筒和框架的构造要求。

3. 内筒要求

内筒（核心筒）是筒中筒、框架-核心筒结构的主要抗侧力结构，宜贯通建筑物全高，竖向刚度宜均匀变化。一般来讲，当核心筒的宽度不大于筒体总高度的 1/12 时，筒体结构的层间位移就能满足规定。因此，内筒的宽度可为高度的 1/15～1/12。如有另外的角筒或剪力墙时，内筒平面尺寸可适当减小。此外，剪力墙内筒尺寸不宜过大或过小，其边长宜为外筒边长的 1/3 左右。筒体角部附近不宜开洞；不可避免时，筒角内壁至洞口的距离不应小于 500mm 和开洞墙截面厚度中的较大值。

4. 外框筒要求

外框筒结构的空间受力性能与开孔率、洞口形状、柱距、梁的截面高度和角柱截面面积等参数有关。

若筒体为框筒形式，则应控制框筒密排柱和窗裙梁的尺寸，横梁高度控制在 0.6～1.5m，以使墙面开洞面积不宜大于墙面面积的 60%；框筒柱距不宜大于 3m，个别可扩大到 4.5m，且不宜大于层高；洞口高宽比宜与层高和柱距的比值相近。

框筒柱宜采用矩形或 T 形截面，柱的长边位于框架平面内。这是因为框筒、梁柱的弯矩主要在腹板框架和翼缘框架平面内，框架平面外的柱弯矩较小。

（三）筒体结构材料强度等级选定及截面尺寸估算

（1）筒体结构的混凝土强度等级不宜低于 C30。

（2）核心筒或内筒的筒体墙应满足墙体稳定验算要求，且外墙厚度不应小于

200mm，内墙厚度不应小于 160mm，必要时可设置扶壁柱或扶壁墙。

（3）外框筒梁的截面高度可取柱净距的 1/4 及 600mm 中的较大值。

（4）外框筒在侧向荷载作用下的剪力滞后现象使角柱的轴向力为邻柱的 1～2 倍。为了减小各层楼盖的翘曲，角柱的截面尺寸可适当放大，必要时可采用 L 形角墙或角筒，通常可取角柱面积为中柱面积的 1～2 倍。

二、筒体结构截面设计及构造措施

筒体结构的基本构件是梁、柱（如在框筒中）和剪力墙（如在实腹筒中），其截面设计和构造措施的有关要求可参见框架和剪力墙的相应要求。这里针对筒体结构的特点，根据《高层建筑混凝土结构技术规程》（JGJ 3—2010）的规定做一些补充。

（一）框架

抗震设计时，框架-核心筒结构的框架部分按抗侧移刚度分配的楼层地震剪力标准值应符合下列规定。

（1）框架部分分配的楼层地震剪力标准值的最大值不宜小于结构底部总地震剪力标准值的 10%。

（2）当框架部分分配的地震剪力标准值的最大值小于结构底部总地震剪力标准值的 10%时，各层框架部分承担的地震剪力标准值应增大到结构底部总地震剪力标准值的 15%。此时，各层核心筒墙体的地震剪力标准值宜乘以增大系数 1.1，但应不大于结构底部总地震剪力标准值；墙体的抗震构造措施应按抗震等级提高一级后采用，已为特一级的可不再提高。

（3）当框架部分分配的地震剪力标准值小于结构底部总地震剪力标准值的 20%，但其最大值不小于结构底部总地震剪力标准值的 10%时，应按结构底部总地震剪力标准值的 20%和框架部分楼层地震剪力标准值中最大值的 1.5 倍两者中的较小值进行调整。

按上述（2）或（3）调整框架柱的地震剪力后，框架柱端弯矩及与之相连的框架梁端弯矩、剪力应进行相应调整。有加强层时，框架部分分配的楼层地震剪力标准值的最大值不应包括加强层及其上、下层的框架剪力。角柱应按双向偏心受压构件计算，纵向钢筋面积宜乘以增大系数 1.3。

（二）筒体墙

核心筒或内筒中的剪力墙截面形状宜简单，截面形状复杂的墙体可按应力进行截面设计校核。筒体墙的加强部位高度、轴压比限值、边缘构件设置及截面设计，应符合《高层建筑混凝土结构技术规程》（JGJ 3—2010）第 7 章的有关规定。

一般来讲，筒体墙的正截面承载力宜按双向偏心受压构件计算，截面复杂时可分解为若干矩形截面，按单向偏心受压构件计算；斜截面承载力可取腹板部分，按矩形截面计算；当承受集中力时，还应验算局部受压承载力。

核心筒或内筒的外墙不宜在水平方向连续开洞，洞间墙肢的截面高度不宜小于 1.2m；当洞间墙肢的截面高度与厚度之比小于 4 时，宜按框架柱进行截面设计。

筒体墙的水平、竖向配筋不应少于 2 排，其最小配筋率应符合《高层建筑混凝土结构技术规程》（JGJ 3—2010）第 7.2.17 条的规定。

（三）外框筒梁和内筒连梁

外框筒梁和内筒连梁按一般框架梁设计，不考虑深梁作用。

1. 截面尺寸

截面尺寸应满足抗剪要求，并符合以下规定。
（1）持久设计状况和短暂设计状况为

$$V_b \leqslant 0.25\beta_c b_b h_{b0} f_c \tag{2-26}$$

（2）地震设计状况（1）跨高比大于 2.5 时，有

$$V_b \leqslant \frac{0.20\beta_c f_c b_b h_{b0}}{\gamma_{RE}} \tag{2-27}$$

式中：γ_{RE}——承载力抗震调整系数。

跨高比不大于 2.5 时，有

$$V_b \leqslant \frac{0.15\beta_c f_c b_b h_{b0}}{\gamma_{RE}} \tag{2-28}$$

式中：V_b——外框筒梁或内筒连梁的设计剪力；
　　　　b_b——外框筒梁或内筒连梁的截面宽度；
　　　　h_{b0}——外框筒梁或内筒连梁截面的有效高度；
　　　　f_c——混凝土抗压强度；
　　　　β_c——混凝土强度影响系数。

2. 普通配筋的框筒梁和内筒连梁配筋构造

采用普通配筋的框筒梁和内筒连梁不宜设弯起钢筋抗剪，全部剪力应由箍筋和混凝土承担。构造配筋应符合下列要求。

（1）非抗震设计时，箍筋直径不应小于 8mm；抗震设计时，箍筋直径不应小于 10mm。

（2）非抗震设计时，箍筋间距不应大于 150mm；抗震设计时，箍筋间距沿梁长不变且不应大于 100mm，当梁内设置交叉暗撑时，箍筋间距不应大于 200mm。

（3）框筒梁上、下纵向钢筋的直径均不应小于 16mm，腰筋的直径不应小于 10mm，腰筋间距不应大于 200mm。

3. 跨高比不大于 2 的框筒梁和内筒连梁配筋构造

跨高比不大于 2 的框筒梁和内筒连梁宜增配对角斜向钢筋。跨高比不大于 1 的框筒梁和内筒连梁宜采用交叉暗撑（图 2-21），且应符合下列规定。

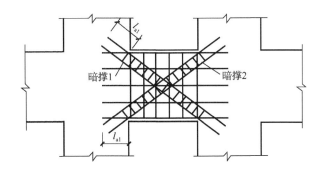

图 2-21 梁内交叉暗撑的配筋

（1）梁的截面宽度不宜小于 400mm。

（2）全部剪力由暗撑承担。每根交叉暗撑由 4 根纵向钢筋组成。纵筋直径不应小于 14mm，其总面积按下式计算。

① 持久设计状况和短暂设计状况下：

$$A_s \geqslant \frac{V_b}{2f_y \sin \alpha} \qquad (2\text{-}29)$$

② 地震设计状况下：

$$A_s \geqslant \frac{\gamma_{RE} V_b}{2f_y \sin \alpha} \qquad (2\text{-}30)$$

上述式中：α ——暗撑与水平线间的夹角。

（3）两个方向暗撑的纵筋均应用矩形箍筋或螺旋筋绑扎成一体，箍筋直径不应小于 8mm，箍筋间距不应大于 150mm。

（4）纵筋伸入竖向构件的长度不应小于 l_{a1}。非抗震设计时，$l_{a1}=l_a$（其中 l_a 为钢筋的锚固长度）；抗震设计时，$l_{a1}=1.15l_a$。

（5）梁内普通箍筋的配置要求同普通配筋的框筒梁和内筒连梁。

4. 楼盖体系

楼盖体系在筒体结构中起重要作用，一方面承受竖向荷载，另一方面在水平荷载作用下起着刚性隔板的作用，因而其应具有良好的水平刚度和整体性。对框筒，它起着维持筒体平面形状的作用；对筒中筒，通过楼盖，内、外筒才能协同工作。常用楼盖形式有平板楼盖、密肋楼盖、肋梁楼盖三种。筒体结构梁板式楼面布置示意图如图 2-22 所示。

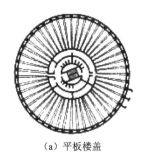 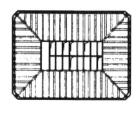 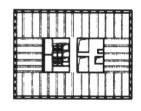

（a）平板楼盖　　　　　　（b）密肋楼盖　　　　　　（c）肋梁楼盖

图 2-22　筒体结构梁板式楼面布置示意图

楼板构件（包括楼板和梁）的高度要适中，要尽量减少楼盖构件与柱子间的弯矩传递。有的筒中筒结构将楼板与柱的连接处理成铰接；在多数钢筋混凝土筒中筒结构中，将楼盖做成平板式或密肋楼盖，以减小端弯矩，使框筒及筒中筒结构的传力体系更加明确。当有抗震设防要求时，内筒与外筒之间的距离（即楼盖跨度）不宜大于 10m，非抗震设计时不宜大于 12m。超过此限值时，宜另设承受竖向荷载的内柱，或采用预应力混凝土楼面结构。在结构底部数层，为使外框筒的密柱不隔断内部大空间与结构外部间的联系，可设置转换大梁或桁架。

筒体结构的双向楼板在竖向荷载作用下，四周外角要上翘。但受到剪力墙的约束，加上楼板混凝土的自身收缩和温度变化影响，可能使楼板外角产生斜裂缝。为防止这类裂缝出现，筒体结构的楼盖外角宜设置双层双向钢筋。单层单向配筋率不宜小于 0.3%，钢筋的直径不应小于 8mm，间距不应大于 150mm，配筋范围不宜小于外框架（或外筒）至内筒外墙中距的 1/3 和 3m。

当框架-双筒结构的双筒间楼板开洞时，其有效楼板宽度不宜小于楼板典型宽度的 50%；洞口附近楼板应加厚，并应采用双层双向配筋，每层单向配筋率不应小于 0.25%；双筒间楼板宜按弹性板进行细化分析。

第五节　巨型结构体系

一、巨型结构的概念

巨型结构的概念产生于 20 世纪 60 年代末，是指在一座建筑中，由几个大型结构单元组成的主结构与其他结构单元组成的次结构共同工作，从而获得更大的整体稳定性和更高的效能的高层建筑结构。巨型结构由两级结构组成，打破了传统的以单独楼层作为基本结构单元的格局，有着其他结构无法达到的很多优点。

随着建筑功能趋向于多样化和综合化发展，世界高层建筑发展的趋势是竞相推出高度超过 500m 的超高层建筑和满足一些特殊功能的高层建筑的巨型结构。对于建造 500m 以上的超高层建筑，巨型结构是最合适的结构体系。巨型结构中，主结构承担了绝大部分外力，次结构只是协助主框架抵抗外载。由于次结构的柱距小、荷载小，其梁、柱断面可以做得很小，有利于楼面的合理使用。

二、巨型结构的优越性

（一）传力明确

巨型结构是一种新型结构体系，主结构为主要的抗侧力体系，承受自身和次结构传来的各种荷载，次结构只起辅助作用和大震下的耗能作用，并负责将竖向荷载传给主结构，传力路线非常明确。

（二）体系整体性能好

在高层建筑结构中，抗侧力体系的抗侧能力强弱是衡量结构体系是否经济有效的尺度。巨型结构的大梁作为刚臂，使得整个结构具有极其良好的整体性，可有效控制侧移。同时，其也可在不规则的建筑中采取适当的结构单元组成规则的巨型结构。抗震巨型梁具有强大的竖向刚度，能充分协调各外柱的轴向变形。

（三）可满足建筑功能要求

巨型结构体系的出现使得建筑需要与结构布置不再矛盾，沿竖向每个大层中的次结构可以自由布置，同时并不会造成结构上的不利，也易做到节能和减少风力。

（四）可将多种结构形式及不同材料进行组合

由于巨型结构体系的主结构和次结构可以采用不同的材料和体系，体系可以有不同的变化和组合。例如，主体结构可采用高强材料，次结构采用普通材料等。

（五）巨型结构体系施工速度快

巨型结构体系可先施工主结构，待主结构完成后分开各个工作面同时施工次结构，这样可大大加快施工进度。

（六）节约材料，降低造价

在巨型结构体系中，虽然主结构的截面尺寸大，材料用量也大，但量大面广的次结构只承受有限几层竖向荷载的作用，故其截面尺寸比一般超高层建筑小得多，对材料性能要求也较低，从总体上说可节约材料和降低造价。

综上所述，巨型结构体系的出现是必然的，它给建筑设计带来了新的灵活性。

三、巨型建筑结构体系形式

巨型建筑结构体系一般可按其主要抗侧力体系的不同而分类。

（一）巨型桁架体系

高层建筑为加强抗扭刚度，抗推构件正在从中心布置转向沿房屋周边布置。为提高抗侧力体系的效率，立体构件取代了平面构件。同时，为防止竖向构件出现过大拉力，应使抗侧力构件与承重构件合二为一。框筒体系即是这样的结构，但是外圈框筒由于使用要求，立面开洞率又不可能太小，这将导致强烈的剪力滞后效应，使它不可能成为有效的立体构件而充分发挥空间作用。为减少剪力滞后效应，借鉴桁架内力特点，沿外框筒的 4 个面设置大型支撑。当结构在水平力作用下发生弯曲时，本由腹板和翼缘框架中的窗裙梁承受的竖向剪力改由支撑来承担，而支撑又具有几何不变性，所以基本上消除了剪力滞后现象。这样就可以将外框筒做成稀柱浅梁型，实际上这就是巨型桁架体系。巨型桁架通常由角柱及巨型斜支撑组成。暴露在立面上的巨型桁架既是主要受力结构，同时又有很强的装饰效果。巨型桁架结构出于传力明确、施工方便及美观等要求，斜支撑大部分采用钢构件，因此该结构类型建筑大多为纯钢结构或钢-混凝土混合结构。

（二）巨型框架结构体系

巨型框架是将框架体系设计为主结构和次结构，主框架可以形象地比喻为按比例放大的框架，其中巨型柱的尺寸很大，有时可超过一个普通框架的柱距，形式上可以是巨大的实腹钢筋混凝土柱。钢骨混凝土柱、空间格构式桁架或是筒体，大柱一般是布置在房屋的四角和周边；巨型梁采用高度在一层左右的预应力混凝土大梁或平面（空间）格构式桁架，一般每隔 3～15 个楼层设置一道大梁。主结构的大梁实际上可充当刚臂，把两边的大柱连在一起组成一个整体巨型框架，共同抵抗水平荷载作用，故也叫主框架。因其抗力力臂很大，所以抗侧刚度很大，使得整个结构具有极其良好的整体性，可有效控制结构侧移。同时，巨型框架结构是一种大体系，可以在不规则的建筑中采取适当的结构单元组成规则的巨型结构，有利于抗震。这样，主次结构组成一种超常规的具有巨大抗侧力刚度，以及整体工作性能的大型结构巨型框架结构体系的出现，使得建筑需要与结构布置不再矛盾，隔若干层设置的大梁自然地充当转换层的作用，使得沿竖向大小不一的空间得以自由布置。巨型结构的次结构样式可以千变万化，不仅美观，而且人们不必再担心由于结构转换而造成的对结构不利的影响。由于巨型框架结构中沿竖向可以设置数道大梁，小柱不再是主要的抗力构件，两大层之间的小柱在竖向没必要一定连续，紧贴大梁底下的一层可不设小柱做成大空间，布置成商店、会议室、娱乐场所等公用空间，这种大空间沿竖向可做若干个，以方便人们的各种需要。

（三）巨型悬挂结构体系

巨型悬挂结构次框架不是由下部大梁来承担，而是通过钢吊杆悬挂在上部主框架大梁上。钢吊杆由于只受拉力，杆件稳定要求容易满足。悬挂体系通常只有主构件落地，可以实现底部全开敞空间。

（四）巨型分离式结构体系

日本拟建的动力智能大厦（DIB-200），高 800m，地上 200 层，地下 7 层，总建筑面积 150 万 m²，由 12 个巨型单元体组成。每个单元体是一个直径 50m、高 50 层（200m）的框筒柱，1～100 层设 4 个柱，101～150 层设 3 个柱，151～200 层设 1 个柱，每 50 层设置一道巨型梁。结构上设有主动控制系统，进一步削弱地震反应。

四、巨型结构体系存在的问题

当巨型结构越来越成为建筑师青睐的对象时，人们往往容易忽视巨型结构自身存在的问题。

（1）高层建筑不利于消防。超高层建筑的消防难度不言而喻，所以巨型结构的消防要立足自救，其消防设施必须严格满足超高层建筑室内防火规范的规定；巨型结构的玻璃饰面易造成光污染；巨型结构中低层居室内的正常日晒得不到保证；电磁辐射、风环境等方面易对城市环境及周围建筑产生不利影响，并干扰电视信号的接收和鸟类飞行。

（2）超高层巨型结构形体复杂化、构件立体化，与常规结构有较大差异。巨型结构的抗风和抗震设计，应待有关部门研究后才能确定一般结构振动控制方法是否有效。

（3）关于巨型结构的力学模型建立和结构分析方法的研究，是一个迫切需要解决的课题。从解析角度分析，巨型结构将碰到难以克服的困难，因为巨型结构存在明显的结构层次。受到计算机容量和运算速度的限制，有限元法无法正常进行空间弹塑性分析。

（4）无法合理确定结构刚度。与国外超高层建筑相比，我国的设计方案偏于刚性，相应地震作用也偏大，如何进行合理优化设计，得到合理刚度，是亟待解决的问题。

五、发展趋势

巨型结构体系的出现和发展，在更大程度上缓解了人口增长迅速、城市用地紧张的问题，适应了现代建筑发展的新需求，成为 21 世纪建筑发展的趋势。随着我国城市化发展，建筑结构日益向着体系复杂、功能多样的综合性方向发展，超高层将是未来研究的主题，而巨型结构是一种新型结构体系，是超高层发展的需要。

第三章　结构抗震的概念设计

第一节　概　　述

一、地震基础知识

（一）地震的成因及其分类

地震是指由地球内部缓慢积累能量的突然释放引起的地球表层的振动。地震是地球内部构造运动的产物，是一种普遍的自然现象，全世界每年发生约 500 万次地震，其中具有破坏性的大地震平均每年发生 18～20 次。地震按其成因可划分为 3 类，即构造地震、火山地震和陷落地震。

1. 构造地震

地球的内部被距地表约 60km 的莫霍面（M 面）和距地表约 2 900km 的古登堡面（G 面）分为三大圈层，即地壳、地幔及地核。其中，地壳位于地表与 M 面之间，厚度为 30～40km，其上部是花岗岩，下部是玄武岩；地幔位于 M 面和 G 面之间，厚度约为 2 900km，其主要成分为橄榄岩；地核位于 G 面以下，主要由镍和铁组成。

地球内部的压力是不均匀的，地幔中的软流层有缓慢的对流，从而引起地壳运动。在运动过程中，有的地区上升，有的地区下降，地球内部积累了大量的应变能，产生了地应力。当地应力达到岩层的强度时，岩层发生断裂或错动（脆性破坏），岩层内部的能量被释放，以波的形式传至地表，引起地面震动，称为构造地震。这类地震发生的次数最多，破坏力也最大，占全世界地震的 90% 以上。汶川地震就属于此类地震。

2. 火山地震

由于火山作用，如岩浆活动、气体爆炸等引起的地震称为火山地震。只有在火山活动区才可能发生火山地震，这类地震只占全世界地震的 7%。

3. 陷落地震

由地下岩洞或矿井顶部塌陷引起的地震称为陷落地震。这类地震的规模比较小，次数也很少，往往发生在溶洞密布的石灰岩地区或大规模地下开采的矿区。

相对来说，火山地震与陷落地震的震级及规模均较小，而构造地震造成地面建筑物严重破坏，对人类的危害大，所以本章中所提到的地震主要指的是构造地震。

（二）地震术语

1. 震源

地球内部发生地震的地方叫作震源，即指地壳深处发生岩层断裂、错动的部位。从震源到地面的垂直距离称为震源深度。一般来说，对于同样大小的地震，震源深度较小时，波及的范围小而破坏程度相对较大；震源深度较大时，则波及范围大而破坏程度较小。大多数破坏性地震的震源深度为 5～20km，属于浅源地震。

2. 震中

震源在地面上的投影点称为震中，震中及其附近的地方称为震中区。通常情况下，震中区的震害最严重，也称为极震区。从震中到地面上任意一点的距离称为震中距。

3. 地震波

地震波是地震发生时由震源处的岩石破裂产生的弹性波。地震波在传播过程中，引起地面加速度。

（三）震级和烈度

1. 震级

地震震级是衡量一次地震释放能量大小的等级，即地震本身的强弱程度，用符号 M 表示。目前，国际上通用的是由里克特（Richter）于 1935 年提出的震级指标 M（里氏震级），震级每提高一级，地面的振动幅度增加约 10 倍，释放的能量则增大近 32 倍。

一般来说，小于 2 级的地震人们感觉不到，称为微震；2～5 级的地震称为有感地震；5 级以上的地震会造成不同程度的破坏，称为破坏性地震；7～8 级的地震称为强烈地震或大地震；大于 8 级的地震称为特大地震。

需要特别注意的是，由于震源深浅、震中距大小等不同，地震造成的破坏也不同。震级大，破坏力不一定大；震级小，破坏力不一定就小。

2. 地震烈度

一次地震对某一地区的影响和破坏程度称为地震烈度，简称为烈度。目前，我国国家地震局颁布实施的《中国地震烈度表》（GB/T 17742—2020）中地震共分12 度。

一般而言，震级越大，烈度就越大。同一地震，震中距小，烈度就高；反之，烈度就低。影响烈度的因素除了震级、震中距外，还有震源深度、地质构造和地基条件等因素。

（四）地震区划

强烈地震是一种破坏作用很大的自然灾害，它的发生具有很大的随机性。因此，采用概率方法预测某地区在未来一定时间内可能发生地震的最大烈度是具有工程意义的。进行地震烈度区划图的编制时，采用概率方法对地震危险性进行分析，并对烈度赋予有限时间区限和概率水平的含义。为了衡量一个地区遭受的地震影响程度，我国规定了一个统一的尺度，即地震基本烈度。它是指该地区未来50年内，一般场地条件下可能遭受的具有10%超越概率的地震烈度值。

《建筑抗震设计规范（2016年版）》（GB 50011—2010）对我国主要城镇中心地区的抗震设防烈度、设计基本地震加速度给出了具体的规定。此外，对已编制抗震设防区划的城市，可按批准的抗震设防烈度进行抗震设防。

应该特别指出的是，抗震设防烈度和设计基本地震加速度取值的对应关系，应符合表3-1的规定。设计基本地震加速度为0.15g和0.30g地区内的建筑，除《建筑抗震设计规范（2016年版）》（GB 50011—2010）另有规定外，应分别按抗震设防烈度7度和8度的要求进行抗震设计。

表 3-1　抗震设防烈度和设计基本地震加速度值的对应关系

抗震设防烈度	6度	7度	8度	9度
设计基本地震加速度值	0.05g	0.10g(0.15g)	0.20g(0.30g)	0.40g

注：g为重力加速度。

（五）设计地震分组

理论分析和震害调查结果表明，不同地震（震级或震中烈度不同）对某一地区不同动力特性结构的破坏作用是不同的。在宏观烈度大体相同的条件下，震级较大、震中距较远的地震对自振周期较长的高柔结构的破坏比震级较小、震中距较近地震的破坏更严重，对自振周期较短的刚性结构则有相反的趋势。

为了区别相同烈度下不同震级和震中距的地震对不同动力特性建筑物的破坏作用，《建筑抗震设计规范（2016年版）》（GB 50011—2010）以设计地震分组来体现震级和震中距的影响，将建筑工程所在地的设计地震分为三组。《建筑抗震设计规范（2016年版）》（GB 50011—2010）列出了我国抗震设防区各县级及县级以上城镇中心地区的抗震设防烈度、设计基本地震加速度值和所属的设计地震分组，供设计时取用。

（六）场地类别

抗震设计时要区分场地的类别，以作为表征地震反应场地条件的指标。建筑场地指建筑物所在地，大体相当于厂区、居民点和自然村的区域范围。场地条件对建筑物所受到的地震作用的强烈程度有明显的影响，在一次地震下，即使两场地范围内的地震烈度相同，建筑物受到的震害也不一定相同。

《建筑抗震设计规范（2016 年版）》（GB 50011—2010）按地震对建筑的影响，把建筑场地分为Ⅰ、Ⅱ、Ⅲ、Ⅳ四类，Ⅰ类场地对抗震最有利，Ⅳ类最不利。场地类别根据土层等效剪切波速和场地覆盖层厚度划分，由有关工程地质勘察部门提供。

（七）地震活动

地震活动，是指地震发生的时间、空间、强度和频率的变化规律。由于地震的发生是一个能量的积累、释放、再积累、再释放的过程，同一个地区地震的发生存在时间上的疏密交替现象，一段时间活跃，然后一段时间相对平静。地震活跃期和地震平静期的时间跨度称为地震活动期。统计表明，全球平均每年发生的地震数量约为：3 级地震 100 000 次，4 级地震 12 000 次，5 级地震 2 000 次，6 级地震 200 次，7 级地震 20 次，8 级及 8 级以上地震 3 次。

（八）地震分布

世界范围内，地震分布呈现出条带分布的特征，称为地震带。全球有两大地震带，即环太平洋地震带与欧亚地震带。

环太平洋地震带分布于濒临太平洋的大陆边缘与岛屿。世界上 80% 的地震发生在此地震带上，包括大量的浅源地震、90% 的中源地震、几乎所有的深源地震和全球大部分的特大地震。

欧亚地震带西起大西洋亚速尔群岛，向东经地中海、土耳其、伊朗、阿富汗、巴基斯坦、印度北部、中国西部和西南部边境、缅甸到印度尼西亚，与环太平洋地震带相接。它横越欧、亚、非三洲，全长 2 万多千米，基本上与东西向火山带位置相同，但带状特性更加鲜明。世界上 15% 的地震发生在此地震带上，主要是浅源地震和中源地震，缺乏深源地震。

我国是地震多发、震害最严重的国家之一。据统计，我国地震约占世界地震的 1/3，其原因是我国正好处于地球的环太平洋地震带和欧亚地震带两大地震带之间。

二、工程结构的抗震设防

简单地说，工程结构的抗震设防是指在工程建设时对建筑结构进行抗震设计并采取抗震措施，以达到抗震的效果。

参照《建筑抗震设计规范（2016 年版）》（GB 50011—2010）规定，抗震设防烈度为 6 度及以上地区的建筑，必须进行抗震设计。抗震设防烈度超过 9 度的地区和行业有特殊要求工业建筑的抗震设防按有关专门规定执行。

（一）抗震设防的目标和要求

抗震设防目标是指建筑结构遭遇不同水准的地震影响时，对其结构、构件、使用功能、设备的损坏程度，以及人身安全的总要求，即对建筑结构所具有的抗震安全性的要求。

抗震设防目标总的发展趋势为在建筑物使用寿命期间，对不同频度和强度的地震，要求建筑物具有不同的抵抗能力。基于这一趋势，参照《建筑抗震设计规范（2016 年版）》（GB 50011—2010）提出了"三水准"的抗震设防目标。

1. 第一水准

第一水准指的是当遭受到多遇的、低于本地区抗震设防烈度的地震（简称"小震"）影响时，建筑物一般应不受损坏或不需修理仍能继续使用，即"小震不坏"。

2. 第二水准

第二水准指的是当遭受到相当于本地区抗震设防烈度的地震（简称"中震"）影响时，建筑物可能损坏，经一般修理或不需修理仍能继续使用，即"中震可修"。

3. 第三水准

第三水准指的是当遭受到高于本地区抗震设防烈度的罕遇地震（简称"大震"）影响时，建筑物不致倒塌或不发生危及生命的严重损坏，即"大震不倒"。

上述三个地震的烈度用以反映同一个地区可能遭受地震影响的强度和频度水平。其具体含义如下。

（1）小震烈度，也称众值烈度，定义为一般场地条件下，相当于重现期为 50 年的地震烈度值（比基本烈度低 1.55 度）。

（2）中震烈度，也称基本烈度，定义为《中国地震动参数区划图》（GB 18306—2017）[7]所规定的烈度，相当于重现期为 475 年的地震烈度值。

（3）大震烈度，也称罕遇烈度，定义为一般场地条件下，相当于 1 600~2 500 年一遇地震的烈度值（比基本烈度高 1 度）。

（二）抗震设防的分类和设防标准

抗震设计中，根据建筑使用功能的重要性，应采取不同的抗震设防标准。《建筑工程抗震设防分类标准》（GB 50223—2008）[8]将建筑物分为甲、乙、丙、丁四个抗震设防类别，如表 3-2 所示。各抗震设防类别建筑的抗震设防标准应符合以下要求。

表 3-2 建筑物的抗震设防类别

设防类别	说明
甲类建筑	属于重大建筑工程和地震时可能发生严重次生灾害（如放射性物质的污染、剧毒气体的扩散和爆炸等）的建筑
乙类建筑	属于地震时使用功能不能中断或需尽快恢复的建筑（如消防、供水、石油、供电、急救、航空、煤气、交通等建筑）
丙类建筑	甲、乙、丁类建筑以外的一般建筑（如大量的一般工业与民用建筑）
丁类建筑	属于抗震次要建筑，包括遇地震破坏不易造成人员伤亡和较大经济损失的建筑（如一般仓库，人员较少的辅助性建筑等）

1. 甲类建筑

其地震作用应高于本地区抗震设防烈度的要求，其值应按批准的地震安全性评价结果确定。当抗震设防烈度为 6～8 度时，抗震措施应符合本地区抗震设防烈度提高 1 度的要求；当为 9 度时，应符合比 9 度抗震设防更高的要求。

2. 乙类建筑

其地震作用值应按本地区抗震设防烈度的要求确定。一般情况下，当抗震设防烈度为 6～8 度时，抗震措施应符合本地区抗震设防烈度提高 1 度的要求；当为 9 度时，应符合比 9 度抗震设防更高的要求。

对于较小的乙类建筑（如工矿企业的变电所、空压站、水泵房及城市供水水源的泵房等），当其采用抗震性能较好的结构类型（如钢筋混凝土结构或钢结构）时，应允许按本地区抗震设防烈度采取构造措施。

3. 丙类建筑

其地震作用与抗震措施均应符合本地区抗震设防烈度的要求。

4. 丁类建筑

其地震作用仍应符合本地区抗震设防烈度的要求；抗震措施应允许比本地区抗震设防烈度的要求适当降低，但抗震设防烈度为 6 度时不应降低。

需要注意的是，当抗震设防烈度为 6 度时，除规范有具体规定外，对乙、丙、丁类建筑可不进行地震作用计算。

（三）建筑抗震设计方法

在进行建筑抗震设计时，《建筑抗震设计规范（2016 年版）》（GB 50011—2010）采用了两阶段设计法实现"三水准"的抗震设防目标。

1. 第一阶段设计

第一阶段设计即结构构件截面抗震承载力验算。其具体设计步骤为：①计算众值烈度下结构的弹性地震效应（内力和变形）；②采用地震作用效应与其他荷载效应的基本组合验算结构构件的承载能力，并采取必要的抗震措施；③验算众值烈度下的弹性变形；④进行概念设计和抗震构造要求。其中，步骤①～③旨在实现第一水准和第二水准的抗震设防目标，步骤④则用于实现第二和第三水准的抗震设防目标。

2. 第二阶段设计

第二阶段设计即罕遇地震作用下的结构弹塑性变形验算。其具体设计方法为：①计算大震作用下的结构弹塑性变形；②验算薄弱层或薄弱位置的弹塑性层间变形，并采取相应的措施。

应该特别说明的是，对于多数建筑结构来说，进行上述的第一阶段设计就可以满足三个烈度水准的抗震设防目标。但对于质量、刚度明显不均匀的结构，有特殊要求的重要结构和地震时易倒塌的结构，还需进行第二阶段设计。

三、建筑抗震设计的基本特点

从建筑震害特点、建筑抗震设防目标及其实现途径等方面可以总结出，建筑抗震设计的基本特点主要有以下几个方面。

（一）建筑抗震设计存在强烈的不确定性

抗震设计必须面对和处理地震动输入、结构分析模型、分析方法、结构破坏模式等的不确定性。其中，地震动输入的不确定性是最大的不确定性。抗震设计中应充分认识到，根据目前所采用的确定性方法所计算出的结构地震反应，实质上只是一种平均意义上的结果，因而必须从抗震概念和措施上完善抗震设计。

（二）建筑抗震设计应考虑结构反应的动力特征

结构地震反应问题属于动力学范畴，基于静力学问题的概念和规律并不都适用于抗震设计，比如在框架结构的梁内随意增加配筋就可能导致产生预期之外的破坏模式。

（三）建筑抗震设计必须考虑结构的弹塑性行为

抗震设计允许结构在设防烈度及罕遇地震下产生损伤和破坏，采取什么样的模型和方法才能合理描述和估计结构的非线性行为过程，这是抗震设计区别于一般结构设计的一个难点。

（四）建筑抗震设计其概念设计至关重要

大量的震害表明，建筑抗震设计仅仅依靠计算是不够的，计算设计只解决了问题的一方面，还需要依赖工程实践和经验总结出的、许多目前甚至还无法用计算说明的概念和措施。

（五）建筑抗震设计实质上在于引导一种预期的结构破坏模式

抗震设计的难点不在于使结构不破坏，而在于使结构在多遇地震下不破坏、在设防烈度下产生可接受的破坏、在罕遇地震下产生不致倒塌的破坏。这就要求结构的破坏有一个合理的破坏部位、顺序和程度，即破坏模式。一味地将结构设计成"大震不坏"对单个建筑而言是可以接受的，但就平均意义而言却是不可取的。

（六）建筑抗震设计是强度、刚度、延性等控制问题

一定程度上，结构的地震作用是由设计者所决定的，设计者确定了结构的强度屈服水平也就决定了地震作用的大小；而刚度的大小不仅影响结构地震水平，更关系到结构变形能力和破坏状态；延性则是结构自屈服到极限状态的变形和耗能能力的体现。建筑抗震设计需要均衡结构的强度和刚度并利用延性来达到预期的设防目标。

另外，与一般结构设计相比，建筑抗震设计赋予了设计者更大的主观能动性。

四、高层建筑结构的抗震概念设计

概念设计是运用人的思维和判断力，从宏观上决定结构设计中的基本问题。要做好这项工作的首要条件，是对结构的功能要有比较透彻的了解。只有掌握了结构受力的规律和真实情况，用正确的概念指导工作，才能掌握重点，冲破由于对问题的错觉或狭隘经验所造成的障碍和束缚；才能使结构设计更好地符合客观实际，创造出优秀的设计成果，避免在设计中发生原则性的错误。

概念设计包括的范围很广，要考虑的方面很多，即不仅要分析总体布置上的大原则，也要顾及关键部位的细节[9]。具体来说，就是要做好结构布置方案，以创造对抗震的有利条件；分析地震力的性质和所选定结构体系的受力特点使主观意图符合客观实际；了解地震力和竖向荷载的传递途径及内力重分布的趋向，有

效布置结构构件；预计结构的破坏过程和破坏机制，以加强结构的关键部位和薄弱环节；注意建筑结构的连接整体性，做到小震不坏、中震可修和大震不倒；做好结构的强度和刚度在平面内和沿高度的均匀分布，避免应力过度集中；预估和控制塑性铰区出现的部位和范围，有针对性地进行构造布置；多安排高延性的耗能构件使结构对抗震设有多道防线；考虑非结构部件对主体结构抗震产生的有利和不利影响，保护和防止这类构件的破坏和坠落；铭记国内外震害的经验教训，使设计有所借鉴；密切配合建筑专业在设计上的创新，进一步提高建筑的使用功能和造型的多样化；给施工创造有利条件，以保证结构的工程质量；要讲求实效和经济效益，加快设计速度，提高设计质量；等等。

总体来说，要做好结构的概念设计需要具备的知识和经验是多方面的。要获得这方面的技能，就得不断总结设计经验，在工作中勤于思考，广泛参考、阅读科技成果和技术资料。同时，还要深入施工现场，理论联系实际，以探索结构的真实工作情况。这样就会在概念性的认识上逐步有所推进。

高层建筑结构抗震概念设计时应注意以下几方面内容。

（1）选择有利的场地，避开不利的场地，采取措施保证地基的稳定性。

（2）结构体系和抗侧刚度的合理选择。对于钢筋混凝土结构，一般来说框架结构抗震能力较差，框架-剪力墙结构性能较好，剪力墙结构和筒体结构具有良好的空间整体性，刚度也较大，历次地震中震害都较小。但也不能说抗侧刚度越大越好，应该结合房屋高度、体系和场地条件等进行综合判断，重要的是将变形限制在有关规范许可的范围内，要使结构有足够的刚度，可通过设置部分剪力墙以减小结构变形和提高结构承载力。同时，还应考虑场地条件，硬土地基上的结构可柔一些，软土地基上的结构可刚一些。可通过改变高层建筑结构的刚度调整结构的自振周期，使其偏离场地的卓越周期，较理想的结构是自振周期比场地卓越周期更低。如果不可能，则应使其比场地卓越周期短得较多，因为在结构进入塑性后，要考虑结构自振周期加长后与场地卓越周期的关系，避免发生类共振现象。

（3）结构平面布置力求简单、规则、对称，尽量减少易产生应力集中的凸出、凹进和狭长等复杂平面。同时，更重要的是结构平面布置时要尽可能使平面刚度均匀（即使结构的"刚心"与质心靠近），减少地震作用下的扭转，而平面刚度是否均匀是地震是否造成扭转破坏的重要原因。影响刚度是否均匀的主要因素是剪力墙的布置，如剪力墙偏一端布置，一端设置楼电梯间等，则会导致结构平面刚度很不均匀。高层建筑结构还不宜做成长宽比很大的长条形平面，因为它不符合楼板在平面内无限刚性的假定，楼板的高阶振型对这种长条形平面影响大。

（4）结构竖向宜做成上、下等宽或由下向上逐渐减小的体型，更重要的是结构的抗侧刚度应当沿高度均匀，或沿高度逐渐减弱。竖向刚度是否均匀也主要取决于剪力墙的布置，如框支剪力墙是典型的沿高度刚度突变的结构。此外，突出屋面的小房间或立面有较大的收进，以及为加大建筑空间而顶部减少剪力墙等，都会使结构顶的层刚度突然变小，加剧地震作用下的鞭梢效应。

（5）结构的承载力、变形能力和刚度要均匀连续分布，以适应结构的地震反应要求。某一部分过强、过刚也会使其他楼层形成相对薄弱环节而导致破坏。顶层、中间楼层取消部分墙柱形成大空间层后，要调整刚度并采取构造加强措施。底层部分剪力墙变为框支柱或取消部分柱后，比上层刚度削弱更为不利，应专门考虑抗震措施。不仅主体结构，而且非结构墙体（如砖砌体填充墙）的不规则、不连续布置也可能引起刚度的突变。

（6）抗震结构在设计上和构造上应实现具有多道设防。第一道设防结构中的某一部分屈服或破坏只会使结构减少一些超静定次数，如框架结构采用强柱弱梁设计，梁屈服后柱仍能保持稳定；再如剪力墙，在连梁作为第一道设防破坏以后，还会存在一个能够独立抵抗地震作用的结构；又如框架-剪力墙（筒体）、框架-核心筒、筒中筒结构，无论在剪力墙屈服以后，或者在框架部分构件屈服以后，另一部分抗侧力结构仍然能够发挥较大作用，且在发生内力重分布后，它们仍然能够共同抵抗地震。多道设防的抗震设计受到越来越多的重视。

（7）在房屋建筑的总体布置中，常常设置防震缝、伸缩缝和沉降缝将房屋分成若干个独立的结构单元，这不仅会影响建筑立面、多用材料，使构造复杂、防水处理困难等，设缝的结构在强烈地震下相邻结构可能发生碰撞而导致局部损坏等，有时还会因为将房屋分成小块而降低每个结构单元的稳定、刚度和承载力。因此，一般情况下宜采取调整平面形状与尺寸，加强构造措施，设置后浇带等方法尽量不设缝、少设缝。必须设缝时则须保证有足够的宽度，避免地震时相邻部分发生互相碰撞而破坏。

（8）延性结构的塑性变形可以耗散地震能量，结构变形虽然会加大，但作用于结构的惯性力不会很快上升，内力也不会再加大，因此可降低对延性结构的承载力要求，也可以说，延性结构是用它的变形能力（而不是承载力）抵抗强烈的地震作用；反之，如果结构的延性不好，则必须用足够大的承载力抵抗地震。因此，延件结构和构件对抗震设计是一种经济的、合理而安全的对策。要保证钢筋混凝土结构有一定的延性，除了必须保证梁、柱、墙等构件均具有足够的延性外，还要采取措施使框架及剪力墙结构都具有较大的延性。同时，节点的承载力和刚度要与构件的承载力和刚度相适应，节点的承载力应大于构件的承载力，要从构造上采取措施防止反复荷载作用下承载力和刚度过早退化。

（9）结构倒塌往往是由竖向构件破坏造成的，既承受竖向荷载又抗侧力的竖向构件属于重要构件，其设计不仅应当考虑抵抗水平力时的安全，更要考虑在水平力作用下进入塑性后，它是否仍然能够安全承受竖向荷载。

（10）保证地基基础的承载力、刚度和有足够的抗滑移、抗转动能力，使整个高层建筑结构成为一个稳定的体系，防止产生过大的差异沉降和倾覆。

第二节　场地的选择

从破坏性质和工程对策角度，地震对结构的破坏作用可分为两种类型，即场地、地基的破坏作用和场地的震动作用。场地和地基的破坏作用一般是指造成建筑破坏的直接原因是由场地和地基稳定性引起的。由场地因素引起的震害往往特别严重，单靠工程措施是很难达到预防目的的，或者所花代价昂贵。

选择良好的场地条件是抗震设计首先要解决的一个问题。历次大地震和震害调查表明，场地和地基的地震效应与建筑物遭受地震破坏的轻重有密切关系，并且在一些国家的抗震设计规范中得到越来越多的反映和重视。选择建筑场地时，应根据工程需要，掌握地震活动情况、工程地质和地震地质的有关资料，对抗震有利、一般、不利和危险地段做出综合评价。对不利地段，应提出避开要求；当无法避开时应采取有效措施。对危险地段，严禁建造甲类和乙类建筑，不应建造丙类建筑。

一、抗震有利地段

抗震有利地段是指稳定基岩，坚硬土，开阔、平坦、密实、均匀的中硬土等。在建筑的选址时，应该进行详细勘察，搞清地形、地质情况，要尽量选择对建筑抗震有利的地段，有条件时，尽可能选择基岩和接近基岩的坚硬、密实均匀的中硬土。建造于这类场地上的建筑一般不会发生因地基失效导致的震害。特别是对于高层建筑，由于其自振周期较长，与这类场地土的卓越周期相差较大，输入建筑物的地震能量减小，其地震作用和地震反应减小，从根本上减轻了地震对建筑物的影响。反之，建于软土上的高层建筑的震害会加重。

1976 年唐山大地震（7.8 级）中，唐山市 14 个被调查小区的多层砖房平均倒塌率为 60%，但大城山小区为坚硬地区（基岩裸露或覆盖层薄且密实）的倒塌率仅为 10%。根据地震震动记录反应谱分析得知，基岩和坚实场地条件下的谱加速度放大倍数比覆盖层厚、软到中硬的黏土或砂土要小得多。

二、抗震不利地段

抗震不利地段就场地土质而言，一般是指软弱土、易液化土，故河道、断层破碎带、暗埋塘滨沟谷或半挖半填地基等，以及在平面分布上成因、岩性、状态明显不均匀的地段。就地形而言，一般是指条状突出的山嘴、孤立的山包和山梁的顶部、高差较大的台地边缘、非岩质的陡坡、河岸和边坡的边缘等，在建筑选址时，一般应避开抗震不利地段，当无法避开时应采取有效措施。

国内多次大地震的调查资料表明，局部地形条件是影响建筑物破坏程度的一个重要因素。局部突出地形对地震动参数具有放大作用（类似于"鞭梢效应"或"孤山效应"）。宁夏海源地震，位于渭河谷地的姚庄，烈度为 7 度；而相距仅 2km 的牛家山庄，因位于高出百米的突出的黄土梁上，烈度竟高达 9 度。1966 年云南东川地震，位于河谷较平坦地带的新村，烈度为 8 度；而位于邻近一个孤立山包顶部的硅肺病疗养院，从其严重破坏程度来评定，烈度不低于 9 度。海城地震，在大石桥盘龙山高差 58m 的两个测点上收到的强余震加速度记录表明，孤突地形上的地面最大加速度是坡脚平上的 1.84 倍。1970 年通海地震的宏观调查数据表明，位于孤立的狭长山梁顶部的房屋，其震害程度所反映的烈度，比附近平坦地带的房屋约高出 1 度。在 2008 年四川汶川地震中，陕西省宁强县高台小学由于位于近 20m 高的孤立的土台之上，地震时其破坏程度明显大于附近的平坦地带。

根据宏观震害调查的结果，以及对不同地形条件和岩土构成的形体所进行的地震反应分析表明，地震时这些部位的地面运动会被放大，地震反应具有下列特点：第一，高突地形距离基准面的高度差距越大，高处的反应越强烈；第二，离陡坎和边坡顶部边缘的距离越大，反应相对减小；第三，从岩土构成方面看，在同样地形条件下，土质结构的反应比岩质结构大；第四，高突地形顶面越开阔，远离边缘的中心部位的反应就越小的；第五，边坡越陡，其顶部的放大效应相应加大。

建于河岸上的房屋还常常会因为地面不均匀沉降或地面裂缝穿过而裂成数段，这种河岸滑移对建筑物的危害靠工程措施来防治是不经济的。例如，海城和唐山地震，不少河岸边坡发生滑移，地面出现很多条平行于河流的裂隙，因此一般情况下应采取避开措施，如必须在岸边建房时，则要完全消除下卧土层的液化性，提高灵敏黏土层的抗剪强度，以增强边坡稳定性。

建筑物在不同特性场地土上的地震反应和震害有明显的差异。泥炭、淤泥和淤泥质土等软弱土是一种高压缩性土，抗剪强度很低。这类土在强震作用下，土体受到扰动，内部结构遭到破坏，不仅压缩变形增大，而且强度显著降低，产生一定程度的剪切破坏，导致土体向基础两侧挤出，造成上部结构的急剧沉降和倾斜，即产生房屋的震陷。天津塘沽港地区，地表下 3～5m 为冲填土，其下为深厚的淤泥和淤泥质土，地下水位为-1.6m。1974 年兴建的 16 栋 3 层住宅和 7 栋 4 层住宅，均采用片筏基础。1976 年唐山地震前，其累计沉降分别为 200mm 和 300mm，地震期间沉降量突然增大，分别增加了 150mm 和 200mm。震后，房屋向一边倾斜，房屋四周的外地坪地面隆起，软土地基上房屋的震害如图 3-1 所示。

由于性质不同的土层有不同的动力特性，对地震动的反应有显著差异。建造于平面分布明显不均匀的土层上的房屋，在地震作用下其不同部分会产生差异运动，易造成房屋的震害。因此，同一建筑物的同一个结构单元的基础不宜设置在性质截然不同的地基上，横跨两类土层的建筑物示意图如图 3-2 所示。当无法避开时，应在分析中考虑不同性质的土层造成的地震反应的差异所带来的不利影响，还可采用局部深基础等措施，使整个结构单元的基础埋置于同一土层中。

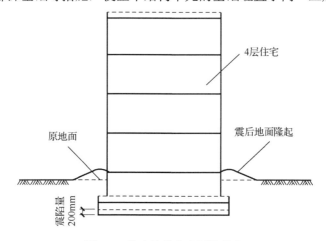

图 3-1　软土地基上房屋的震害

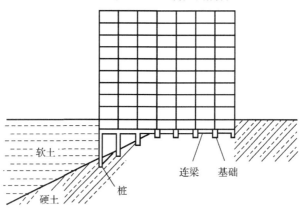

图 3-2　横跨两类土层的建筑物示意图

三、抗震危险地段

建筑抗震的危险地段是指地震时可能发生滑坡、崩塌、地陷、地裂、泥石流等，以及发震断裂带上可能发生地表错位的部位。在建筑场地选址时，任何情况下均不得在抗震危险地段上建造可能引起人员伤亡或较大经济损失的建筑物。四川汶川地震中，山区的建筑震害较为明显，由此对《建筑抗震设计规范》（GB 50011—2010）局部修订增加了一些原则性规定，即对于危险地段，强调"严禁建造甲、乙类的建筑，不应建造丙类的建筑"。

在研究断层场地的震害规律时，把断层划分为发震断层（或称活动断层）和非发震断层（或称非活动断层）。发震断层是指现代活动强烈、能释放弹性应变、产生地震的断层。地壳内存在大量断层，但是能产生强震的断层仅是其中一小部分，其余的统称为非发震断层，在地震作用下一般也不会发生新的错动。

当强烈地震时，发震断裂带附近地表在地震时可能产生新的错动，将释放巨大能量，引起地震动，使建筑物遭受较大的破坏，属于地震危险地段。断层两侧的相对错动，可能出露于地表，形成地表断裂。在 1976 年唐山地震的震区内，一条北东走向的地表断裂，长 8km，水平错动达 1.45m。由此可见，在发震断层附近地表的建筑物将会遭到严重破坏甚至倒塌，显然这种地震危险性在工程场址选择时是必须加以考虑的。在 2008 年四川汶川大地震的震中——处于龙门山中央主断裂带之上的映秀镇，其地震影响烈度高达 11 度，区域范围内的房屋建筑遭受毁灭性破坏。图 3-3 所示为地震后的汶川县映秀镇。

图 3-3   地震后的汶川县映秀镇

国内通海 7.7 级地震（1970 年）、海城 7.3 级地震（1975 年）和唐山 7.8 级地震（1976 年）的震害调查资料表明，有相当数量的非活动断层对建筑震害的影响并不明显，位于非活动断裂带上的房屋建筑与断裂带外的房屋建筑，在震中距和场地土条件基本相同的情况下，两者震害指数大体相同。因此，在场址选择时，无须特意远离非活动断层。当然，建筑物具体位置不宜横跨断层或破碎带上，以防万一发生地表错动或不均匀沉降给建筑物带来危险，造成不必要的损失。

山区建筑在强烈地震作用下由于山体滑坡和泥石流作用，引起建筑的倒塌或掩埋建筑物。例如，在 1932 年云南东川地震中，大量山石崩塌，阻塞了小江；在 1999 年台湾集集 7.6 级地震中，山体滑坡造成了一个村庄被掩埋在几十米深的碎石下。对于存在液化或润滑夹层的坡地，即使坡度较缓也有可能发生滑坡。例如，在 1970 年海通 7.7 级地震中，丘陵地区山脚下的一个土质缓坡，连同土坡上十几户人家的整个村庄向下滑移了 100 多米，土体破裂变形，房屋大量倒塌；在 2008 年四川汶川大地震中，地震导致了大量的山体滑坡，县城几乎被滑坡体掩埋。图 3-4 所示为地震后的北川县城。

图 3-4　地震后的北川县城

四、减少能量输入

同一结构单元的基础不宜设置在性质截然不同的地基上，同一结构单元不宜一部分采用天然地基而另一部分采用桩基，当地基为软弱黏性土、液化土、新近填土或严重不均匀土时，应采取地基处理措施加强基础整体性和刚性，以防止地震引起的动态和永久的不均匀变形。在地基稳定的条件下，还应考虑结构与地基的振动性，力求避免共振的影响。也就是说，从减少地震能量输入的角度出发，应尽量使地震动卓越周期与待建建筑物的自振周期错开，以避免建筑发生"共振"破坏。大量的地震灾害调查表明，在同一场地上，地震"有选择"地破坏某一类型建筑物，而"放过"其他类型建筑，证明"共振"破坏确实存在。其一般规律是：软弱地基上柔性结构较易遭受破坏，而刚性结构则较好；坚硬地基上则反之，刚性结构较易遭受破坏，而柔性结构较好。1977 年罗马尼亚弗朗恰地震，地震动卓越周期，东西向为 1.0s，南北向为 1.4s。布加勒斯特市自振周期为 0.8～1.2s 的高层建筑破坏严重，其中有不少建筑倒塌，然而该市自振周期为 2.0s 的 25 层洲际大旅馆几乎无震害，且墙面装修也未损坏。因此，为减轻因地震动与结构发生"共振"而破坏，在进行建筑方案设计时，应通过改变房屋层数和结构体系，尽量加大建筑物自振周期与地震动卓越周期的差距。

第三节　建筑设计的规则性

一幢房屋的动力性能基本上取决于它的建筑布局和结构布置。建筑布局简单合理，结构布置符合抗震原则，就能从根本上保证房屋具有良好的抗震性能。合理的建筑布局和结构布置在抗震设计中是至关重要的。震害调查和理论分析表明，简单、规则、对称的建筑抗震能力强，在地震时不易破坏。反之，复杂、不规则、不对称的建筑存在抗震薄弱环节，在地震时容易产生震害。简单、规则、对称的结构容易准确计算其地震反应，可以保证地震作用具有明确而直接的传递途径，容易采取抗震构造措施和进行细部处理；反之，复杂、不规则、不对称的结构不易准确计算其地震反应，地震作用的传递不明确、不直接，而且由于先天不足，即使在抗震构造上采取了补强措施，也未必能有效减轻震害。

　　历次地震的震害经验表明，在同一次地震中，体形复杂的房屋比体形规则的房屋容易被破坏，甚至倒塌。因此，建筑方案的规则性对建筑结构的抗震安全性来说十分重要。这里的"规则"包含了对建筑的平、立面外形尺寸，抗侧力构件布置、质量分布，直至承载力分布等诸多因素的综合要求。"规则"的具体界限随结构类型的不同而异，需要建筑师和结构工程师互相配合，才能设计出抗震性能良好的建筑。

一、建筑平面布置

　　从有利于建筑抗震的角度出发，结构的简单性可以保证地震力具有明确而直接的传递途径，使计算分析模型更易接近实际的受力状态，所分析的结果具有更好的可靠性，据此设计的结构的抗震性能更有安全可靠保证。地震区的建筑平面以方形、矩形、圆形为好，正六边形、正八边形、椭圆形、扇形次之，如图 3-5所示。三角形虽也属简单形状，但是，由于它沿主轴方向不对称，在地震作用下容易发生较强的扭转振动，对抗震不利。此外，带有较长翼缘的 L 形、T 形、十字形、Y 形、U 形和 H 形等平面也对抗震结构性能不利，主要是此类具有较长翼缘平面的结构在地震动作用下容易发生较大的差异侧移而导致震害加重。

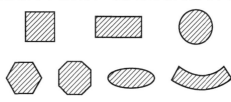

图 3-5　简单的建筑平面

　　1985 年 9 月墨西哥地震后，墨西哥国家重建委员会下属的首都地区规范与施工规程分会对地震中房屋破坏原因进行了统计分析，按建筑特征分类统计得出的地震破坏率列于表 3-3 中。从表 3-3 中可以看出，拐角形建筑的破坏率很高（高达 42%），且明显高于其他形状的房屋。

表 3-3　墨西哥地震房屋破坏率

建筑特征	破坏率/%
拐角形建筑	42
刚度明显不对称建筑	15
低层柔弱建筑	8
因间距过小产生碰撞的建筑	15

由于建筑外观和使用功能等多方面的要求，建筑不可能都设计成方形或者圆形。我国《高层建筑混凝土结构技术规程》（JGJ 3—2010）对地震区高层建筑的平面形状做了明确规定，并提出对这些平面的凹角处应采取加强措施。

二、建筑立面布置

建筑的竖向体型宜规则、均匀，避免有过大的外挑和内收。根据均匀性原则，建筑的立面也应采用矩形、梯形和三角形等非突变的几何形状（图 3-6）。突变性的阶梯形立面（图 3-7）尽量不采用，因为立面形状突变，必然带来质量和侧向刚度的突变，在突变部位产生过高的地震反应或大的弹塑性变形，可能导致严重破坏，应在突变部位采取相应的加强措施。在 1985 年 9 月墨西哥地震中，一些大底盘的高层建筑，由于低层裙房与高层主楼相连，没有设缝，体形突变引起刚度突变，使主楼底部接近裙房屋面的楼层变成相对柔弱的楼层，地震时因塑性变形集中效应而产生过大的层间侧移，导致严重破坏。

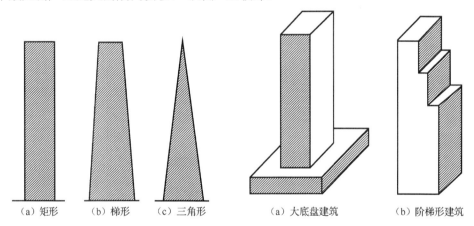

（a）矩形　　　（b）梯形　　　（c）三角形　　　　　（a）大底盘建筑　　　　（b）阶梯形建筑

图 3-6　良好的建筑立面　　　　　　　　图 3-7　不利的建筑立面

三、房屋高度的选择

一般而言，房屋越高，所受到的地震力和倾覆力矩越大，破坏的可能性也就越大。各种结构体系都有它最佳的适用高度，不同结构体系的最大建筑高度的规定综合考虑了结构的抗震性能、经济和使用合理、地基条件、震害经验及抗震设计经验等因素。表 3-4 给出钢筋混凝土房屋适用的不同抗震设防烈度的最大建筑高度。对于建造在Ⅲ、Ⅳ类场地的房屋，装配整体式房屋，具有框支层的剪力墙结构，以及非常不规则的结构，应适当降低高度。

表 3-4　钢筋混凝土房屋适用的不同抗震设防烈度的最大建筑高度　　　（单位：m）

结构类型		最大建筑				
		6 度	7 度	8 度		9 度
				(0.20g)	(0.30g)	
框架		60	50	40	35	—
框架-剪力墙		130	120	100	80	50
剪力墙	全部落地剪力墙	140	120	100	80	60
	部分框支-剪力墙	120	100	80	50	不应采用
筒体	框架-核心筒	150	130	100	90	70
	筒中筒	180	150	120	100	80
板柱-剪力墙		80	70	55	40	不应采用

注：1. 房屋高度是指室外地面到主要屋面板板顶的高度（不包括局部突出屋顶部分）。
　　2. 框架-核心筒结构是指周边稀柱框架与核心筒组成的结构。
　　3. 部分框支-抗震墙结构是指首层或底部两层框支-抗震墙结构，不包括仅个别框支墙的情况。
　　4. 框架结构，不包括异形柱框架。
　　5. 板柱-抗震墙结构是指板柱、框架和抗震墙组成抗侧力体系的结构。
　　6. 乙类建筑可按本地区抗震设防烈度确定适用的最大高度。
　　7. 超过表内高度的房屋，应进行专门研究和论证，采取有效加强措施。

表 3-5 给出钢结构房屋适用的不同抗震设防烈度的最大建筑高度。

表 3-5　钢结构房屋适用的不同抗震设防烈度的最大建筑高度　　　（单位：m）

结构类型	最大建筑高度				
	6 度、7 度 (0.10g)	7 度 (0.15g)	8 度		9 度 (0.40g)
			0.20g	0.30g	
框架	110	90	90	70	50
框架-中心支撑	220	200	180	150	120
框架-偏心支撑（延性墙板）	240	220	200	180	160
筒体（框筒、筒中筒、桁架筒、束筒）和巨型框架	300	280	260	240	180

注：1. 房屋高度是指室外地面到主要屋面板板顶的高度（不包括局部突出屋顶部分）。
　　2. 超过表内高度的房屋，应进行专门研究和论证，采取有效加强措施。
　　3. 筒体不包括混凝土筒。

四、房屋的高宽比

　　建筑物的高宽比对结构地震反应的影响，要比起其绝对高度来说更为重要。建筑物的高宽比越大，地震作用的侧移越大，水平地震力引起的倾覆作用越严重。由于巨大的倾覆力矩在底层柱和基础上所产生的拉力和压力比较难以处理，为有效防止在地震作用下建筑的倾覆，保证有足够的地震稳定性，应对建筑的高宽比有所限制。

　　例如，在 1967 年委内瑞拉加拉加斯地震中，该市一栋 18 层的公寓，为钢筋混凝土框架结构，地上各层均有砖填充墙，地下室空旷。在地震中，由于倾覆力矩在地下室柱中引起很大的轴力，造成地下室很多柱子被压碎，钢筋压弯呈灯笼状。另一震害实例是在 1985 年墨西哥地震中，该市一栋 9 层钢筋混凝土结构由于水平地震作用使整个房屋倾倒，埋深 2.5m 的箱形基础翻转了 45°，并连同基础底面的摩擦桩拔出。我国四川汶川大地震的震害分析也表明，进深大、高宽比较小的且相对"矮胖"的房子未坍塌，紧邻的同样高度的高宽比较大的、相对"矮瘦"的房子则坍塌了。

　　我国对房屋高宽比的要求是根据结构体系和地震烈度区分的。钢筋混凝土高层建筑结构使用的最大高宽比可参见表 1-6。

五、防震缝的合理设置

　　对于体型复杂、平立面特别不规则的建筑，在适当部位设置防震缝后，就可以形成多个简单、规则的单元，从而可以大大改善建筑的抗震性能，并且可以降低建筑抗震设计的难度，增加建筑的抗震安全性和可靠度。以往抗震设计者多主张将复杂、不规则的钢筋混凝土结构房屋用防震缝划分成较规则的单元。防震缝的设置主要是为了避免在地震作用下体型复杂的结构产生过大的扭转、应力集中、局部严重破坏等。为防止建筑物在地震中相碰，防震缝必须留有足够的宽度。

　　但是，设置防震缝也会带来不少负面影响，产生一些新问题。例如，建筑设计的立面处理困难，缝两侧需设置双柱或双墙，结构布置复杂化；实际工程中，防震缝的宽度受到建筑装饰等要求限制，往往难以满足强烈地震时实际侧移量，从而造成相邻单元碰撞而加重震害，因为在地震作用下，结构开裂、局部损坏而进入弹塑性状态。此时由于水平抗侧刚度降低很多，其水平侧移比弹性状态时增大很多（可达 3 倍以上），缝两侧的建筑很容易发生碰撞。

　　在国内外历次地震中，多次发生相邻建筑物碰撞的事例。究其原因，主要是相邻建筑物之间或一座建筑物相邻单元之间的缝隙不符合防震缝的要求，或是未考虑抗震要求，或是构造不当，或是对地震时的实际位移估计不足，所设计的防震缝宽度偏小。

　　天津友谊宾馆，东段为 8 层，高 37.4m，西段为 11 层，高 47.3m，东西段之间防震缝的宽度为 150mm。1976 年唐山地震时，该宾馆位于 8 度区内，东西段发生相互碰撞，防震缝顶部的砖墙震坏后，一些砖块落入缝内，卡在东西段上部设备层大梁之间，导致大梁在持续的振动中被挤断。在 1985 年墨西哥地震中，相邻建筑物发生互撞的情况占 40%，其中因碰撞而造成倒塌的占 15%。在 2008 年四川汶川地震中，相邻建筑的碰撞破坏现象也是随处可见。

体形复杂、平立面特别不规则的建筑结构，可按实际需要在适当部位设置防震缝。防震缝应根据抗震设防烈度、结构材料种类、结构类型、结构单元的高度和高差情况，留有足够的宽度，其两侧的上部结构应完全分开，即建筑平、立面布置应尽可能规则，尽量避免采用防震缝；如果必须留的话，宽度应该留够。实际工程中，往往碰到稍微不规则的结构就留缝，留的缝又不够宽；另外，在施工中，浇捣混凝土后的抗震缝两侧的模板没有拆除，或留下许多杂物堵塞，结果等于没留，地震时必然撞坏。

高层建筑最好不设防震缝，因为留缝会带来施工复杂、建筑处理困难，地震时难免碰撞。当建筑体形比较复杂时可以利用地下室和基础连成整体，这样可以减小上部结构反应，加强结构整体性。

抗震设计的高层建筑在下列情况下宜设防震缝（整个建筑划分为若干个简单的独立单元）：①平面或立面不规则，又未在计算和构造上采取相应措施；②房屋长度超过规定的伸缩缝最大间距，又无条件采取特殊措施而必须设伸缩缝；③地基土质不均匀，房屋各部分的预计沉降量（包括地震时的沉陷）相差过大，必须设置沉降缝；④房屋各部分的质量或结构的抗推刚度差距过大。

防震缝的宽度不宜小于两侧建筑物在较低建筑物屋顶高度处的垂直防震缝方向的侧移之和。在计算地震作用产生的侧移时，应取基本烈度下的侧移，即近似地将我国抗震设计规范规定的在小震作用下弹性反应的侧移乘以 3 的放大系数，并应附加上地震前和地震中地基不均匀沉降和基础转动所产生的侧移。一般情况下，钢筋混凝土结构的防震缝最小宽度应符合以下要求。①框架结构房屋的防震缝宽度，当高度不超过 15m 时，可采用 100mm；房屋高度超过 15m 时，6 度～9 度相应每增加高度 5m、4m、3m 和 2m，宜加宽 20mm。②框架-抗震墙结构房屋的防震缝宽度，可采用上述规定值的 70%。抗震墙结构房屋的防震缝宽度，可采用上述规定值的 50%，且不宜小于 100mm。③防震缝两侧结构体系不同时，防震缝宽度应按需要较宽的规定采用，并可按较低房屋高度计算缝宽。

六、合理的基础埋深

基础应有足够的埋深，有利于上部结构在地震动下的整体稳定性，防止倾覆和滑移，并能减小建筑物的整体倾斜。但是，地震区高层建筑物的基础埋深是否需要有最小限制的规定，一直存在争议：国际上大多数抗震设计规范都未对此做出明确规定；只有日本建设省在 1982 年批准的《高层建筑抗震设计指南》中，规定建筑埋置深度约取地上高度的 1/10，并不应小于 4m。依据我国《建筑地基基础设计规范》（GB 50007—2011）[10]中规定：对于采用天然基础和复合地基的建筑物，基础埋置深度可不小于建筑高度的 1/15；对于采用桩基的建筑物，则可不小于建筑高度的 1/18，桩的长度不计入基础埋置深度内；当基础落在基岩上时，埋置深度可根据工程具体情况确定，可不设地下室，但应采用地锚等措施。

第四节　结构设计的规则性

结构规则与否是影响结构抗震性能的重要因素。但是，由于建筑设计的多样性，不规则结构有时是难以避免的。同时，由于结构本身的复杂性，通常不可能做到完全规则，只能尽量使其规则，减少不规则性带来的不利影响。值得指出的是，特别不规则结构应尽量避免采用，尤其是在高烈度区。根据不规则的程度，应采取不同的计算模型分析方法，并采取相当的细部构造措施。

一、结构平面布置

结构平面布置力求对称，以避免扭转。对称结构在单向水平地震动下，仅发生平移振动，由于楼板平面内刚度大，起到横隔板作用，各层构件的侧移量相等，水平地震力则按刚度分配，受力比较均匀。非对称结构由于质量中心与刚度中心不重合，即使在单向水平地震动下也会激起扭转振动，产生平移-扭转耦联振动。由于扭转振动的影响，远离刚度中心的构件侧移量明显增大，所产生的水平地震剪力则随之增大，较易引起破坏，甚至严重破坏。为了把扭转效应降低到最低限度，可以减小结构质量中心与刚度中心的距离。在国内外地震震害调查资料中，不难发现角柱的震害一般较重，是屡见不鲜的现象，这主要是由于角柱是受到扭转反应最为显著的部位所致。

在 1972 年尼加拉瓜的马那瓜地震中，位于市中心 15 层的中央银行，有一层地下室，采用框架体系，设置两个钢筋混凝土电梯井和两个楼梯间，都集中布置在主楼两端一侧，两端山墙还砌有填充墙，中央银行平面图如图 3-8 所示。这种结构布置造成质量中心与刚度中心明显不重合，偏心很大，显然对抗震不利。1972 年发生地震时，该栋大厦遭到严重破坏，五层周围柱子严重开裂，钢筋压屈，电梯井墙开裂，混凝土剥落。围护墙等非结构构件破坏严重，有的倒塌。另一栋是 18 层的美洲银行，与中央银行大厦相隔不远。但地震时，美洲银行仅受到轻微损坏，震后稍加修理便可恢复使用。两栋大厦震害相差悬殊，主要原因是两者在建筑布置和结构体系方面有许多不同。美洲银行大厦结构体系均匀对称：基本抗侧力体系由 4 个 L 形筒体组成，筒体之间对称且由连系梁连接起来，美洲银行平面图如图 3-9 所示。由于管道口在连系梁中心，连系梁抗剪强度大为削弱，它的抗剪能力只有抗弯能力的 35%。这些连系梁在地震时遭到破坏，但却起到了耗能的作用，保护了主要抗侧力构件的抗震能力，从而使整个结构只受到轻微损坏。连系梁破坏是能观察到的主要震害。通过上述两栋现代化钢筋混凝土高层建筑抗震性能的巨大差异，生动地表明了在抗震概念设计中结构规则性准则的重要性。

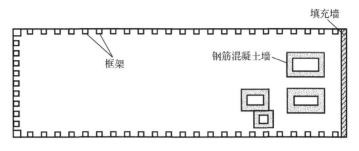

图 3-8 中央银行平面图

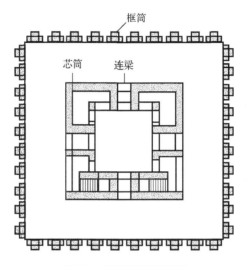

图 3-9 美洲银行平面图

对于规则与不规则的区别，有关抗震规范给出了一些定量的界限。平面不规则的主要类型参见表 1-2。

（一）扭转不规则

即使在完全对称的结构中，在风荷载及地震作用下往往也不可避免地受到扭转作用。一方面，由在平面布置中结构本身的刚度中心与质量中心不重合引起了扭转偏心；另一方面，由于施工偏差，使用中活荷载分布的不均匀等因素引起了偶然偏心。地震时地面运动的扭转分量也会使结构产生扭转振动。对于高层建筑，对结构的扭转效应需从两方面加以限制。首先，限制结构平面布置的不规则性，避免产生过大的偏心而导致结构产生过大的扭转反应；其次，限制结构的抗扭刚度不能太弱，采取抗震墙沿房屋周边布置的方案。扭转不规则的示例如图 3-10 所示。

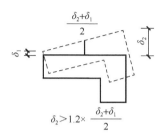

图 3-10　扭转不规则的示例

（二）凹凸不规则

平面有较长的外伸段（局部突出或凹进部分）时，楼板的刚度有较大的削弱，外伸段易产生局部振动而引发凹角处的破坏。因此，带有较长翼缘的 L 形、T 形、十字形、U 形、H 形、Y 形的平面不宜采用。凹凸不规则的示例如图 3-11 所示。需要注意的是，在判别平面凹凸不规则时，凹口的深度应计算到有竖向抗侧力构件的部位；对于有连续内凹的情况，则应累计计算凹口的深度。对于高层建筑，建筑平面的长宽比不宜过大，以避免两端相距太远，因为平面过于狭长的高层建筑在地震时因两端地震动输入有相位差而容易产生不规则振动，从而产生较大的震害。

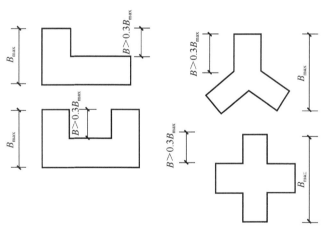

图 3-11　凹凸不规则的示例

（三）楼板局部不连续

目前在工程设计中大多假定楼板在平面内不变形，即楼板平面内刚度无限大，这对于大多数工程来说是可以接受的。但当楼板开大洞后，被洞口划分开的各部分连接较为薄弱，在地震中容易产生相对振动而使削弱部位产生震害。因此，对楼板洞口的大小应加以限制。另外，楼层错层后也会引起楼板的局部不连续，且使结构的传力路线复杂，整体性较差，对抗震不利。楼板局部不连续的典型示例如图 3-12 所示。对于较大的楼层错层，如错层的高度超过楼面梁的截面高度时，需按楼板开洞对待；当错层面积大于该层总面积的 30%时，则属于楼板局部不连续。

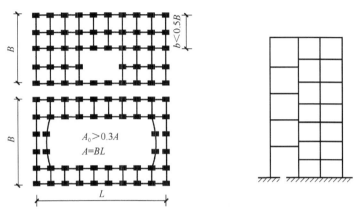

图 3-12　楼板局部不连续的典型示例

二、结构竖向布置

　　结构抗震性能的好坏，除取决于总的承载能力、变形和耗能能力外，避免局部的抗震薄弱部位是十分重要的。结构竖向布置的关键在于尽可能使其竖向刚度、强度变化均匀，避免出现薄弱层，并应尽可能降低房屋的重心。

　　结构薄弱部位的形成，往往是由刚度突变和屈服承载力系数突变造成的。刚度突变一般是由建筑体形复杂或抗震结构体系在竖向布置上不连续和不均匀性造成的。由于建筑功能上的需要，往往在某些楼层处竖向抗侧力构件被截断，造成竖向抗侧力构件的不连续，导致传力路线不明确，从而产生局部应力集中并过早屈服，形成结构薄弱部位，最终可能导致严重破坏甚至倒塌。竖向抗侧力构件截面的突变也会造成刚度和承载力的剧烈变化，带来局部区域的应力剧增和塑性变形集中的不利影响。

　　屈服承载力系数的定义是按构件实际截面、配筋和材料强度标准值计算的，是楼层受剪承载力与罕遇地震下楼层弹性地震剪力的比值。这个比值是影响弹塑性地震反应的重要参数。如果各楼层的屈服承载力系数大致相等，地震作用下各楼层的侧移将是均匀变化的，整个建筑将因各楼层抗震可靠度大致相等而具有较好的抗震性能。如果某楼层的屈服承载力系数远低于其他各层，出现抗震薄弱部位，则在地震作用下，将会过早屈服而产生较大的弹塑性变形，需要有较高的延性要求，因此尽可能从建筑体形和结构布置上使刚度和屈服强度变化均匀，尽量减少形成抗震薄弱部位的可能性，力求降低弹塑性变形集中的程度，并采取相应的措施来提高结构的延性和变形能力。

在 1971 年美国圣费南多地震中，Olive View 医院位于 9 度区。该院主楼 6 层，钢筋混凝土结构；3 层及以上为框架-抗震墙体系，底层和第 2 层为框架体系，但第 2 层有较多砖隔墙，上、下层的抗侧移刚度相差约 10 倍。地震后，上面几层震害很轻，而底层严重倾斜，纵向侧移达 600mm，横向侧移约 600mm，角柱酥碎。这是柔弱底层建筑的典型震例，其教训是值得吸取的。

四川汶川地震倒塌建筑很大一部分是因结构存在薄弱层，比较典型的是框架结构底层无填充墙和维护墙，直接形成薄弱层。但有关设计规范在设计中不考虑填充墙对结构刚度的影响，从而人为地造成了设计上不存在而实际存在的"薄弱层"。另外，对于存在转换层的结构，如底框结构在转换层处易发生破坏。竖向不规则的主要类型参见表 1-3。

（一）侧向刚度不规则

楼层的侧向刚度可取该楼层的剪力与层间位移的比值。结构的下部楼层的侧向刚度宜大于上部楼层的侧向刚度，否则结构的变形会集中于刚度小的下部楼层而形成结构薄弱层。由于下部薄弱层的侧向变形大，且作用在薄弱层上的上部结构的质量大，易引起结构的稳定问题。沿竖向的侧向刚度发生突变一般是由抗侧力结构沿竖向的布置突然发生改变或结构的竖向体形突变造成的。侧向刚度不规则的示例如图 3-13 所示。

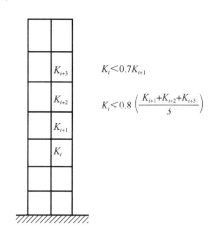

图 3-13　侧向刚度不规则的示例

（二）竖向抗侧力构件不连续

结构竖向抗侧力构件（柱、抗震墙、抗震支撑等）上、下不连续，需通过水平转换构件（转换大梁、桁架、空腹桁架、箱形结构、斜撑、厚板等）将上部构件的内力向下传递，转换构件所在的楼层往往作为转换层。由于转换层上、下的刚度及内力传递途径发生突变，对抗震不利，这类结构也属于竖向不规则结构。竖向抗侧力构件不连续的示例如图 3-14 所示。

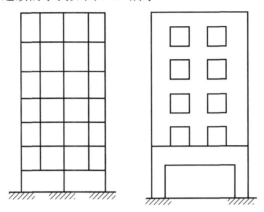

图 3-14 竖向抗侧力构件不连续示例

（三）楼层承载力突变

抗侧力结构的楼层受剪承载力发生突变，在地震时该突变楼层易成为薄弱层而遭到破坏。结构侧向刚度发生突变的楼层往往也是受剪承载力发生突变的楼层。因此，对于抗侧刚度发生突变的楼层应同时注意受剪承载力的突变问题，前面提到的抗侧力结构沿竖向的布置发生改变和结构的竖向体形突变同样可能造成楼层受剪承载力突变。楼层承载力突变示例如图 3-15 所示。

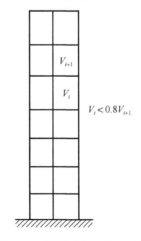

图 3-15 楼层承载力突变示例

第五节　结构材料和体系的选择

为了使结构具有良好的抗震性能，在研究建筑形式、结构体系的同时，也需要对所选择的结构材料的抗震性能有一定的了解，以便能够根据工程的各方面条件，选用既符合抗震要求又经济实用的结构类型。

一、结构材料

从抗震角度来考虑，一种好的结构材料应具备下列性能：延性系数高；"强度/重力"比值大；匀质性好；正交各向同性；构件的连接具有整体性、连接性和较好的延性，并能充分发挥材料的强度。

按照上述标准来衡量，常见建筑使用不同材料的结构类型，依其抗震性能优劣而排序为：钢结构、型钢混凝土结构、钢-混凝土混合结构、现浇钢筋混凝土结构、预应力混凝土结构、装配式钢筋混凝土结构、配筋砌体结构、砌体结构。

钢结构具有自重轻、施工速度快、强度高、抗震性能好等优点，同时存在造价高、易于锈蚀、抗火性能差、刚度小的缺点。在历次地震中，钢结构的表现最好，震害最轻。

钢筋混凝土结构造价较低，易就地取材，具有良好的整体性、耐久性、耐火和可塑性，刚度大，抗震性能较好。同时，这种结构也存在一些缺点，如自重大、隔热隔声性能差，现浇结构的施工受季节气候影响大，费工费时。在历次地震中，钢筋混凝土结构的表现要优于砌体结构，且震害与具体的结构形式有关。

砌体结构造价低廉、施工方便、易就地取材，具有良好的耐久性、耐火、保温、隔声和抗腐蚀性能。同时，砌体结构强度（抗拉、抗弯和抗剪强度）低，自重大，抗震性能差。历次地震的震害表明，砌体结构房屋的破坏最严重，抗震性能最差。在砌体的灰缝或粉刷层中配置钢筋形成的配筋砌体结构的强度有一定提高，抗震性能有一定改善。

二、结构体系

结构体系应根据建筑的抗震设防类别、抗震设防烈度、建筑高度、场地条件、地基、结构材料和施工等因素，经技术、经济和使用条件综合比较确定，抗震结构体系应符合下列各项要求。

（1）应具有明确的计算简图和合理的地震作用传递途径。

（2）宜有多道抗震防线，应避免因部分结构或构件破坏而导致整个结构丧失抗震能力或对重力荷载的承载能力。

（3）应具备必要的抗震承载力、良好的变形能力和消耗地震能量的能力。

（4）具有合理的刚度和强度分布，避免因局部削弱或突变形成薄弱部位，产生过大的应力集中或塑性变形集中；对可能出现的薄弱部位，应采取措施提高抗震能力。

（5）结构在两个主轴方向的动力特性应相近。

砌体结构在地震区一般适宜于 6 层及 6 层以下的居住建筑。框架结构通过良好的设计可获得较好的抗震能力，但框架结构抗侧移刚度较差，在地震区一般用于 10 层左右且体形较简单和刚度较均匀的建筑物。对于层数较多、体形复杂、刚度不均匀的建筑物，为了减小侧移变形，减轻震害，应采用中等刚度的框架-剪力墙结构或者剪力墙结构。

选择结构体系，还要考虑建筑物刚度与场地条件的关系。当建筑物自振周期与地基土的卓越周期一致时，容易产生共振而加重建筑物的震害。建筑物的自振周期与结构本身刚度有关，在设计房屋之前，一般应首先了解场地和地基土及其卓越周期，调整结构刚度，避开共振周期。

选择结构体系，要注意选择合理的基础形式。基础应有足够埋深，对于层数较多的房屋宜设置地下室。震害调查表明，凡设置地下室的房屋，不仅地下室本身震害轻，还能使整个结构减轻震害。

第六节　提高结构抗震性能的措施

一、合理的地震作用传递途径

结构体系受力明确、传力合理且传力路线不间断，则容易准确计算结构的地震反应，易使结构在未来发生地震时的实际表现与结构的抗震分析结果比较一致，即结构的抗震性能能较准确地预测，且容易采取抗震措施改善结构的抗震性能。要满足该要求，则需要合理地进行建筑布局和结构布置。

二、设置多道抗震防线

静定结构，也就是只有一个自由度的结构，在地震中只要有一个节点破坏或一个塑性铰出现，结构就会倒塌。抗震结构必须做成超静定结构，因为超静定结构允许有多个屈服点或破坏点。将这个概念引申，不仅要设计超静定结构，抗震结构还应该做成具有多道设防的结构。

能造成建筑物破坏的强震持续时间少则几秒，多则几十秒，有时甚至更长（比如四川汶川地震的强震持续时间达到 80s 以上）。如此长时间震动，一个接一个的强脉冲对建筑物产生往复式冲击，造成积累式破坏。如果建筑物采用的是多重抗侧力体系，第一道防线的抗侧力构件破坏后，后备的第二道乃至第三道防线的抗侧力构件立即接替，抵挡住后续的地震冲击，进而保证建筑物的最低限度安全，避免倒塌。在遇到建筑物基本周期与地震动卓越周期相同或接近的情况时，多道防线就更显示出其优越性。当第一道抗侧力防线因共振而破坏，第二道防线接替工作，建筑物自振周期将出现较大幅度的变动，与地震动卓越周期错开，使建筑物的共振现象得以缓解，避免再度严重破坏。

多道防线对于结构在强震下的安全是很重要的。多道防线的概念，通常有两方面的内容。一方面，整个抗震结构体系由若干个延性较好的分体系组成，并由延性较好的结构构件连接起来协同工作。如框架-抗震墙体系由延性框架和抗震墙两个系统组成；双肢或多肢抗震墙体系由若干个单肢墙分系统组成；框架-支撑框架体系由延性框架和支撑框架两个系统组成；框架-筒体体系由延性框架和筒体两个系统组成。另一方面，抗震结构体系具有最大可能数量的内部、外部赘余度，有意识地建立起一系列分布的塑性屈服区，以使结构能吸收和耗散大量的地震能量，一旦破坏也易于修复。

（一）第一道防线的构件选择

第一道防线一般应优先选择不负担或少负担重力荷载的竖向支撑或填充墙，或选择轴压比值较小的抗震墙、实墙筒体类的构件作为第一道防线的抗侧力构件。不宜选择轴压比很大的框架柱作为第一道防线。

地震的往复作用使结构遭到严重破坏，而最后倒塌则是结构因破坏而丧失了承受重力荷载的能力。所以，可以说房屋倒塌的最直接原因，是承重构件竖向承载能力下降到低于有效重力荷载的水平。按照上述原则处理，充当第一道防线的构件即使有损坏，也不会对整个结构的竖向构件承载能力有太大影响。如果利用轴压比值较大的框架柱充当第一道防线，框架柱在侧力作用下损坏后，竖向承载能力就会大幅度下降，当下降到低于所负担的重力荷载时就会危及整个结构的安全。

在纯框架结构中，宜采用"强柱弱梁"的延性框架。对于只能采用单一的框架体系，框架就成为整个体系中唯一的抗侧力构件。梁仅承担 层的楼面荷载，而且宏观经验还指出，梁破坏后，只要钢筋端部锚固未失效，悬索作用也能维持楼面不立即坍塌。柱的情况就严峻得多，因为它承担着上面各楼层的总负荷，它的破坏将危及整个上部楼层的安全。强柱型框架在水平地震作用下，梁的屈服先于柱的屈服，这样就可以做到利用梁的变形来消耗输入的地震能量，使框架柱退居到第二道防线的位置。

（二）结构体系的多道设防

我国采用得最为广泛的是框架-剪力墙双重结构体系，主要抗侧力构件是剪力墙，它是第一道防线。在弹性地震反应阶段，大部分侧向地震力由剪力墙承担，但是一旦剪力墙开裂或屈服，剪力墙刚度相应降低。此时框架承担地震力的份额将增加，框架部分起到第二道防线的作用，并且在地震动过程中框架起着支撑竖向荷载的重要作用，它承受主要的竖向荷载。

框架-填充墙结构体系实际上也是等效双重体系。如果设计得当，填充墙可以增加结构体系的承载力和刚度。在地震作用下，填充墙产生裂缝，可以大量吸收和消耗地震能量，填充墙实际上起到了耗能元件的作用。填充墙在地震后是较易修复的，但须采取有效措施防止平面外倒塌和框架柱剪切破坏。

在单层厂房纵向体系中，可以认为也存在等效双重体系。柱间支撑是第一道防线，柱是第二道防线。通过柱间支撑的屈服来吸收和消耗地震能量，从而保证整个结构的安全。

（三）结构构件的多道防线

建筑的倒塌往往都是结构构件破坏后致使结构体系变为机动体系的结果，因此，结构的冗余构件（即超静定次数）越多，进入倒塌的过程就越长。

从能量耗散角度看，在一定地震强度和场地条件下，输入结构的地震能量大体上是一定的。在地震作用下，结构上每出现一个塑性铰，即可吸收和耗散一定数量的地震能量。在整个结构变成机动体系之前，能够出现的塑性铰越多，耗散的地震输入能量就越多，就更能经受住较强地震而不倒塌。从这个意义上来说，结构冗余构件越多，抗震安全度就越高。

从结构传力路径上看，超静定结构要明显优于静定结构。对于静定的结构体系，其传递水平地震作用的路径是单一的，一旦其中的某一根杆件或局部节点发生破坏，整个结构就会因为传力路线的中断而失效。而超静定结构的情况就好得多，结构在超负荷状态工作时，破坏首先发生在赘余杆件上，地震作用还可以通过其他途径传至基础，其后果仅仅是降低了结构的超静定次数，但换来的却是一定数量地震能量的耗散，而整个结构体系仍然是稳定的、完整的，并且具有一定的抗震能力。

在超静定结构构件中，赘余构件为第一道防线，由于主体结构已是静定或超静定结构，这些赘余构件的先期破坏并不影响整个结构的稳定。

联肢抗震墙中，连系梁先屈服，然后墙肢弯曲破坏丧失承载力。当连系梁钢筋屈服并具有延性时，它既可以吸收大量地震能量，又能继续传递弯矩和剪力，对墙肢有一定的约束作用，使抗震墙保持足够的刚度和承载力，延性较好。如果连系梁出现剪切破坏，按照抗震结构多道设防的原则，只要保证墙肢安全，整个结构就不至于发生严重破坏或倒塌。

强柱弱梁型的延性框架，在地震作用下，梁处于第一道防线，其屈服先于柱的屈服，首先用梁的变形去消耗输入的地震能量，使柱处于第二道防线。

三、刚度、承载力和延性的匹配

结构体系的抗震能力综合表现在强度、刚度和变形能力三者的统一，即抗震结构体系应具备必要的强度和良好的延性或变形能力，如果抗震结构体系有较高的抗侧刚度，所承担的地震力也大，但同时缺乏足够的延性，这样的结构在地震时很容易破坏。另外，如果结构有较大的延性，但抗侧力的强度不符合要求，这样的结构在强烈地震作用下必然变形过大。因此，在确定建筑结构体系时，需要在结构刚度、承载力和延性之间寻找一种较好的匹配关系。

（一）刚度与承载力

1. 地震作用与刚度

一般来说，建筑物的抗侧刚度大，自振周期就短，水平地震力大；反之，建筑物的抗侧刚度小，自振周期就长，水平地震力小。因此，应该使结构具有与其刚度相适应的水平屈服抗力。结构刚度不可过大，从而从根本上减小作用于构件上的水平地震作用。结构也不能过柔，因为建筑的抗侧刚度过小，虽然地震力减小了，但结构的变形增大，其后果是：①要求构件有很高的延性，导致钢筋过密；②过大的侧移会加重非结构部件的破坏；③p-Δ效应使构件内力增值。

2. 承载力与刚度的匹配

1）框架结构体系

采用钢、钢筋混凝土或型钢混凝土纯框架体系的高层建筑，其特点是抗侧刚度小，自振周期长，地震作用小，变形大。框架的附加侧移与p-Δ效应将使梁、柱等杆件截面产生较大的次弯矩，进一步加大杆件截面的内力偏心距和局部压应力。此外，框架侧移很大时还可能发生附加侧移与p-Δ效应引起相互促进的恶性循环，以致侧向失稳而倒塌。当钢筋混凝土框架体系中存在刚度悬殊的长柱和短柱时，短柱柱身发生很宽的斜裂缝，这表明其较小的受剪承载力与较大的刚度不匹配。因此，在短柱柱身内配斜向钢筋或足够多的水平钢筋，以提供较大的剪切抗力。

2）抗震墙体系

抗震墙体系的常见震害有墙面上出现斜向裂缝；底部楼层的水平施工缝发生水平错动。

现浇钢筋混凝土全墙体系抗推刚度大，自振周期小，地震力很大。为避免震害采取以下措施：①在保证墙体压曲稳定的前提下，加大墙体间距以降低刚度，减小墙体的水平弯矩和剪力；②通过适当配筋，提高墙体抗拉应力的强度，在水平施工缝、墙根部配置钢筋，提高抗剪能力。

装配钢筋混凝土全墙体系抗推刚度大，地震力大，强度小。其薄弱环节是墙板的水平接缝，地震时易出现水平裂缝和剪切滑移。因此，一方面，要加强内外墙板接缝内的竖向钢筋，减小房屋整体弯曲时水平接缝受剪承载力的不利影响；另一方面，在水平缝设暗槽，必要时可在缝内设斜筋。

3）框架-抗震墙体系

采用钢筋混凝土框架-抗震墙体系的高层建筑，其自振周期的长短主要取决于抗震墙的数量。抗震墙的数量多、厚度大，自振周期就短，总水平地震作用就大；抗震墙少而薄，自振周期就长，总水平地震作用就小。要使建筑做到既安全又经济，最好按侧移限值确定抗震墙的数量。侧移值由建筑物重要性、装修等级和设防烈度来确定。抗震墙厚度应使建筑物具有尽可能长的自振周期及最小的水平地震作用。

抗震墙厚度太厚不利于抗震，其原因有以下几点：①厚墙使建筑周期缩短，水平地震力加大；②墙如过厚，如600mm厚，除非沿墙厚设置3层竖向钢筋网片，否则很难使其墙体的延性达到应有的要求；③延性较低的钢筋混凝土墙体在地震作用下发生剪切破坏的可能性，以及斜裂缝的开展宽度均加大；④厚墙开裂后的刚度退化幅度加大，由此引起的框架剪力值也加大。因此，抗震墙的厚度要适当而不能过厚。

（二）刚度与延性

框架结构杆件的长细比较大，抗侧移刚度较小，配筋恰当时延性较好；抗震墙结构墙体刚度较大，在水平力作用下所产生的侧移中除弯曲变形外，剪切变形占有相当的比重，延性较差；竖向支撑属轴力杆系，刚度大，压杆易侧向挠曲，延性较差。对于框架-墙体、框架-支撑双重体系，在地震动持续作用下，框架的刚度小，承担的地震力小，而弹性极限变形值和延性系数却较大。墙体或支撑刚度大、受力大，则墙体易先出现裂缝，支撑发生杆件屈曲，水平抗力逐步降低。而此时框架的侧移远小于其限值，框架尚未发挥其自身的水平抗力，即刚度与延性不匹配，各构件不能同步协调工作，出现先后破坏的各个击破情况，大大降低了结构的可靠度。为使双重体系的抗震墙或竖向支撑能够与框架同步工作，可采用带竖缝抗震墙。它可使与框架共同承担水平地震作用的同步工作程度大为改善，已实际应用于日本的多幢高层，如47层京王广场饭店、55层的新宿三井大厦、60层的池袋办公大楼等。所以，协调抗侧力体系中各构件的刚度与延性，使之相互匹配，是工程设计中应该努力做到的一条重要的抗震设计原则。

1. 延性要求

在中等地震作用下，允许部分结构构件屈服进入弹塑性，大震作用下，结构不能倒塌，因此，抗震结构的构件需要延性，抗震的结构应该设计成延性结构。延性是指构件和结构屈服后，具有承载能力不降低或基本不降低且有足够塑性变形能力的一种性能。

在"小震不坏，中震可修，大震不倒"的抗震设计原则下，钢筋混凝土结构都应该设计成延性结构，即在设防烈度地震作用下，允许部分构件出现塑性铰，这种状态是"中震可修"状态；当合理控制塑性铰部位，且构件又具备足够的延性时，可做到在大震作用下结构不倒塌。

高层建筑各种抗侧力体系都是由框架和剪力墙组成的，作为抗震结构都应该设计成延性框架和延性剪力墙。

"结构延性"这个术语有四层含义：①结构总体延性，一般用结构的"顶点侧移比"或结构的"平均层间侧移比"来表达；②结构楼层延性，以一个楼层的层间侧移比来表达；③构件延性，是指整个结构中某一构件（一榀框架或一片墙体）的延性；④杆件延性，是指一个构件中某一杆件（框架中的梁、柱，墙片中的连梁、墙肢）的延性。一般而言，在结构抗震设计中，对结构中重要构件的延性要求，高于对结构总体的延性要求；对构件中关键杆件或部位的延性要求，又高于对整个构件的延性要求。因此，要求提高重要构件及某些构件中关键杆件或关键部位的延性，其原则如下。

第一，在结构的竖向，应重点提高楼房中可能出现塑性变形集中的相对柔性楼层的构件延性。例如，对于刚度沿高度均布的简单体形高层，应着重提高底层构件的延性；对于带大底盘的高层，应着重提高主楼与裙房顶面相衔接的楼层中构件的延性；对于框托墙体系，应着重提高底层或底部几层的框架的延性。

第二，在平面上，应着重提高房屋周边转角处、平面突变处，以及复杂平面各翼相接处的构件延性。对于偏心结构，应加大房屋周边特别是刚度较弱一端构件的延性。

第三，对于具有多道抗震防线的抗侧力体系，应着重提高第一道防线中构件的延性。如框-墙体系，重点提高抗震墙的延性；筒中筒体系，重点提高内筒的延性。

第四，在同一构件中，应着重提高关键杆件的延性。对于框架、框架筒体应优先提高柱的延性；对于多肢墙，应重点提高连梁的延性；对于壁式框架，应着重提高窗间墙的延性。

2. 改善构件延性的途径

1）减小竖向构件的轴压比

竖向构件的延性对防止结构的倒塌至关重要。对于钢筋混凝土竖向构件，轴压比是影响其延性的主要因素之一。试验研究表明，钢筋混凝土柱子和剪力墙的变形能力随着轴压比的增加而明显降低。有关抗震规范对抗震等级为一级、二级、三级的框架柱和抗震等级为一级、二级的剪力墙底部加强部位的轴压比进行了限制，框架柱的初始截面尺寸常常根据轴压比的限值来进行估算。

2）控制构件的破坏形态

构件的破坏机制和破坏形态决定了其变形能力和耗能能力。发生弯曲破坏的构件的延性远远高于发生剪切破坏的构件。一般认为，弯曲破坏是一种延性破坏，而剪切破坏是一种脆性破坏。因此，控制构件的破坏形态（使构件发生弯曲破坏）可以从根本上控制构件的延性。目前，在钢筋混凝土构件的抗震设计中采用"强剪弱弯"（即构件的受剪承载力大于受弯承载力）的原则来控制构件的破坏形态，一般采用增大剪力设计值和增加抗剪箍筋的方法来提高构件的受剪承载力，并且通过验算截面上的剪力来控制截面上的平均剪应力大小，避免过早发生剪切破坏，对跨高比（或剪跨比）小的构件，平均剪应力的限制更加严格。

3）加强抗震构造措施

构件的延性也与构造措施密切相关，采用合理的构造措施能有效提高构件的延性，对于不同类型的构件可采取不同的抗震构造措施。

钢筋混凝土构件可以由配置钢筋的多少来控制它的屈服承载力和极限承载力，由于这一性能，在结构中可以按照"需要"调整钢筋数量，调整结构中各个构件屈服的先后次序，实现最优状态的屈服机制。钢筋混凝土梁的支座截面弯矩调幅就是这种原理的具体应用，降低支座配筋、增大跨中弯矩和配筋可以使支座截面先出铰，梁的挠度虽然加大，但只要跨中截面不屈服，梁就是安全的。

对于框架，可能的屈服机制有梁铰机制、柱铰机制和混合机制几种类型，由地震震害、试验研究和理论分析可以得到梁铰机制优于柱铰机制的结论。图3-16（a）是梁铰机制，它是指塑性铰出现在梁端，除了柱脚可能在最后形成铰以外，其他柱端无塑性铰；图3-16（b）是柱铰机制，它是指在同一层所有柱的上、下端形成塑性铰。梁铰机制之所以优于柱铰机制，基于以下原因。第一，梁铰分散在各层，即塑性变形分散在各层，梁出现塑性铰不至于形成"机构"而倒塌；而柱铰集中在某一层时，塑性变形集中在该层，该层成为软弱层或薄弱层，则易形成倒塌"机构"。第二，梁铰机制中铰的数量远多于柱铰机制中铰的数量，因而梁铰机制耗散的能量更多，在同样大小的塑性变形和耗能要求下，对梁铰机制中铰塑性转动能力要求可以低一些，容易实现。第三，梁是受弯构件，容易实现大的延性和耗能能力；柱是压弯构件，尤其是轴压比大的柱，要求其具有大的延性和耗能能力是很困难的。实践证明，设计成梁铰机制的结构延性好。但在实际工程设计中，很难实现完全的梁铰机制，往往是既有梁铰又有柱铰的混合铰机制，如图 3-16（c）所示。

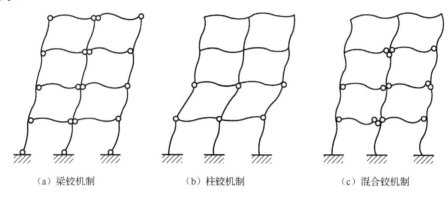

（a）梁铰机制　　　　　　　　　（b）柱铰机制　　　　　　　　　（c）混合铰机制

图 3-16　框架屈服机制

四、确保结构整体性

结构是由许多构件连接组合而成的一个整体，通过各构件的协同工作来有效抵抗地震作用。若结构在地震作用下丧失了整体性，则各构件的抗震能力不能充分发挥，易使结构（或局部）成为机动体而倒塌。因此，结构的整体性是充分发挥各构件的抗震能力，保证结构大震不倒的关键因素之一。

（一）结构应具有连续性

结构的连续性是结构在地震时保持整体性的重要手段之一。一方面，应从结构类型的选择上保证结构具有连续性；另一方面，强调施工质量良好以保证结构具有连续性和抗震整体性。

（二）构件间的可靠连接

为了充分发挥各构件的抗震能力，必须加强构件间的连接，使其能满足传递地震力的强度要求和协调强震时构件大变形的延性要求。首先，作为连接构件的桥梁，节点的失效意味着与之相连的构件无法再继续工作。因此，各类节点的强度应高于构件的强度，即所谓的"强节点弱构件"，使节点的破坏不先于其连接的构件。对于钢筋混凝土结构，钢筋在节点内应可靠锚固，钢筋的锚固黏结破坏不应先于构件的破坏。其次，施工方法也会影响结构的整体性。对于钢筋混凝土结构，现浇结构可保证结构具有良好的连续性，节点与构件之间可靠连接，因而具有很好的整体性。装配整体式（构件预制、节点现浇）结构的节点处混凝土不易浇捣密实，节点的强度不易有保证，因而整体性较差。装配式结构的整体性则更差。因此，需抗震设防的建筑应尽量采用现浇结构。

（三）提高结构的竖向整体刚度

在邢台地震、海城地震、唐山地震中，有许多建造在软弱地基上的房屋，由于砂土、粉土液化或软土震陷而发生地基不均匀沉陷，造成房屋严重破坏。然而，建造于软弱地基上的高层建筑，除了采取长桩、沉井等穿透液化土层或软弱土层的情况外，其他地基处理措施很难完全消除地基沉陷对上部结构的影响。对于这种情况，最好设置地下室，采用箱形基础及沿房屋纵、横向设置具有较高截面的通长基础梁，使建筑具备较大的竖向整体刚度，以抵抗地震时可能出现的地基不均匀沉陷。

第七节　非结构构件的处理

非结构构件一般不属于主体结构的一部分，非承重结构构件在抗震设计时往往容易被忽略，但从震害调查来看，非结构构件处理不好往往在地震时会倒塌伤人，砸坏设备财产，破坏主体结构。

一、非结构构件的分类

非结构构件一般包括建筑非结构构件和建筑附属机电设备，大体可以分为以下四类。

一是附属构件，如女儿墙、厂房高低跨封墙、雨篷等。这类构件的抗震问题是防止倒塌，采取的抗震措施是加强非结构构件本身的整体性，并与主体结构加强锚固连接。

二是装饰物，如建筑贴面、装饰、顶棚和悬吊重物等，这类构件的抗震问题是防止脱落和装饰的破坏，采取的抗震措施是同主体结构可靠连接。对重要的贴面和装饰，也可采用柔性连接，即使主体结构在地震作用下有较大变形，也不至于影响到贴面和装饰的损坏（如玻璃幕墙）。

三是非结构的墙体，如围护墙、内隔墙、框架填充墙等，根据材料的不同和同主体结构的连接条件，它们可能对结构产生不同程度的影响，如减小主体结构的自振周期，增大结构的地震作用；改变主体结构的侧向刚度分布，从而改变地震作用在各结构构件之间的内力分布状态；处理不好，反而引起主体结构的破坏，如局部高度的填充墙形成短柱，地震时发生柱的脆性破坏。

四是建筑附属机电设备及支架等，这些设备通过支架与建筑物连接，因此，设备的支架应有足够的刚度和强度，与建筑物应有可靠的连接和锚固，并应使设备在遭遇设防烈度的地震影响后能迅速恢复运行。建筑附属机电设备的设置部位要适当，支架设计时要防止设备系统和建筑结构发生谐振现象尽量避免发生次生灾害。

二、技术处理方法

为了减小填充墙震害，有关规范要求墙体应采取措施减少对主体结构的不利影响，并应设置拉结筋、水平系梁、圈梁、构造柱等与主体结构可靠拉结。在实际工程中，常见技术处理方法有以下几种。

一是柔性拉结。填充墙与框架柱留 2cm 的空隙并用柔性材料填充。这种做法和结构的计算方法相一致，但建筑处理困难。当填充墙与框架柱柔性连接时，须按规定设置拉接筋、水平系梁等构造措施，避免填充墙出现平面倒塌。

二是刚性拉结。填充墙与框架柱紧密砌筑，目前这种做法占主导。震害轻重与结构层间位移角有关。当填充墙嵌砌与框架刚性连接时，须按规定采取构造措施，并对计算的结构自振周期予以折减，按折减后的周期值确定水平地震作用。同时，还要考虑填充墙不满砌时，由于墙体的约束使框架柱有效长度减小，可能出现短柱，造成剪切破坏。

三是拉结钢筋的施工。施工方法包括埋 L 形钢筋拆模后扳直，同时采用预埋件焊接方法、锚筋方法，然后凿开保护层与箍筋焊接。

第八节　结构材料与施工质量

一、常用的结构材料

（一）混凝土

混凝土是指由胶凝材料将集料胶结成整体的工程复合材料的统称。通常讲的混凝土是指用水泥作胶凝材料，砂、石作集料，与水（加或不加外加剂和掺和料）按一定比例配合，经搅拌、成型、养护而得到的水泥混凝土，也称普通混凝土，它广泛应用于土木工程。

1）混凝土强度等级

我国混凝土强度等级用符号 C 表示，是用混凝土立方体抗压强度标准值来划分的。具体确定方法如下：用边长为 150mm 的立方体的标准试件，在标准条件下［即温度为（20±3）℃，相对湿度在 90% 以上的标准养护室中］养护 28d，按照标准试验方法测得的具有 95% 保证率的立方体抗压强度。《混凝土结构设计规范（2015 年版）》（GB 50010—2010）[11]根据实际工程中应用的强度范围，从 C15 到 C80 共划分为 14 个强度等级，级差为 5N/mm^2。本节列出常用的 8 个强度等级的混凝土设计强度，如表 3-6 所示。

表 3-6　混凝土设计强度

混凝土强度等级	C30	C35	C40	C50	C55	C60	C70	C80
轴心抗压强度设计值 f_c/(N/mm²)	14.3	16.7	19.1	23.1	25.3	27.5	31.8	35.9
轴心抗拉强度设计值 f_t/(N/mm²)	1.43	1.57	1.71	1.89	1.96	2.04	2.14	2.22
弹性模量 E_c/(10⁴N/mm²)	3.00	3.15	3.25	3.45	3.55	3.60	3.70	3.80

混凝土构件的开裂、裂缝、变形，以及受剪、受扭、受冲切等承载力，均与抗拉强度有关。混凝土的抗拉强度很低，一般只有抗压强度的 5%～10%；且不与抗压强度成正比，即当混凝土强度等级提高时，抗拉强度的增加不及抗压强度增加得快。

2）在短期荷载作用下混凝土的变形

混凝土是一个弹塑性体，在外力作用下既产生可以恢复的弹性变形，又产生不可恢复的塑性变形。混凝土应力-应变曲线的形状和特征可以表现混凝土内部结构的力学变化。典型的混凝土单轴受压应力-应变曲线如图 3-17 所示。

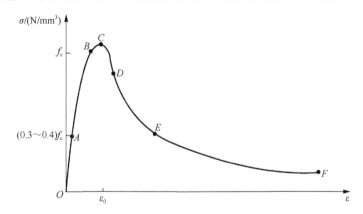

图 3-17　混凝土单轴受压应力-应变曲线

上升段 OC 分为三段。从加载至应力为（0.3～0.4）f_c 的 A 点为第一阶段，由于这时应力较小，混凝土的变形主要是骨料与水泥结晶体受力产生的弹性变形，而水泥胶体的黏性流动及初始微裂缝变化的影响一般很小，应力-应变关系接近直线，称 A 点为比例极限点。超过 A 点，进入裂缝稳定扩展的第二阶段，至临界点 B，临界点 B 的应力可以作为长期抗压强度的依据。此后，试件中所积蓄的弹性应变能保持大于裂缝发展所需的能量，从而形成裂缝快速发展的不稳定状态直至峰点 C，这一阶段为第三阶段，这时的峰值应力 σ_{max} 通常作为混凝土棱柱体的抗压强度 f_c，相应的应变称为峰值应变 ε_0，其值在 0.001 5～0.002 5 波动，通常取为 0.002。

下降段 *CE* 是混凝土到达峰值应力后裂缝继续扩展、贯通，从而使应力-应变关系发生变化，内部结构的整体受到越来越严重的破坏，赖以传递荷载的传力路线不断减少，试件的平均应力强度下降，所以应力-应变曲线向下弯曲，直到凹向发生改变，曲线出现拐点 *D*。超过拐点后，曲线开始凸向应变轴，这时，只靠骨料间的咬合力、摩擦力与残余承压面来承受荷载。随着变形的继续增加，应力-应变曲线逐渐凸向水平轴方向发展，此段曲线中曲率最大的一点 *E* 称为收敛点。从收敛点 *E* 开始以后的曲线称为收敛段，这时贯通的主裂缝已经很宽，内聚力几乎耗尽，对无侧向约束的混凝土，收敛段 *EF* 已失去结构意义。

3）在长期荷载作用下混凝土的变形

在荷载的长期作用下，混凝土的变形随时间的增加而增大，即在应力不变的情况下，混凝土的应变随时间而增大，这种现象称为混凝土的徐变。混凝土的典型徐变曲线如图 3-18 所示，在低应力时，徐变有利于防止结构物的裂缝形成，同时还有利于结构的内力重分布；但徐变使结构变形增大，在高应力时会导致构件破坏。混凝土前期徐变增长很快，6 个月可达最终徐变的 70%～80%，其后徐变缓慢增长。

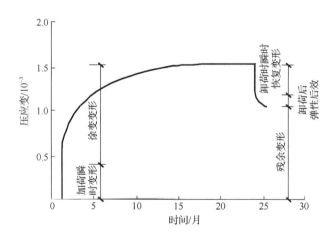

图 3-18　混凝土的典型徐变曲线

注：棱柱体尺寸为 100mm×100mm×400mm；极限抗压强度 $f_{cu} = 42.3\text{N}/\text{mm}^2$；$\sigma = 0.5f_c$。

影响混凝土徐变的因素很多，其中主要的影响因素如下。

（1）施加初应力的大小。当初应力较小时，徐变大致与应力成正比，称为线性徐变，徐变随加载时间的延长而逐渐增长，在初期增长很快，以后逐渐减缓以至停止；当初应力较大时，徐变的增长比应力的增长更快，称为非线性徐变；当初应力过高时，非线性徐变往往不收敛，从而导致混凝土的破坏。

（2）加载时混凝土的龄期。加载时的混凝土龄期越短，即混凝土构件成形的时间越短，徐变增长越快。

（3）养护和使用条件下的温湿度。加载前混凝土养护的温度越高，湿度越大，徐变就越小。加载期间温度越高，湿度越低，徐变增长越快。

（4）混凝土的组成成分。混凝土中水泥用量越多，徐变增长越快。

（5）结构尺寸。结构尺寸越小，徐变越大，所以增大试件横截面可以减少徐变。

4）混凝土的收缩与膨胀

混凝土在空气中结硬时体积减小的现象称为收缩；在水中或处于饱和湿度情况下结硬时体积增大的现象称为膨胀。一般情况下混凝土的收缩值比膨胀值大很多，并且混凝土的膨胀对混凝土结构往往是有利的，所以分析研究收缩和膨胀现象时以收缩为主。如图 3-19 所示，混凝土的收缩随时间的增加而增长，结硬初期收缩较快，一般在前 1 个月完成收缩量的 50%，3 个月后收缩应变增长缓慢，两年后趋于稳定，最终收缩应变值为 $(2\sim5)\times10^{-4}$，一般取为 3×10^{-4}。

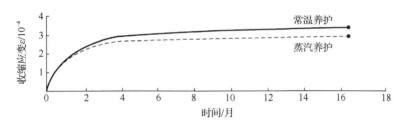

图 3-19　混凝土的收缩

注：试件尺寸 10cm×10cm×40cm；f_{cw} =42.3N/mm^2；水灰比=0.45∶42.5；
恒温(20±1)℃；恒湿(65±5)%。

（二）建筑用钢

钢是指含碳量为 0.02%～2% 的铁碳合金。人类对钢的应用和研究的历史相当悠久，但是直到 19 世纪贝氏炼钢法发明前，钢的制取都是一项高成本、低效率的工作。当今，钢以其低廉的价格和可靠的性能成为世界上使用最多的材料之一。

1. 钢材的力学性能

钢材在各种力作用下所表现出的各种特征，如弹性、塑性、强度，称为钢材的力学性能。钢材的主要力学性能指标有五项，即抗拉强度、伸长率、屈服强度、冷弯性能和冲击韧性，都可通过试验得到。钢材的单向均匀受拉应力-应变曲线提供了前三项力学性能指标。

1）强度与变形

钢材的强度和变形性能可以用拉伸试验得到的应力-应变曲线来说明。一般低碳钢的应力-应变曲线，有明显的流幅，而对于高碳钢则没有明显的流幅。

图 3-20（a）是有明显流幅钢材的应力-应变曲线。从图 3-20（a）中可以看到，应力值在 A 点以前，应力与应变呈比例变化，与 A 点对应的应力称为比例极限；过 A 点后，应变比应力增长快，到达 B' 点后钢材开始塑流，B' 点称为屈服上限，它与加载速度、截面形式、试件表面粗糙度等因素有关，通常 B' 点是不稳定的；待 B' 点降至屈服下限 B 点，这时应力基本不增加，而应变急剧增长，曲线接近水平线。曲线延伸至 C 点，B 点到 C 点水平距离的大小称为流幅或屈服台阶；将 B 点的应力作为钢材的屈服强度；过 C 点以后，应力又继续上升，说明钢材的抗拉能力又有所提高；随着曲线上升到最高点 D，相应的应力称为钢材的抗拉强度，CD 段称为钢材的强化阶段；过了 D 点，试件薄弱处的截面将会突然显著缩小，发生局部颈缩，变形迅速增加，应力随之下降，达到 E 点时试件被拉断。图 3-20（b）中则没有 B' 点到 C 点的屈服台阶，曲线从 O 点一直增长至 D 点，随后进入应力下降段直至试件被拉断。

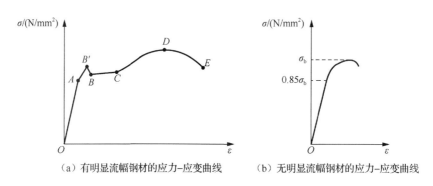

（a）有明显流幅钢材的应力-应变曲线　　　（b）无明显流幅钢材的应力-应变曲线

图 3-20　钢材的应力-应变曲线

由于钢材的应力到达屈服点后，会产生很大的塑性变形，对有明显流幅的钢材，以钢材屈服强度作为承载力计算依据，而将抗拉强度作为结构的安全储备。在抗震结构中，考虑到受拉钢材可能进入强化段，故要求其屈服强度与抗拉强度的比值（称为屈强比）不大于 0.8，以保证结构的变形能力。

对没有明显流幅或屈服点的预应力钢丝、钢绞线和热处理钢筋等，规定在构件承载力设计时，取极限抗拉强度 σ_b 的 85%作为条件屈服强度。

2）塑性

钢材的塑性一般是指当应力超过屈服点后，能产生显著的残余变形（塑性变形）而不立即断裂的性质。衡量钢材塑性的主要指标是伸长率 δ 和断面收缩率 ϕ。

伸长率是指试件拉断后原标距的伸长值与原标距长度的比值（以百分率表示），即

$$\delta = \frac{l_2 - l_1}{l_1} \times 100\% \tag{3-1}$$

式中：l_1 ——试件原标距长度（一般取 $5d$，d 为试件直径），mm；

　　　l_2 ——试件拉断后的标距长度，mm；

　　　δ ——伸长率（当 $l_1 = 5d$ 时记为 δ_s），%。

相对于无明显屈服点的钢材，有明显屈服点的钢材具有较大的伸长率，伸长率大的钢材塑性好，拉断前有明显预兆；伸长率小的钢材塑性差，破坏会突然发生，呈脆性特征，这种脆性破坏对于建筑材料应尽量避免发生。

断面收缩率 ϕ 是指试件拉断后，颈缩区的断面面积缩小值与原断面面积比值的百分率，按下式计算：

$$\phi = \frac{A_0 - A_1}{A_1} \times 100\% \tag{3-2}$$

式中：A_0 ——试件原来的断面面积，mm^2；

　　　A_1 ——试件拉断后的断面面积，mm^2。

3）冷弯性能

冷弯性能是指钢材在冷加工（常温下加工）产生塑性变形时，对产生裂缝的抵抗能力。钢材的冷弯性能是用冷弯试验来检验钢材承受规定弯曲程度的弯曲变形性能，并显示其缺陷的程度。

4）冲击韧性

衡量钢材抗冲击性能的指标是钢材的韧性，它反映了钢材在塑性变形和断裂过程中吸收能量的能力。钢材的韧性与塑性有关而又不同于塑性，是强度与塑性的综合表现。韧性指标用冲击韧性值 a 表示，通过冲击试验获得。它是判断钢材在冲击荷载作用下是否出现脆性破坏的主要指标之一。

2. 钢筋

目前，我国建筑钢筋按加工工艺可分为热轧钢筋、冷拉钢筋、热处理钢筋和钢丝等。国产常见普通热轧钢筋的级别、性能和特点如下。

（1）HPB300 级钢筋，即热轧光面钢筋 300 级，属Ⅰ级钢，符号 A。其是由碳素钢 300（Q300）经热轧而成的光面圆钢筋，大量用于钢筋混凝土板和小型构件的受力钢筋以及各种构件的构造钢筋。

（2）HRB335 级钢筋，即热轧带肋钢筋 335 级，属Ⅱ级钢，符号 B。其主要是由低合金钢筋热轧而成的钢筋。为增加钢筋与混凝土之间的黏结力，其表面外形轧制成等高肋，现在生产的外形均为月牙肋。

（3）HRB400 级钢筋，即热轧带肋钢筋 400 级，属新Ⅲ级钢，符号 C。这是我国近年来对现已废止的《混凝土结构设计规范》（GBJ 10—89）规定的Ⅲ级钢筋经过改进生产出来的品种，又称为新Ⅲ级钢筋。

（4）RRB400 级钢筋，即余热处理钢筋 400 级，属于Ⅲ级钢，符号 C^R。RRB 系列余热处理钢筋由轧制钢筋通过高温供水、余热处理提高强度。其延性、可焊性、机械连接性能及施工适应性降低，一般可用于对变形性能及加工性能要求不高的构件，如基础、大体积混凝土、楼板、墙体以及次要的中小结构构件等。

（5）HRB500 级钢筋，指强度标准值为 500MPa 的热轧带肋钢筋，符号 D，是我国通过对钢筋成分的微合金化而开发出来的一种强度高、延性好的钢筋新品种。

3. 建筑钢结构用钢

1）钢材的种类

建筑钢结构中采用的钢材主要有两类，即碳素结构钢和低合金高强度结构钢。普通碳素结构钢在钢结构构件中应用广泛，同时也用于生产优质钢丝绳和连接用紧固件。另外，铸钢、厚度方向性能钢板、耐候钢等在有特殊要求的结构部件中也有应用。

（1）碳素结构钢。《碳素结构钢》（GB/T 700—2006）规定将普通碳素结构钢分为 Q195、Q215、Q235、Q255、Q275 五种牌号。其中，Q 是屈服强度中"屈"字汉语拼音的首字母，后接的阿拉伯数字表示屈服强度的大小，单位为 N/mm²。阿拉伯数字越大，则含碳量越大，强度与硬度越大，塑性越低。由于碳素结构钢冶炼容易，成本低，并有良好的各种加工性能，使用较广泛。其中，Q235 在使用、加工和焊接方面的性能都比较好，是钢结构常用钢材之一。

碳素结构钢质量等级分为 A、B、C、D 四级，由 A 到 D 表示质量由低到高。不同质量等级对冲击韧性（即夏比 V 形缺口试验）和化学成分的要求是有区别的。

根据脱氧程度不同，钢材分为沸腾钢、镇静钢、半镇静钢和特殊镇静钢，并用汉字拼音首字母分别表示为 F、Z、b 和 TZ。对 Q235 来说，A、B 两级的脱氧方法可以是 F、Z 和 b；C 级只能是 Z；D 级只能是 TZ。Z 和 TZ 在牌号表示时可以省略。

（2）低合金高强度结构钢。低合金高强度结构钢是在普通碳素钢的冶炼过程中添加少量几种合金元素，合金总量低于 5%，使钢的强度明显提高的结构钢，故称为低合金高强度结构钢。《低合金高强度结构钢》（GB/T 1591—2008）规定低合金高强度结构钢分为 Q295、Q345、Q390、Q420、Q460 五种，阿拉伯数字表示该钢种屈服强度的大小，单位为 N/mm²。其中，Q345、Q390 和 Q420 是钢结构常用的品种。

低合金高强度结构钢质量等级分为 A、B、C、D、E 五级，由 A 到 E 表示质量由低到高。不同质量等级对冲击韧性以及对碳、硫、磷、铝的含量的要求是有区别的。低合金高强度钢根据脱氧方法分为镇静钢或特殊镇静钢。

2）钢材的规格

建筑钢结构所用钢材主要为热轧成型的钢板、型钢及冷弯成型的薄壁型钢。

（1）热轧钢板。热轧钢板分厚钢板和薄钢板两种。厚钢板常用来组成焊接构件和连接钢板；薄钢板主要用来制造冷弯薄壁型钢及建筑维护构件与楼面板。钢板的供应规格如下：厚钢板厚度 4.5～60mm，宽度 600～3 000mm，长度 4～12m；薄钢板厚度 0.35～4mm，宽度 500～1 500mm，长度 0.5～4m。

（2）热轧型钢。建筑钢结构常用的型钢是角钢、工字钢、槽钢、H 型钢、T 型钢、钢管等。

① 角钢是截面形状主要为直角形的型钢，有等边和不等边两种。等边角钢以一肢的宽度和肢厚表示，不等边角钢以两肢的宽度和肢厚表示。角钢可以用来组成独立的受力构件，或作为受力构件之间的连接零件。

② 工字钢又称钢梁，是截面为工字形的长条钢材，分为普通工字钢和轻型工字钢两种。普通工字钢和轻型工字钢的翼缘由根部向边上逐渐变薄，有一定的角度，其型号是用其腰高厘米数的阿拉伯数字来表示。普通工字钢和轻型工字钢的两个主轴方向的惯性矩相差较大，不宜单独用作受压构件，而宜用作平面内受弯的构件，或由工字钢和其他型钢组成组合构件或格构式构件。

③ 槽钢是截面形状为槽形的长条状钢材，有普通槽钢和轻型槽钢两种。轻型槽钢的翼缘相比普通槽钢的翼缘宽而薄，回转半径大，质量相对轻一些。槽钢伸出肢较长，可用于屋盖檩条，承受斜弯曲或双向弯曲。另外，槽钢翼缘内表面的斜度较小，安装螺栓比工字钢容易。

④ H 型钢分为热轧和焊接两种。热轧 H 型钢分为宽翼缘（HW）、中翼缘（HM）、窄翼缘（HN）和 H 型钢柱（HP）四类。焊接 H 型钢由平钢板用高频焊接组合而成。目前，H 型钢已广泛应用于高层结构、轻型工业厂房和大型工业厂房中。

⑤ T 型钢由 H 型钢剖分而成，可分为宽翼缘剖分 T 型钢（TW）、中翼缘剖分 T 型钢（TM）和窄翼缘剖分 T 型钢（TN）三类。

⑥ 钢管按横断面形状可分为圆钢管和异形钢管。圆钢管有热轧无缝钢管和焊接钢管两种。焊接钢管由钢板卷焊而成，又分为直缝焊钢管和螺旋焊钢管两类。异形钢管是指各种非圆环形断面的钢管。钢管常用于网架与网壳结构的受力构件、厂房和高层结构的柱子，有时在钢管内浇筑混凝土，形成钢管混凝土柱。

（3）冷弯成型的薄壁型钢。冷弯成型的薄壁型钢是由厚度为 1.5～12mm 的薄钢板经冷弯或模压制成。薄壁型钢的截面形式和尺寸均可按受力特点合理设计，能充分利用钢材的强度，节约钢材，在轻型钢结构中得到广泛应用。压型钢板是冷弯薄壁型钢的另一种形式，它是用厚度为 0.4～2mm 的钢板、镀锌钢板或彩色涂层钢板经冷轧而成的波形板，用作轻型屋面、墙面等构件。

3）钢材选用原则

选用钢材既要使结构满足安全可靠的要求，又要尽最大可能节约钢材和降低造价。不同的使用条件应当有不同的质量要求。在一般结构中，不宜轻易地选用优质钢材，而在重要的结构中，更不能盲目选用质量很差的钢材。选用钢材是否合适，不仅是一个经济问题，也关系结构的安全和使用寿命。

选用钢材时，还应考虑结构的特性，如结构的类型、荷载的性质、连接方法、结构的工作温度和构件的受力性质。

（三）混凝土与钢材的黏结

两种力学性能不同的材料（钢筋和混凝土）能够结合在一起，在荷载、温度等外界条件下共同工作，除了因为它们有几乎相同的线膨胀系数外，主要是混凝土硬化后，钢筋与混凝土之间产生了良好的黏结力，将它们牢固结合在一起。通常把单位截面面积上沿钢筋轴向的力称为黏结力。为了保证钢筋不被从混凝土中拔出或压出，与混凝土更好地共同工作，还要求钢筋有良好的锚固能力。在钢筋端部加弯钩、弯折或在锚固区焊接短钢筋、角钢等，均可以提高锚固能力。黏结和锚固使钢筋和混凝土形成整体，是它们共同工作的基础。

1. 黏结的作用

钢筋和其周围混凝土之间的黏结应力根据受力性质的不同，可分为裂缝间的局部黏结应力和钢筋末端的锚固黏结应力两种。裂缝间的局部黏结应力是在相邻的两个开裂截面之间产生的，局部黏结应力使相邻两个裂缝之间的混凝土参与受拉。局部黏结应力的丧失会使构件的刚度降低和裂缝开展。钢筋和混凝土的黏结力可以分为以下四个部分。

（1）化学胶结力。化学胶结力是指钢筋和混凝土之间的化学吸附力，也称胶结力。这种化学吸附力很小，一旦钢筋和混凝土接触面发生相对滑移时，这种胶结力就会消失。

（2）摩擦力。在混凝土凝结过程中及凝结以后，混凝土产生收缩，使混凝土将钢筋紧紧握裹，钢筋和混凝土之间存在相互挤压作用，因此，当钢筋和混凝土之间产生相对滑移趋势时，就存在摩擦力。混凝土的收缩量越大，接触面上的压应力越大，摩擦力就越大；钢筋表面越粗糙，摩擦系数越大，摩擦力就越大。

（3）机械咬合力。由于钢筋表面凹凸不平，钢筋和混凝土相互咬合，当钢筋和混凝土产生相对滑移趋势时，就存在机械咬合力。这种机械咬合力很大，占总黏结力的一半以上，是黏结力的主要来源。表面有螺纹、刻痕等的钢筋比光圆钢筋机械咬合力大。

（4）附加咬合力。在钢筋端部设置弯钩、弯折，或在锚固区焊接短钢筋、角钢等方法，都可以在端部形成钢筋和混凝土之间的附加咬合力。在工程中，光圆钢筋末端或无法满足最小锚固长度的其他钢筋均需设置弯钩。

2. 保证黏结力的措施

由于钢筋与混凝土之间需要足够的黏结力，制定出如下结构措施保证钢筋混凝土构件正常工作。

（1）应保证足够的锚固长度、搭接长度，相关规定见《混凝土结构设计规范（2015年版）》（GB 50010—2010）。

（2）在钢筋面积相同的情况下，应选取直径小的钢筋和变形钢筋，选取直径小的钢筋既增加了局部黏结作用，又减少了使用时构件的裂缝宽度。

（3）保持一定的混凝土保护层厚度和必要的钢筋净距离，使钢筋周围有足够厚度的混凝土来保证黏结力的发挥。

（4）横向钢筋的存在限制了径向裂缝的发展，使黏结强度得到提高。因此，在较大直径钢筋区段和搭接长度范围内，应设置一定数量的横向钢筋，如箍筋加密等。

二、施工质量控制

对构造柱、芯柱及框架、砌体房屋纵墙及横墙的连接等应保证施工质量。

（一）施工单位的质量责任和义务

第一，应当依法取得相应等级的资质证书，并在其资质等级许可的范围内承揽工程。禁止超越本单位资质等级许可的业务范围或者以其他施工单位的名义承揽工程；禁止允许其他单位或者个人以本单位的名义承揽工程。不得转包或者违法分包工程。

第二，对建设工程的施工质量负责。应当建立质量责任制，确定工程项目的项目经理、技术负责人和施工管理负责人。建设工程实行总承包的，总承包单位应当对全部建设工程质量负责；建设工程勘察、设计、施工、设备采购的一项或者多项实行总承包的，总承包单位应当对其承包的建设工程或者采购的设备的质量负责。

第三，总承包单位依法将建设工程分包给其他单位的，分包单位应当按照分包合同的约定对其分包工程的质量向总承包单位负责，总承包单位应当对其承包的建设工程的质量承担连带责任。

第四，必须按照工程设计图纸和施工技术标准施工，不得擅自修改工程设计，不得偷工减料。在施工过程中发现设计文件和图纸有差错的，应当及时提出意见和建议。

第五，必须按照工程设计要求、施工技术标准和合同约定，对建筑材料、建筑构配件、设备和商品混凝土进行检验，检验应当有书面记录和专人签字；未经检验或者检验不合格的，不得使用。

第六，必须建立、健全施工质量的检验制度，严格工序管理，做好隐蔽工程的质量检查和记录。隐蔽工程在隐蔽前，应当通知建设单位和建设工程质量监督机构。

第七，施工人员对涉及结构安全的试块、试件及有关材料，应当在建设单位或者工程监理单位监督下现场取样，并送具有相应资质等级的质量检测单位进行检测。

第八，对施工中出现质量问题的建设工程或者竣工验收不合格的建设工程，应当负责返修。

第九，应当建立、健全教育培训制度，加强对职工的教育培训；未经教育培训或者考核不合格的人员，不得上岗作业。

（二）质量控制的措施

1. 以人为本，确保工程质量

工程质量是人（包括参与工程建设的组织者、指挥者和操作者）所创造的。人的政治思想素质、责任感、事业心、质量观、业务能力、技术水平等均直接影响工程质量。据统计资料表明，88%的质量安全事故都是由人的失误造成的。为此，对工程质量的控制始终以人为本，狠抓人的工作质量，避免人为失误；充分调动人的积极性和创造性，发挥人的主导作用，增强人的质量观和责任感，使每个人牢牢树立"百年大计，质量第一"的思想，认真负责地搞好本职工作，以优秀的工作质量来创造优质的工程质量。

2. 严格控制投入品的质量

任何一项工程施工，均需投入大量的各种原材料、成品、半成品、构配件和机械设备；要采用不同的施工工艺和施工方法，这是构成工程质量的基础。投入品质量不符合要求，工程质量也就不可能符合标准，所以，严格控制投入品的质量，是确保工程质量的前提。为此，对投入品的订货、采购、检查、验收、取样、试验均应进行全面控制，从组织货源，优选供货厂家，直到使用认证，做到层层把关；对施工过程中所采用的施工方案要进行充分论证，要做到工艺先进、技术合理、环境协调，这样才有利于安全文明施工，有利于提高工程质量。

3. 全面控制施工过程，重点控制工序质量

任何一个工程项目都是由若干分项、分部工程组成的，要确保整个工程项目的质量，达到整体优化的目的，就必须全面控制施工过程，使每一个分项、分部

工程都符合质量标准。而每一个分项、分部工程，又是通过一道道工序来完成的。由此可见，工程质量是在工序中创造的，为此，要确保工程质量就必须重点控制工序质量。对每一道工序质量都必须进行严格检查，当上一道工序质量不符合要求时，决不允许进入下一道工序施工。这样，只要每一道工序质量都符合要求，整个工程项目的质量就能得到保证。

4. 严把分项工程质量检验评定关

分项工程质量等级是分部工程、单位工程质量等级评定的基础，分项工程质量等级不符合标准，分部工程、单位工程的质量也不可能评为合格，而分项工程质量等级评定正确与否，又直接影响分部工程和单位工程质量等级评定的真实性和可靠性。为此，在进行分项工程质量检验评定时，一定要坚持质量标准。

5. 贯彻"以预防为主"的方针

以预防为主，防患于未然，把质量问题消灭于萌芽之中，这是现代化管理的观念。

6. 严防系统性因素的质量变异

系统性因素，如使用不合格的材料、违反操作规程、混凝土达不到设计强度等级、机械设备发生故障等，必然会造成不合格产品或工程质量事故。系统性因素的特点是易于识别、易于消除。只要我们增强质量观念，提高工作质量，精心施工，完全可以预防系统性因素引起的质量变异。为此，工程质量的控制，就是要把质量变异控制在偶然性因素引起的范围内，要严防或杜绝由系统性因素引起的质量变异，以免造成工程质量事故。

第四章　建筑抗震性能化设计

第一节　概　述

一、建筑抗震性能化设计的提出

建筑抗震设计，本质上采用的是反应谱理论及结构能力设计的原则，即用三个不同概率水准、两阶段设计来体现"小震不坏、中震可修、大震不倒"的基本设防目标，但是这一方法，仍然存在许多问题。地震是一个不确定的瞬间的地壳运动，具有很大能量，很强的破坏力。由于其的不确定性，很难准确了解结构的抗震需求，而采用的反应谱等方法，降低了地震作用计算的结构内力，强震作用下的实际结构内力与所计算的有很大的差别。

现在的抗震设计，多是按照现行有关抗震规范编制的条款进行所谓的概念设计，如地震作用的计算、结构的选型、对房屋高度的限制、抗震等级的选择、不同抗震等级中的调整系数和构造措施等，也就是说，一般工程都仅仅进行小震下的弹性设计，来保证"小震不坏"，而用概念设计和构造措施来保证"中震可修、大震不倒"。建筑物是否真能做到"中震可修、大震不倒"呢？事实上，按能力设计的理念编制的设计规范只能从宏观定性上使结构能满足抗震设防的要求，而不能真正反映结构在中、大震下的受力、变形的量化指标及形态。

20 世纪 90 年代，国内外工程界开始研究基于性能的抗震设计理念，它的特点是，使抗震设计从宏观定性的目标向具体量化的多重目标过渡，并由业主选择性能目标，对结构的抗震性能水准进行深入分析（包括静力和动力弹塑性分析），并通过专家论证、反复修改，从而确定的抗震设计，这样的抗震设计方法有利于建筑结构的创新，经过论证（包括试验），可以利用现行标准规范的新的结构体系、场地条件及建筑的重要性，采用不同的性能目标和抗震措施。

建筑抗震性能化设计，立足于承载力和变形能力的综合考虑，具有很强的针对性和灵活性。针对具体工程的需要和可能，可对整个结构，也可以对某些部位或关键构件，灵活运用各种措施达到预期的性能目标，即提高抗震安全性或满足使用功能的专门要求。这是结构抗震设计的发展趋势。

二、抗震性能化设计的含义

抗震性能化设计也叫基于性能的抗震设计，指以结构试验作为主要依据，以非线性位移和变形作为指标，以非线性分析（静力或动力）作为手段，采取合理的结构体系、细部构造，以及合理的材料、科学的施工方法，使建筑物在遭受不同风险水平的地震作用下，结构、构件的破坏程度及经济损失、修复费用不超过预定的状态，并使结构在整个生命周期中费用达到最小的一种抗震设计方法。

三、抗震性能化设计的特点及适用范围

第一，抗震性能化设计是解决复杂工程抗震设计问题的有效方法，使抗震设计从宏观定性分析向具体量化分析过渡，更为直接地满足个人或者社会对建筑物的要求。此外，还需综合考虑现有的抗震理论和经济条件，选择不同概率水平选取抗震动参数及相应的性能水准，抗震性能目标的选取还取决于设计人员理论水平及工程经验。

第二，采用多种抗震性能的判断准则，主要以层间位移作判据，也可以采用其他物理指标，如能量、楼面加速度、残余变形等。

第三，抗震性能化设计是抗震概念设计的集中体现，也是一种建立在概念设计基础上的抗震设计新发展。

抗震性能化设计适用范围包括以下七个方面。

（1）超限高层建筑结构设计。

（2）采用现行规范里面没有的新结构体系、新技术以及新材料的建筑结构。

（3）确有需要在危险地段建造房屋。

（4）既有建筑物需要改造，但不符合现行有关标准、规范。

（5）采用隔震、减震技术的建筑结构。

（6）需要保护的历史文物建筑、重要建筑的抗震安全鉴定。

（7）功能重要的建筑，如特殊设施，涉及国家公共安全的，可能发生严重次生灾害的并导致大量人员伤亡建筑，以及使用功能不能中断的生命线相关建筑。

四、提高高层建筑物抗震性能的有效对策

（一）缓冲地震压力

高层建筑物结构设计之初，应采用基于位移结构抗震方式和方法，对设计方案进行多次测量，确保整个建筑结构能够满足预期地震压力下的形变要求，以及确保建筑物在小地震影响下，不会出现倒塌等严重情况，影响到居民人身安全。另外，除了考虑高层建筑物纵向位移，还需要衡量其横向位移，结合建筑物界面应变分布情况，夯实地基，确保高层建筑在稳定的场地上施工，缓冲地震压力，

有效提高高层建筑物结构稳定性。

（二）积极采用抗震措施

目前，我国大多数高层建筑一般采用延性结构提高整个结构的抗震性能，确保结构构件具有较大延塑性状态，缓冲地震对建筑物的影响力，减轻地震对建筑物的破坏，即便是一些高层建筑物承载力并不高，但是，如果其具有较强的延性，抗震性能也会有所提升，这主要是延性构件在遇到地震时，能够有效吸收地震释放的能量，实现建筑物只裂不倒目标。科学技术的不断发展，为高层建筑提升抗震性能提供了支持，阻尼器在高层建筑物中的应用，能够有效减轻地震强度，吸收地震释放的能量，从而提高建筑物的抗震性能。

（三）选择质优建筑材料

高层建筑结构的各项性能是否能够得到实现，仅仅停留在建筑形式和机构的设计上是不够的，设计好了只是一个良好的开始，建筑结构的材料选择也是十分关键的，这就要求结构设计师不仅要具备充分的理论知识，同时也需要对各种抗震性能较好材料有一个全面、客观的认识，并且能够根据施工环境和区域特点适当地进行材料和建筑结构选择。在各种新型建筑材料和结构出现在人们的视野中时，实用又经济的施工材料的选择显得尤为重要，站在抗震性能的角度来看，延伸性能较好的材料则是首选，再者，按照高层建筑结构的抗震性能优越性来说，钢结构、钢筋混凝土结构在目前的建筑结构中应用较为普遍，而且相对来说也是稳定性能比较好的。

（四）重视建筑结构设计

为了能够有效提高高层建筑抗震性能，应重视建筑结构抗震的设计。目前，我国钢结构加工制造能力较强，在建筑施工过程中，可以采用钢骨混凝土等结构，减少柱断面尺寸，增强建筑物抗震性能。另外，在我国传统思想观念中，强调以柔克刚，而在工程设计过程中，可以转变传统建筑抗震模式，且通过柔性模式，增强建筑物抗震性，如拱形结构等。拱形结构能够分解建筑物整体负载力，有效增强建筑物抗震性。

（五）加强抗震防御建设

除了从高层建筑物结构内部进行优化、提升抗震性外，还可以从外部设置多重抗震防线，即便在遇到地震时，第一层防线遭到破坏，后续还有更多防线能够有效保护建筑物。高层建筑在抗震防御建设过程中，可以通过设置多个肢节和壁式框架，有效地完成建筑物防御建设。框架-剪力墙作为现代高层建筑的一类结构，以其自身具有较好的多道防线抗震结构，受到越来越多关注，并得到广泛普及和应用。同时，要适当增加剪力墙数量，增强其承载能力。另外，在剪力墙之间应搭建连梁，将独立的剪力墙构成一个整体，满足现代高层建筑抗震性需求，从而有效保障居民人身、财产安全。

第二节　抗震性能化设计的目标

一、性能目标的理解

对于受力体：具体工程，可以对整个结构，也可以对某些部位或关键构件（如底部加强区的剪力墙，框支柱等）设定应该当达到的破坏（弹性极限或者塑性极限）和变形（水平位移或者转角）的定量极限。

对于外力：未来遇到地震效应，首先必须估计在结构设计使用年限内可能的各种水准，就是规范中所指的三水准，即小震、中震、大震，但性能化设计中还应当考虑近场效应的影响。参照《建筑抗震设计规范（2016年版）》（GB 50011—2010），处于发震断裂两侧10km以内的结构，地震动参数（幅值、频率特性和持续时间）应当计入近场影响，5km以内放大1.5倍，以外放大1.25倍以上，从而对地震效应的上限有一定提高（可靠度更高），实际上也是考虑到具体结构的具体形式做出的更个性化的提高。性能目标不再是一个笼统的概念，而是对构件破坏状态以及破坏后的继续使用性可以量化。据此，在充分考虑地震破坏可能性上，根据业主需要和结构破坏后的损失，合理地对破坏状态和功能性保留做出高于三水准设计要求的目标设置。

二、性能化量化指标

实际操作性能化设计时，需要三个要素和两个必要性。三要素是指设计者必须提前布局合理的结构模型，用恰当的分析方法进行受力分析，代表性地表述性能目标的变量（具体的设计指标）。两个必要是指选取的指标必须合理具体，这些指标必须能控制结构或者关键部位的承载力、变形能力；选取的指标必须可以根据不同的地震作用而相应改变（其实也是从受体和外力两个方面来实现）。具体的推荐参数如下：变形微观，如应变、截面曲率；宏观位移，如构件端部转角、层间位移、顶点位移；力，如底部剪力；延性系数；能量耗散指标（较难实现，关系到具体的模型和分析方法）等。概括来说就是三个方面，即承载力指标、延性系数指标和位移指标[12]。

（1）承载力指标。国内有关规范已经全面应用，如"小震不坏，中震可修，大震不倒"。对于性能化设计中的应用，可以具体按照有关抗震规范规定执行。

（2）延性系数指标。主要是具体的各种抗震构造指标，比如体积配箍率等。上述都是对构造措施进行定量分析，实际使用时，只需要针对各自的抗震构造等级，加减烈度参数重新选用。

（3）位移指标。最为各国认可的就是层间位移角，比如，位移角小于等于1/500时结构可良好使用；位移角小于等于1/200时可保证人身安全；位移角小于等于1/50时可防止倒塌。这种指标对于同一种材料的建筑物是可信的，是很有潜力应用的一种性能指标。

三、抗震性能化设计目标

根据图 4-1 和图 4-2，可把结构的性能水平分为以下四个阶段，即充分运行阶段（operational，OP）、基本运行阶段（immediate occupancy，IO）、生命安全阶段（life safety，LS）和接近倒塌阶段（collapse prevention，CP）。充分运行阶段是指建筑和设备的功能在地震时或震后能继续保持，结构构件与非结构构件可能有轻微破坏，但建筑结构完好；基本运行阶段是指建筑的基本功能不受影响，结构的关键和重要构件，以及室内物品未遭破坏，结构可能损坏，但经一般修理或不需修理仍可继续使用；生命安全阶段是指建筑的基本功能受到影响，主体结构有较重破坏但不影响承重，非结构部分可能坠落，但不致严重伤人，生命安全能得到保障；接近倒塌阶段是指建筑的基本功能不复存在，主体结构有严重破坏，但不致倒塌。

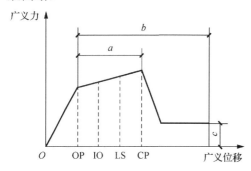

图 4-1　延性结构性能水平的阶段

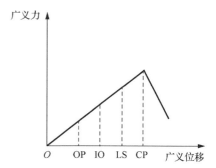

图 4-2　非延性结构性能水平的阶段

结构抗震性能目标是指在设定的地震地面运动水准下结构的预期性能水准。性能目标应根据结构方案在房屋高度、规则性、结构类型、抗震设防标准等方面的特殊要求，并结合基本设防烈度、设防类别、场地条件、建造费用、震后损失和修复难易程度等因素综合考虑后确定。

表 4-1 提供了一些可供选择的性能目标。

表 4-1　可供选择的性能目标

地震动水准	性能目标			
	A	B	C	D
多遇地震	1	1	1	1
设防地震	1	2	3	4
罕遇地震	2	3	4	5

表 4-1 中性能目标 A～D 的说明如下所述。

（1）性能目标 A。小震和中震下均满足性能水准一的要求，大震下满足性能水准二的要求，即结构处于基本弹性状态，高度和不规则性一般不需专门限制（表 4-2）。

表 4-2　抗震性能目标 A 预期达到的震后性能状况

地震动水准		多遇地震	设防地震	罕遇地震
需满足的性能水准		一	一	二
宏观损坏程度		完好，无损坏	完好，无损坏	基本完好，轻微损坏
损坏状态	关键构件	无损坏	无损坏	无损坏
	普通竖向构件	无损坏	无损坏	无损坏
	耗能构件	无损坏	无损坏	轻微损坏
继续使用的可能性		不需修理即可继续使用	不需修理即可继续使用	稍加修理即可继续使用

（2）性能目标 B。小震下满足性能水准一的要求，中震下满足性能水准二的要求，大震下满足性能水准三的要求；部分结构构件损坏；其高度不需专门限制，重要部位的不规则性限制可比现行标准的要求放宽（表 4-3）。

表 4-3　抗震性能目标 B 预期达到的震后性能状况

地震动水准		多遇地震	设防地震	罕遇地震
需满足的性能水准		一	二	三
宏观损坏程度		完好，无损坏	基本完好，轻微损坏	轻度损坏
损坏状态	关键构件	无损坏	无损坏	轻微损坏
	普通竖向构件	无损坏	无损坏	轻微损坏
	耗能构件	无损坏	轻微损坏	轻度损坏、部分中度损坏
继续使用的可能性		不需修理即可继续使用	稍加修理即可继续使用	一般修理后可继续使用

（3）性能目标 C。小震下满足性能水准一的要求，中震下满足性能水准三的要求，大震下满足性能水准四的要求；结构中等破坏，其高度可适当超过《高层建筑混凝土结构技术规程》（JGJ 3—2010）B 级高度的规定，某些不规则性限制可有所放宽（表 4-4）。

表 4-4　抗震性能目标 C 预期达到的震后性能状况

地震动水准		多遇地震	设防地震	罕遇地震
需满足的性能水准		一	三	四
宏观损坏程度		完好，无损坏	轻度损坏	中度损坏
损坏状态	关键构件	无损坏	轻微损坏	轻度损坏
	普通竖向构件	无损坏	轻微损坏	部分构件中度损坏
	耗能构件	无损坏	轻度损坏，部分中度损坏	中度损坏，部分比较严重损坏
继续使用的可能性		不需修理即可继续使用	一般修理后可继续使用	修复或加固后可继续使用

（4）性能目标 D。小震下满足性能水准一的要求，中震满足性能水准四的要求，大震下满足性能水准五的要求，结构的损坏不危及生命安全。其高度一般不宜超过《高层建筑混凝土结构技术规程》（JGJ 3—2010）B 级高度的规定，规则性限制一般也不宜放宽（表 4-5）。

表 4-5　抗震性能目标 D 预期达到的震后性能状况

地震动水准		多遇地震	设防地震	罕遇地震
需满足的性能水准		一	四	五
宏观损坏程度		完好，无损坏	中度损坏	比较严重损坏
损坏状态	关键构件	轻度损坏	轻度损坏	中度损坏
	普通竖向构件	部分构件中度损坏	部分构件中度损坏	部分构件比较严重损坏
	耗能构件	中度损坏，部分比较严重损坏	中度损坏，部分比较严重损坏	比较严重损坏
继续使用的可能性		不需修理即可继续使用	修复或加固后可继续使用	需排险大修

四、性能水准的判别及性能目标的选定

抗震性能设计需要有一个比较合理的性能水准判别准则，在性能目标选用时考虑的因素应比较全面。

（一）性能水准的判别准则

对于上述提出的结构在地震作用下的五个性能水准，表 4-6 给出判别是否满足性能水准的准则，可供参考。其中，对各项性能水准，结构的楼盖体系必须有

足够安全的承载力，以保证结构的整体性。为避免混凝土结构构件发生脆性剪切破坏，设计中应控制受剪截面尺寸，满足现行标准对剪压比的限制要求。性能水准中的抗震构造，"基本要求"相当于混凝土结构中四级抗震等级构造要求，低、中、高和特种延性要求可参照混凝土结构中抗震等级的三、二、一和特一级的构造要求。

表4-6　性能水准判别准则

性能水准一	全部构件的抗震承载力满足弹性设计要求。在多遇地震（小震）作用下，结构的层间位移、结构构件的承载力及结构整体稳定等均应满足高规有关规定；在设防烈度（中震）作用下，构件承载力需满足弹性设计要求，其中不计入风荷载作用效应的组合，地震作用标准值的构件内力计算中不需要乘以与抗震等级有关的增大系数
性能水准二	性能水准二结构的设计要求与性能水准一结构的设计要求的差别是：框架梁、剪力墙连梁等耗能构件的正截面承载力只需要满足"屈服承载力设计"的要求。"屈服承载力设计"是指构件按材料强度标准值计算的承载力不小于按重力荷载及地震作用标准值计算的构件组合内力
性能水准三	允许部分框架梁、剪力墙连梁等耗能构件正截面承载力进入屈服阶段。竖向构件及关键构件正截面承载力满足"屈服承载力设计"的要求
性能水准四	关键构件正截面承载力满足"屈服承载力设计"的要求，允许部分竖向构件及大部分框架梁、连梁等耗能构件进入屈服阶段，但构件的受剪截面应满足截面限制条件，这是防止构件发生脆性破坏的最低要求。结构的抗震性能必须通过弹塑性计算加以深入分析。例如，弹塑性层间位移角、构件屈服的次序及塑性铰分布、塑性铰部位钢材受拉塑性应变及混凝土受压损伤程度、结构薄弱部位、整体结构的承载力不发生下降等
性能水准五	性能水准五结构的设计要求与性能水准四结构的设计要求的差别是：允许较多的普通竖向构件进入屈服阶段，并允许部分框架梁、连梁等耗能构件发生比较严重的破坏。结构的抗震性能必须通过塑性计算进行深入分析，尤其应注意同一楼层竖向构件不宜全部进入屈服阶段并宜控制结构整体承载力的下降幅度不超过10%

（二）性能目标的选用

超限高层建筑工程抗震性能目标的设定是实现超限高层性能化设计的关键，内容包括整体抗震性能及构件、局部部位的性能水准。目前地震地面运动的不确定性及强烈地震下非线性分析方法（计算模型及参数的选用等）存在不少经验因素，缺少从强震记录、设计施工资料到实际震害的验证，对结构抗震性能的判断难以十分准确，尤其是对于长周期的超高层建筑或特别不规则结构的判断难度更大。结合《高层建筑混凝土结构技术规程》（JGJ 3—2010）的建议，选择高层建筑的抗震性能目标时，应综合考虑多个因素。下面提出一些建议供参考。

（1）在第一准则地震（小震）作用下，任何高层建筑的结构都应满足性能水准一的要求。

（2）某些建筑物，由于其特殊的重要性而需要结构具有足够的承载力，以保证它在中震、大震下始终处于基本弹性状态；也有一些建筑虽然不特别重要，但其设防烈度较低（如 6 度）或结构的地震反应较小，它仍可能具有在中震、大震下只出现基本弹性反应的承载力水准；某些结构特别不规则，但业主为了实现建筑造型和满足特殊建筑功能的需要，愿意付出经济代价，使结构设计满足在大震作用下仍处于基本弹性状态。以上情况以及其他特殊情况，可选用性能目标 A，此时房屋的高度和不规则性一般不需要专门限制。

（3）性能目标 B、C、D 都允许结构不同程度地进入非弹性状态。震害经验及试验和理论研究表明，在中震、大震下，使结构既具有合适的承载力又能发挥一定的延性性能是比较合理的。对复杂和超限高层建筑结构，一般情况下可选用性能目标 B、C、D。这三种目标的选用需要综合考虑设防烈度、结构的不规则程度和房屋高度、结构发挥延性变形的能力、结构造价、震后的各种损失及修复难度等因素。对于超限高层建筑结构，鉴于目前非线性分析方法的计算模型及参数的选用尚存在不少经验因素，震害及试验验证还欠缺，对结构性能水准的判断难以十分准确，因此在性能目标选用中宜偏于安全一些。

（4）特别不规则的高层建筑结构，其不规则性的程度超过现行标准的限值较多，结构的延性变形能力较差，建议选用目标 B。

（5）房屋高度或个别不规则性超过现行标准的限值较多的结构，可选用性能目标 B、C。

（6）房屋高度和不规则性均超过现行标准的限值较小的结构，可选用性能目标 C。

（7）房屋高度不超过现行规程 B 级高度且不规则性满足限值的结构，可选用性能目标 D。

目前超限高层建筑工程的结构形式通常具有创新性和复杂性，往往会出现某些特别重要的关键构件，此类构件如发生轻度破坏将对整个结构破坏造成重大影响，如关键的转换构件、支撑大跨度水平构件的竖向构件，跨越数层的重要竖向构件及其他复杂传力路径中的关键构件。对于这些构件可不必严格执行整体性能目标对应的构件性能水准要求，应单独进行性能水准设定，从而确保实现结构整体抗震性能目标。在有关超限高层建筑工程抗震设计可行性论证报告的编写中，应当明确列出结构的抗震性能目标及构件的抗震性能水准。下面以日照日广中心 B 级高度的框架-核心筒结构为例，说明报告中以表格形式确定的性能目标和构件性能水准。本项目位于 7 度（0.10g）区，为 B 级高度的建筑，且高度接近 B 级高度的限值，存在两项一般不规则项，故 1-A 号楼抗震性能目标可选为基本满足 C 级，如表 4-7 所示。

表4-7　某超限高层建筑工程的抗震性能目标设定

			多遇地震	设防地震	罕遇地震
结构整体性能水平	地震动水准		多遇地震	设防地震	罕遇地震
	需满足的性能水准		一	三	四
	宏观损坏程度		完好，无损坏	轻度损坏，一般修理后可继续使用	中度损坏，修复或加固后可继续使用
	层间位移参考指标		要求弹性层间位移角<$h/683$	—	要求弹塑性层间位移角<$h/100$
	评估方法		按相关规范常规设计	按等效弹性方法进行弹性分析、不屈服分析	按等效弹性方法进行不屈服分析；动力弹塑性分析
构件性能指标	关键构件	承载力指标	弹性	斜截面弹性；正截面不屈服	斜截面不屈服；正截面可部分屈服
		损坏状态	无损坏	轻微损坏	轻度损坏
	普通竖向构件	承载力指标	弹性	斜截面弹性；正截面不屈服	控制混凝土受压损伤和钢筋塑性变形；满足截面受剪控制条件
		损坏状态	无损坏	轻微损坏	部分构件中度损坏
	耗能构件	承载力指标	弹性	正截面允许部分屈服；斜截面不屈服	允许大部分屈服，但框架梁不发生严重破坏
		损坏状态	无损坏	轻度损坏，部分中度损坏	中度损坏，部分比较严重损坏
荷载系数			小震弹性为荷载基本组合，地震最大影响系数为小震，考虑承载力抗震调整系数，考虑风荷载作用	中震不屈服为荷载标准组合，不考虑承载力抗震调整系数和风荷载作用；中震弹性为荷载基本组合，考虑承载力抗震调整系数，不考虑风荷载作用	荷载标准组合，地震最大影响系数为大震，不考虑承载力抗震调整系数，不考虑风荷载作用，周期可不折减
内力调整系数			根据抗震等级进行相应放大	内力不调整	内力不调整
材料强度			设计值	中震不屈服取标准值中震弹性取设计值	标准值

第三节　抗震性能化设计的内容和要求

一、抗震设防水准

（一）抗震设防的目标

建筑工程抗震设防的目标是在一定的经济条件下，最大限度地限制或减轻由地震引起的建筑物破坏，保障人员的安全，减少经济损失。为了实现这一目标，我国《建筑抗震设计规范（2016 年版）》（GB 50011—2010）提出了"小震不坏，中震可修，大震不倒"三个水准的抗震设防目标，概述如下。

第一水准：当遭受低于本地区设防烈度的多遇地震影响时，建筑物一般不受损坏或不需修理仍可继续使用。对应于"小震不坏"，要求建筑结构满足多遇地震作用下的承载力极限状态验算要求与建筑的弹性变形不超过规定的弹性变形限值。

第二水准：当遭受相当于本地区设防烈度的地震影响时，建筑物可能损坏，但经一般修理或不需修理仍可继续使用。对应于"中震可修"，要求建筑结构具有相当的延性能力（变形能力），不发生不可修复的脆性破坏。

第三水准：当遭受高于本地区设防烈度预估的罕遇地震影响时，建筑物不致倒塌或发生危及生命的严重破坏。对应于"大震不倒"，要求建筑结构具有足够的变形能力，其弹塑性变形不超过规定的弹塑性变形限值。

根据对我国一些主要地震区的地震危险性分析，50 年内的超越概率为 63.2% 的地震烈度称为多遇地震烈度（又称为小震烈度），所对应的地震水准为多遇地震（小震）；50 年内的超越概率为 10% 的地震烈度为抗震设防烈度（又称为基本烈度），所对应的地震水准为设防烈度地震（中震）；50 年内的超越概率为 2%~3% 的地震烈度称为罕遇地震烈度，所对应的地震水准为罕遇地震（大震）。根据统计分析，若以基本烈度为基准，则多遇地震烈度比基本烈度约低 1.55 度，而罕遇地震烈度比基本烈度约高 1 度。

（二）两阶段设计方法

建筑结构的抗震设计应满足上述三水准的抗震设防要求。为实现此目标，我国《建筑抗震设计规范（2016 年版）》（GB 50011—2010）采用了简化的两阶段设计方法，概述如下。

第一阶段设计是承载力验算，按第一水准多遇地震烈度对应的地震作用效应和其他荷载效应的组合验算结构构件的承载能力和结构的弹性变形。

第二阶段设计是弹塑性变形验算，按第三水准罕遇地震烈度对应的地震作用效应验算结构的弹塑性变形。

通过第一阶段设计，将保证第一水准下的"小震不坏"要求；通过第二阶段设计，使建筑结构满足第三水准下的"大震不倒"要求；在抗震设计中，通过良好的抗震构造措施使第二水准的要求得以实现，从而满足"中震可修"的要求。

在实际抗震设计中，对有特殊要求的建筑、地震时易倒塌的结构，以及有明显薄弱层的不规则结构，除进行第一阶段设计外，还要进行结构薄弱部位的弹塑性层间变形验算并采取相应的抗震构造措施，实现第三水准的设防要求。

二、结构性能水准

（一）结构抗震性能水准简述

结构的抗震性能水准表示结构在特定的某一地震设计水准下预期破坏的最大程度。结构和非结构构件的破坏以及因它们破坏而引起的后果，主要从结构破坏程度、人员安全性、震后修复难易程度等方面来表述。根据《建（构）筑物地震破坏等级划分》（GB/T 24335—2009），建筑的地震破坏可划分为基本完好（含完好）、轻微损坏、中等破坏、严重破坏、倒塌等五个等级，划分标准概述如下。

（1）基本完好：承重构件完好；个别非承重构件轻微损坏；附属构件有不同程度破坏，一般不需要修理或稍加修理即可继续使用。人们不会因结构损伤造成伤害，可安全出入和使用。

（2）轻微损坏：个别承重构件轻微裂缝，个别非承重构件明显破坏；附属构件有不同程度的破坏。不需修理或稍加修理后，仍可继续使用。

（3）中等破坏：多数承重构件出现轻微裂缝，部分出现明显裂缝；个别非承重构件严重破坏。需一般修理，采取安全措施后可适当使用。

（4）严重破坏：多数承重构件严重破坏或部分倒塌。应采取排险措施，需大修、局部拆除。

（5）倒塌：多数承重构件倒塌，需拆除。

为了对具有不同性能水准的结构的抗震性能进行宏观判断，参照上述地震破坏等级划分，《高层建筑混凝土结构技术规程》（JGJ 3—2010）提出了高于上述一般情况的五个抗震性能水准，并给出各性能水准结构预期的震后性能状况，如表 4-8 所示。

表 4-8　各性能水准结构预期的震后性能状况

结构抗震性能水准	宏观损坏程度	损坏状态			继续使用的可能性
		关键构件	普通竖向构件	耗能构件	
一	完好、无损坏	无损坏	无损坏	无损坏	不需修理即可继续使用
二	基本完好、轻微损坏	无损坏	无损坏	轻微损坏	稍加修理即可继续使用
三	轻度损坏	轻微损坏	轻微损坏	轻度损坏、部分中度损坏	一般修理后可继续使用
四	中度损坏	轻度损坏	部分构件中度损坏	中度损坏、部分比较严重损坏	修复或加固后可继续使用

结构抗震性能水准	宏观损坏程度	损坏状态			继续使用的可能性
		关键构件	普通竖向构件	耗能构件	
五	比较严重损坏	中度损坏	部分构件比较严重损坏	比较严重损坏	需排险大修

注：1. 关键构件是指该构件的失效可能引起结构的连续破坏或危及生命安全的严重破坏。

　　2. 普通竖向构件是指关键构件之外的竖向构件。

　　3. 耗能构件包括板架梁、剪力墙连梁及耗能支撑等。

关键构件举例如下所述。

（1）结构底部加强部位的重要竖向构件（底部加强区剪力墙、框架柱）。

（2）水平转换构件及与其相连的竖向支承构件（转换梁、框支柱）。

（3）大跨度连体结构的连接体、与连接体相连的竖向支承构件。

（4）大悬挑结构的主要悬挑构件。

（5）加强层的伸臂构件以及与伴臂相连的周边竖向构件。

（6）巨型结构中巨型柱、巨型梁（巨型桁架）。

（7）扭转变形很大部位的竖向（斜向）构件。

（8）长短柱出现在同一楼层且数量相当时，该楼层的各个长短柱。

（二）结构抗震性能分析

结构在多遇地震作用下的抗震性能分析通常采用反应谱方法进行，《高层建筑混凝土结构技术规程》（JGJ 3—2010）对于 B 级高度的高层建筑结构、混合结构及第十章所规定的复杂高层建筑结构，还提出采用弹性时程分析法进行补充计算的要求。分析模型应根据《建筑抗震设计规范（2016 年版）》（GB 50011—2010）和《高层建筑混凝土结构技术规程》（JGJ 3—2010）的要求设定相应的地震影响系数、与抗震等级有关的内力调整系数、各种荷载的分项系数、抗震调整系数及材料性能。目前主流的结构分析设计软件可以自动将小震作用下结构的整体变形指标、构件的承载力和变形等设计指标与有关规范进行对比，工程师可以直观地从计算结果中获知结构各项性能指标是否满足弹性的目标要求。

结构在设防地震下的抗震性能分析通常针对中震弹性和中震不屈服两种情况，其分析仍然采用反应谱法，但是计算参数选取与小震弹性分析相比存在差别。将此三种弹性分析方法的计算条件列于表 4-9 中进行对比。与中震不屈服相比，中震弹性对结构的抗震性能要求更高。中震分析的计算结果提取与小震分析相同。

表 4-9　小震弹性、中震弹性和中震不屈服分析参数对比

计算参数选取	小震弹性	中震弹性	中震不屈服
地震影响系数最大值	《高层规程》4.3.7 条	《高层规程》4.3.7 条	《高层规程》4.3.7 条
内力调整系数	按规范取	1.0	1.0
内力组合分项系数	按规范取	按规范取	1.0
承载力控制调整系数	按规范取	按规范取	1.0
材料强度	材料设计值	材料设计值	材料标准值

注：表中《高层规程》指《高层建筑混凝土结构技术规程》（JGJ 3—2010）。

第四节　抗震性能化设计方法

一、基于承载力的设计方法

基于承载力的设计方法可分为静力法和反应谱法。静力法产生于 20 世纪初期，是最早的结构抗震设计方法。它把地震作用看成作用在建筑物上的一个总水平力，该水平力取为建筑物总重量乘以一个地震系数，该系数一般在 0.1 左右。静力法没有考虑结构的动力效应，根据结构动力学的观点，地震作用下结构的动力效应与结构自振周期和阻尼比有关，采用动力学方法求得地震作用下加速度反应与体系自振周期的关系曲线称为地震加速度反应谱，以此来计算地震作用引起的结构上的水平惯性力的方法即是反应谱法。

二、基于延性承载力的设计方法

每次地震中可能包括若干次大小不等的反应，较小的反应可能出现多次，而较大的地震反应可能只出现一次。此外，某些地震峰值反应的时间可能很短，震害表明这种脉冲式地震作用带来的震害较小。基于这一观点，形成了现在考虑地震重现期的抗震设防目标。随着研究的深入，发现结构的非弹性变形能力（延性）可使结构在较小的屈服承载力的情况下经受更大的地震作用。然而，由于结构非弹性地震反应分析的困难，只能根据震害经验采取必要的构造措施来保证结构自身的非弹性变形能力，以适应和满足结构非弹性地震反应的需求。采用反应谱的基于延性承载力的设计方法成为目前各国抗震设计规范的主要内容。

三、基于损伤和能量的设计方法

当非弹性变形超过结构自身非弹性变形能力（延性）时，则会导致结构的倒塌。因此，对结构在地震作用下非弹性变形及其引起的结构损伤就成为结构抗震研究的一个重要方面，并由此形成基于结构损伤的抗震设计方法。从能量观点来

看，结构能否抵御地震作用而不产生破坏，主要在于结构能否以某种形式耗散地震输入到结构中的能量，只要结构的阻尼耗能与体系的塑性变形耗能和滞回耗能能力大于地震输入能量，结构即可有效抵抗地震作用，不产生倒塌。由此形成了基于能量平衡的极限设计方法。

四、基于能力的设计方法

20 世纪 70 年代后期，新西兰的学者提出了保证钢筋混凝土结构具有足够弹塑性变形能力的设计方法。该方法是基于对非弹性性能对结构抗震能力贡献的理解和超静定结构在地震作用下实现具有延性破坏机制的控制思想提出的，可有效保证和达到结构抗震设防目标，同时又使设计做到经济、合理。基于能力的设计方法的核心，即所谓的"强柱弱梁""强剪弱弯"和通过构造措施保证所需的非弹性变形能力。

20 世纪 80 年代，各国规范均在不同程度上采用了能力设计方法的思路。能力设计方法的关键在于将控制概念引入结构抗震设计，有目的地引导结构破坏机制，避免不合理的破坏形态。该方法不仅使结构抗震性能和能力更易于掌握，同时也使抗震设计变得更为简便明确，即后来在抗震概念设计中提出的主动抗震设计思想。

五、基于性能的抗震设计方法

（一）基于性能抗震设计的产生与发展

20 世纪 90 年代以来，环太平洋区域发生了几次大的地震，如美国 1994 年的 Northridge 地震，日本 1995 年的兵库县南部神户（Kobe）地震，我国台湾 1999 年的集集地震，均带来巨大的经济损失和社会灾难。Northridge 地震造成的损失约 170 亿美元，神户地震造成的损失约 960 亿美元，集集地震造成的损失约 240 多亿元新台币。巨大的地震灾害损失使得从事结构抗震设计的研究人员对已有的抗震设计方法进行了反思，单一地以承载力指标进行抗震设计显然已经不能满足社会的需要，研究者们开始进行新一代抗震设计方法的研究。

20 世纪 90 年代有关研究人员首先明确提出了基于性能的抗震设计（performance-based seismic design）概念，这种方法主要是将结构的性能目标转化为破损指标和位移需求。基于性能的抗震设计把结构的性能目标作为结构抗震设计的目标，针对结构在不同水准地震作用下所要求的性能目标进行设计。

事实上，结构的性能水准可以定性但很难定量，这是基于性能设计应用中的一个主要问题。定量研究结构的性能水准需要确定一个合适的性能指标。结构的承载力、刚度、累积滞回耗能、变形、损伤都可以作为性能指标，性能指标的选择要根据结构不同的设防水准确定。结构的性能以及地震作用下的损伤程度与结构的位移有直接的关系。结构的破损状态总是与截面的变形和极限应变密切相关，而截面的变形又可以转化为位移，从而可以通过位移来控制结构的损伤程度。因此，从结构抗震的角度来说，采用基于位移的抗震设计方法是实现结构性能控制的有效途径。基于位移的设计大致有三种思路及方法：直接基于位移的方法、控制延性的方法和能力谱方法。

基于性能的抗震设计是建筑结构抗震设计的一个新的重要的发展，它的特点是：使抗震设计从宏观定性的目标向具体量化的多重目标过渡，业主（设计者）可选择所需的性能目标；抗震设计中更强调实施性能目标的深入分析和论证，有利于建筑结构的创新，经过论证（包括试验）可以采用现行标准规范中还没规定的新的结构体系、新技术、新材料；有利于针对不同的设防烈度、场地条件及建筑的重要性采用不同的性能目标和抗震措施。这一方法是一种发展方向。

（二）基于性能抗震设计的基本步骤

1. 抗震性能目标的设定和选用

抗震性能目标是指在设定的地震动水平下建筑的最低性能要求。

地震动水平一般分为三个水准，如依据我国《建筑抗震设计规范（2016年版）》（GB 50011—2010），设计基准期50年内超越概率分别为63%、10%、2%～3%（5%）的小震、中震、大震。建筑的最低性能要求分为充分运行、运行、基本运行、生命安全、接近倒塌。

设定了地震地面运动水准以及建筑物性能水准后，就可设定和选用建筑物抗震性能目标。业主可根据建筑物的重要性、抗震设计的设防烈度、结构及非结构的性能和造价、震后的各种损失和修复难度等，选用抗震性能目标，设计者需向业主提供技术和经济分析。

2. 设计方案的选择、论证和评审

抗震性能目标经业主初步选定后，建筑师、结构工程师、设备工程师和经济估价师开始进行建筑方案设计，并对初步选定的方案进行论证和评价，考察其是否能达到预期的性能目标以及经济评价。如果论证、评价对初步选定的方案不满意，则进行二次设计或由业主修改性能目标论证完成后送专家评审，如评审不通过或需修改，则进行修改设计。

设计方案论证中，强调对各项具体性能要求所采取的措施，包括结构体系，采用新材料、新设备和新技术的依据及必要的试验，非结构幕墙、各项设备、隔墙等的抗震措施，详细地进行计算分析（弹性及非线性分析）、经济分析等。此基本步骤也可能是一个反复的过程。

第五章　结构抗震分析

第一节　反应谱分析

一、单自由度体系的地震反应

图 5-1 所示为一单质点弹性体系在水平地震作用下的变形，它可以近似地代表单层多跨等高厂房或水塔等结构。单质点弹性体系，就是将参与振动的结构的全部质量集中在一点上，用无质量的弹性直杆支承在地面上。为了简单起见，假定地面运动和结构振动只是单方向的水平平移运动，不发生扭转。此时，单质点弹性体系可以简化为单自由度弹性体系。

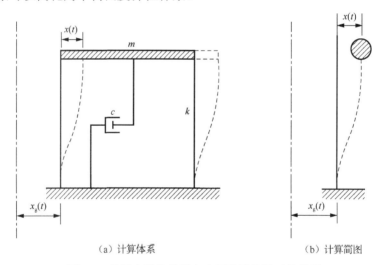

（a）计算体系　　　　　　　　　（b）计算简图

图 5-1　单质点弹性体系在水平地震作用下的变形

现在来研究单自由度弹性体系的地震反应。单自由度弹性体系在水平地震作用下的运动方程为

$$m\ddot{x}(t) + c\dot{x}(t) + kx(t) = -m\ddot{x}_g(t) \tag{5-1}$$

式（5-1）可以改写为

$$\ddot{x}(t) + 2\zeta\omega\dot{x}(t) + \omega^2 x(t) = -\ddot{x}_g(t) \tag{5-2}$$

式中：ω——无阻尼单自由度体系的圆频率，即在单位时间内以 2π 为波长体系的振动次数，$\omega = \sqrt{\dfrac{k}{m}}$；

ζ ——体系的阻尼比，$\zeta = \dfrac{c}{2\sqrt{km}} = \dfrac{c}{2\omega m}$，一般工程结构的阻尼比为 0.01~0.20。

在结构抗震分析中，常用到结构的自振周期 T，它是体系振动一次所需要的时间，单位为 s。自振周期 T 的倒数为体系的自振频率 f，即体系在每秒内的振动次数，自振频率 f 的单位为 s^{-1} 或 Hz（赫［兹］）。

$$T = \frac{2\pi}{\omega} = 2\pi\sqrt{\frac{m}{k}} \tag{5-3}$$

$$f = \frac{1}{T} = \frac{\omega}{2\pi} = \frac{1}{2\pi}\sqrt{\frac{k}{m}} \tag{5-4}$$

式（5-2）是一个常系数二阶非齐次方程，在初位移和初速度均为零的情况下，可求出式（5-2）的解为

$$x(t) = -\frac{1}{\omega'}\int_0^t \ddot{x}_g(\tau)e^{-\zeta\omega(t-\tau)}\sin\omega'(t-\tau)\mathrm{d}\tau \tag{5-5}$$

式中：ω' ——有阻尼单自由度弹性体系的圆频率，$\omega' = \omega\sqrt{1-\zeta^2}$。

工程结构的阻尼比 ζ 很小，如果 $\zeta < 0.2$，则 $0.96 < \dfrac{\omega'}{\omega} < 1$。通常可以近似地取 $\omega' = \omega$。

式（5-5）的最大绝对值记为最大相对位移反应谱 S_d，即

$$S_d = \left| x(t) \right|_{\max} = \frac{1}{\omega}\left| \int_0^t \ddot{x}_g(\tau)e^{-\zeta\omega(t-\tau)}\sin\omega(t-\tau)\mathrm{d}\tau \right|_{\max} \tag{5-6}$$

式（5-5）对时间 t 微分一次，得到速度为

$$\dot{x}(t) = \int_0^t \ddot{x}_g(\tau)e^{-\zeta\omega(t-\tau)}\left[\zeta\sin\omega(t-\tau) - \cos\omega(t-\tau) \right]\mathrm{d}\tau \tag{5-7}$$

利用 ζ 很小的条件，将式（5-7）进行简化，并用 $\sin\omega(t-\tau)$ 取代 $\cos\omega(t-\tau)$，这样处理不影响两式的最大值，只是相位相差 $\dfrac{\pi}{2}$。体系的最大相对速度反应谱 S_v 为

$$S_v = \left| \dot{x}(t) \right|_{\max} = \left| \int_0^t \ddot{x}_g(\tau)e^{-\zeta\omega(t-\tau)}\sin\omega(t-\tau)\mathrm{d}\tau \right|_{\max} \tag{5-8}$$

将式（5-5）和式（5-7）代回到体系的运动方程（5-2），并利用 ζ 很小的条件，可求得单自由度弹性体系的绝对加速度为

$$\ddot{x}(t) + \ddot{x}_g(t) = \omega\int_0^t \ddot{x}_g(\tau)e^{-\zeta\omega(t-\tau)}\sin\omega(t-\tau)\mathrm{d}\tau \tag{5-9}$$

设 S_a 表示最大绝对加速度反应谱，F 表示地震时质点惯性力的最大绝对值，即地震作用力，则

$$S_a = \left| \ddot{x}(t) + \ddot{x}_g(t) \right|_{\max} = \omega\left| \int_0^t \ddot{x}_g(\tau)e^{-\zeta\omega(t-\tau)}\sin\omega(t-\tau)\mathrm{d}\tau \right|_{\max} \tag{5-10}$$

$$F = m\left| \ddot{x}(t) + \ddot{x}_g(t) \right|_{\max} = mS_a \tag{5-11}$$

上述公式表明，影响地震作用的因素是地面运动加速度 $\ddot{x}_g(t)$，$\ddot{x}_g(t)$ 直接影响体系地震作用的大小；体系的自振频率 f 或周期 T，在相同的地面运动情况下，不同频率或周期的体系有不同的地震反应；体系的阻尼比 ζ 越大，地震反应越小。式（5-10）和式（5-11）虽然给出了地震作用的表达式，但是实际地震动 $\ddot{x}_g(t)$ 不可能用一个简单的时间函数来表示。因此，不可能获得解析的积分结果。为了解决结构抗震设计的具体应用，下面讨论地震反应谱的概念及其应用。

二、抗震设计反应谱

水平地震作用下，单自由度弹性体系所受到的最大地震作用力 F 为

$$F = m\left|\ddot{x}(t) + \ddot{x}_g(t)\right|_{max} = mS_a \qquad (5\text{-}12)$$

同时，作用于单自由度体系的最大地震剪力 V 为

$$V = k\left|x(t)\right|_{max} = kS_d \qquad (5\text{-}13)$$

由于加速度反应谱与位移反应谱之间的近似关系是

$$S_a = \omega^2 S_d = \frac{k}{m}S_d \qquad (5\text{-}14)$$

将式（5-14）代入式（5-12）中得

$$F = mS_a = kS_d \qquad (5\text{-}15)$$

这就意味着，单自由度体系由反应谱算得的水平地震作用力 F 等于其底部最大剪力 V。

上述关系对于多质点体系只是个近似。然而，这给结构抗震分析带来了极大的简化——结构所受到的水平地震作用可以转换为等效侧向力；相应地，结构在水平地震作用下的作用效应分析可以转换为等效侧向力下的作用效应分析。因此，只要解决了等效侧向力的计算，则地震作用效应的分析可以采用静力学的方法来解决。

将式（5-12）进一步改写为

$$F = mS_a = mg\frac{S_a}{\left|\ddot{x}_g(t)\right|_{max}} \times \frac{\left|\ddot{x}_g(t)\right|_{max}}{g} = G\beta k = \alpha G \qquad (5\text{-}16)$$

式中：G——集中于质点处的重力荷载代表值；

　　　g——重力加速度；

　　　β——动力因数，它是单自由度弹性体系的最大绝对加速度反应与地面运动最大加速度的比值；

　　　k——地震系数，它是地面运动最大加速度与重力加速度的比值；

　　　α——地震影响系数，它是动力因数与地震系数的乘积。

我国《建筑抗震设计规范（2016 年版）》（GB 50011—2010）采用式（5-16）

的最后一个等式 $F=\alpha G$，即用 $\alpha(=\beta k)$ 来反映综合的地震影响，作出了标准的 α-T 曲线，称为地震影响系数曲线，即抗震设计反应谱。可以看出，抗震设计中的反应谱包含地震动强度（地面运动峰值加速度，对应地震系数 k）和频谱特性（对应动力因数 β）的影响。前者影响谱坐标的绝对值，后者影响谱形状。强震地面运动的谱特性取决于许多因素，如震源机制、传播途径特征、地震波的反射、散射和聚焦以及局部地震和土质条件等。

取同样场地条件下的许多加速度记录，并取阻尼比为 0.05，得到相应于该阻尼比的加速度反应谱，除以每一条加速度记录的最大加速度，进行统计分析取综合平均并结合经验判断给予平滑化得到"标准反应谱"（即动力因数 β 谱），将标准反应谱乘以地震系数 k（即抗震设防烈度峰值加速度与重力加速度的比值），即为我国《建筑抗震设计规范（2016 年版）》（GB 50011—2010）所采用的地震影响系数曲线。

参照我国《建筑抗震设计规范（2016 年版）》（GB 50011—2010）规定的地震影响系数曲线如图 5-2 所示。图 5-2 中的特征周期应根据场地类别和设计地震分组按表 5-1 采用，计算 8 度、9 度罕遇地震作用时，特征周期应增加 0.05s。水平地震影响系数的最大值 α_{max} 按表 5-2 采用。

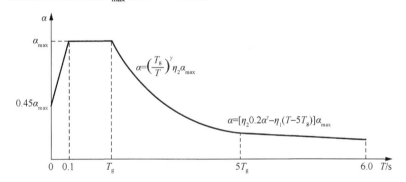

α—地震影响系数；α_{max}—地震影响系数最大值；η_1—直线下降段的下降斜率调整系数；
γ—衰减指数；T_g—特征周期；η_2—阻尼调整系数；T—结构自振周期。

图 5-2　地震影响系数曲线

表 5-1　不同场地类别的特征周期 T_g （单位：s）

设计地震分组	特征周期 T_g			
	类别 I	类别 II	类别III	类别IV
第一组	0.25	0.35	0.45	0.65
第二组	0.30	0.40	0.55	0.75
第三组	0.35	0.45	0.65	0.90

表 5-2　水平地震影响系数的最大值 $\alpha_{\max}$

地震烈度		6 度	7 度	8 度	9 度
$\alpha_{\max}$	多遇地震	0.04	0.08（0.12）	0.16（0.24）	0.32
	罕遇地震		0.50（0.72）	0.90（1.20）	1.40

注：括号中数值分别用于设计地震烈度为 7 度和 8 度时基本地震加速度为 0.15g 和 0.30g 的地区。

建筑结构地震影响系数曲线（图 5-2）的阻尼调整和形状参数应符合下列要求。

第一，除有专门规定外，建筑结构的阻尼比应取 0.05，地震影响系数曲线的阻尼调整系数应按 1.0 采用，形状参数应符合下列规定。

（1）直线上升段，周期小于 0.1s 的区段。

（2）水平段，周期自 0.1s 至特征周期 T_g 的区段，地震影响系数应取最大值 $\alpha_{\max}$。

（3）曲线下降段，自 T_g 至 $5T_g$ 区段，衰减指数 γ 应取 0.9。

（4）直线下降段，自 $5T_g$ 至 6s 区段，下降斜率调整系数 η_1 应取 0.02。

第二，当建筑结构的阻尼比按有关规定不等于 0.05 时，地震影响系数曲线的阻尼调整系数和形状参数应符合下列规定。

（1）曲线下降段的衰减指数应按下式确定：

$$\gamma = 0.9 + \frac{0.05 - \zeta}{0.5 + 5\zeta} \qquad (5\text{-}17)$$

式中：γ——曲线下降段的衰减指数；

ζ——阻尼比。

（2）直线下降段的下降斜率调整系数应按下式确定：

$$\eta_1 = 0.02 + \frac{0.05 - \zeta}{8} \qquad (5\text{-}18)$$

式中，η_1 小于零时取零。

（3）阻尼调整系数应按下式确定：

$$\eta_2 = 1 + \frac{0.05 - \zeta}{0.06 + 1.7\zeta} \qquad (5\text{-}19)$$

式中，η_2 小于 0.55 时，应取 0.55。

三、振型分解反应谱法

（一）基本原理

采用振型分解反应谱法求解多自由度弹性体系地震反应的基本概念是：假定结构是线性弹性的多自由度体系，利用振型分解和振型正交性原理，将求解 n 个自由度弹性体系的最大地震反应分解为求解 n 个独立的等效单自由度体系的最大地震反应，从而求得对应于每一个振型的地震作用效应，再按照一定的法则将每个振型的作用效应组合成总的地震作用效应。因此，振型分解反应谱理论的基本假定如下所述。

（1）结构的地震反应是线性弹性的，可以采用叠加原理进行振型组合。

（2）结构的基础是刚性的，所有支承处地震动完全相同。

（3）结构物最不利地震反应为其最大地震反应。

（4）地震动随机过程是平稳随机过程。

以上假设中，第（1）（2）项实际上是振型叠加法的基本要求，第（3）项是需要采用反应谱分析法的前提，而第（4）项是振型分解反应谱理论的自身要求。

n 个自由度的结构在一维地震动作用下的运动方程为

$$M\ddot{x}(t) + C\dot{x}(t) + Kx(t) = -MI\ddot{x}_g(t) \qquad (5\text{-}20)$$

式中：M、C 和 K——结构体系的质量、阻尼和刚度矩阵；

   I——多质点的质量方向矩阵；

   $\ddot{x}(t)$、$\dot{x}(t)$、$x(t)$——体系的加速度、速度和位移向量；

   $\ddot{x}_g(t)$——地面运动加速度。

采用振型分解法，将多自由度体系的相对位移向量 $x(t)$ 用振型向量表示

$$x(t) = \Phi q = \sum_{j=1}^{n} \Phi_j q_j(t) \qquad (5\text{-}21)$$

式中：$q_j(t)$——表示振型幅值变化的广义坐标，反映了在时间 t 第 j 振型对体系总体运动贡献的大小；

   Φ_j——体系的第 j 振型向量。

这样，将式（5-20）化为如式（5-22）所示的解耦的广义单自由度动力方程，即

$$\ddot{q}_j(t) + 2\zeta_j \omega_j \dot{q}_j(t) + \omega_j^2 q_j(t) = -\gamma_j \ddot{x}_g(t) \quad (j=1,2,\cdots,n) \qquad (5\text{-}22)$$

式中：ω_j、ζ_j——结构体系的第 j 阶的自振圆频率和振型阻尼比；

   γ_j——第 j 阶振型的振型参与因数，可以认为 γ_j 是对地震作用 $\ddot{x}_g(t)$ 的一种分解，反映了第 j 阶振型地震反应在体系总体反应中所占比例的大小。

为把式（5-22）化成单自由度体系在地震动作用下的标准运动方程，做下面变量代换：

$$q_j(t) = -\gamma_j \delta_j(t) \quad (j=1,2,\cdots,n) \qquad (5\text{-}23)$$

将式（5-23）代入式（5-22），得到用广义坐标 $\delta_j(t)$ 表示的运动方程：

$$\ddot{\delta}_j(t) + 2\zeta_j \omega_j \dot{\delta}_j(t) + \omega_j^2 \delta_j(t) = \ddot{x}_g(t) \quad (j=1,2,\cdots,n) \qquad (5\text{-}24)$$

式（5-24）即是自振圆频率为 ω_j，阻尼比为 ζ_j 的单自由度体系在地震动 $\ddot{x}_g(t)$ 作用下的标准运动方程。

将式（5-23）代入振型叠加公式（5-21），得到用 $\delta_j(t)$ 表示的体系的相对位移：

$$x(t) = -\sum_{j=1}^{n} \gamma_j \boldsymbol{\Phi}_j \delta_j(t) \qquad (5\text{-}25)$$

因此，在用式（5-24）求得 $\delta_j(t)$ 后，得到结构体系反应的一般振型叠加公式为

$$s(t) = \sum_{j=1}^{N} s_j(t) = \sum_{j=1}^{N} \boldsymbol{X}_j \gamma_j \delta_j(t) \qquad (5\text{-}26)$$

式中：N——选定的振型阶数；

$\quad\quad s(t)$——结构总的内力反应或相对位移反应；

$\quad\quad s_j(t)$——第 j 阶振型对总反应的贡献；

$\quad\quad \boldsymbol{X}_j$——结构按第 j 阶振型发生变形时的结构内力或相对变形，也称为广义振型向量。

振型分解反应谱法的着眼点在于上述振型反应的最大值，并采用反应谱来计算这个最大值。为此，设振型反应 $s_j(t)$ 的最大值为 S_j，即令

$$S_j = \left| \boldsymbol{X}_j \gamma_j \delta_j(t) \right|_{\max} = \boldsymbol{X}_j \gamma_j \left| \delta_j(t) \right|_{\max} \qquad (5\text{-}27)$$

由于 $\delta_j(t)$ 满足单自由度体系在地震动 $\ddot{x}_g(t)$ 作用下的标准运动方程，振型反应最大值 S_j 可以用相对位移反应谱表示为

$$S_j = \boldsymbol{X}_j \gamma_j S_d(\omega_j, \zeta_j) \qquad (5\text{-}28)$$

利用相对位移反应谱 $S_d(\omega_j, \zeta_j)$ 与绝对加速度反应谱 $S_a(\omega_j, \zeta_j)$ 之间的关系式

$$S_d(\omega_j, \zeta_j) = \frac{1}{\omega_j^2} S_a(\omega_j, \zeta_j) \qquad (5\text{-}29)$$

S_j 也可以用绝对加速度反应谱表示

$$S_j = \boldsymbol{X}_j \gamma_j S_a(\omega_j, \zeta_j) / \omega_j^2 \qquad (5\text{-}30)$$

当地震动是平稳随机过程时，随机振动理论指出，结构动力反应最大值 S 与各振型反应最大值 S_j 的关系可用如下振型组合公式近似描述：

$$S = \sqrt{\sum_{j=1}^{N} \sum_{i=1}^{N} \rho_{ij} S_i S_j} \qquad (5\text{-}31)$$

式中：S_i、S_j——振型反应，S_i、S_j 中相应于 S 的分量；

$\quad\quad \rho_{ij}$——振型互相关系数（或称为耦联系数），可按下式近似计算：

$$\rho_{ij} = \frac{8\zeta_i\zeta_j(1+\lambda_\tau)\lambda_\tau^{1.5}}{(1-\lambda_\tau^2)^2 + 4\zeta_i\zeta_j(1+\lambda_\tau)^2\lambda_\tau} \qquad (5\text{-}32)$$

式中：λ_τ——第 j 阶振型与第 i 阶振型的自振周期比。

通常，若体系自振圆频率满足关系式

$$\omega_i < \frac{0.2}{0.2 + \zeta_i + \zeta_j}\omega_j \quad (i < j) \qquad (5\text{-}33)$$

则可以认为体系自振圆频率相隔较远，此时，可取 $\rho_{ij}=0$（$i\neq j$），而振型自相关系数等于 1。于是，振型组合式（5-31）变为

$$S = \sqrt{\sum_{i=1}^{N} S_i^2} \qquad (5\text{-}34)$$

式（5-31）与式（5-34）构成了按振型分解反应谱法计算结构最大地震内力或位移的基本公式。其中式（5-31）称为完全二次型组合法（CQC 法），用于振型密集结构，如考虑平移-扭转耦联振动的线性结构体系。式（5-34）称为平方和开平方组合法（SRSS 法），用于主要振型的周期均不相近的场合，如串联多自由度体系。

（二）地震作用与作用效应

实际工程中，习惯于用地震作用计算振型地震内力，这样就可以把地震作用作为一个荷载施加于结构上，然后像处理静力问题一样计算振型地震内力，最后按式（5-31）或式（5-34）加以组合，给出结构总体的最大地震内力分布。与这一做法相对应，工程实际中往往采用与平均反应谱相对应的地震影响系数 α 谱曲线作为计算地震作用的依据。地震影响系数 α 与地震动绝对加速度反应谱 S_a 之间关系为

$$\alpha(\omega,\zeta) = \frac{S_a(\omega,\zeta)}{g} \qquad (5\text{-}35)$$

根据动力学原理，地震作用力等于体系质量与绝对加速度的乘积的负值，即

$$f(t) = -\boldsymbol{M}\left[\ddot{x}(t) + \boldsymbol{I}\ddot{x}_s(t)\right] \qquad (5\text{-}36)$$

将式（5-25）代入式（5-36），并利用关系式 $\sum_{j=1}^{n} \gamma_j \boldsymbol{\Phi}_j = \boldsymbol{I}$ 可得

$$f(t) = -\sum_{j=1}^{n} \boldsymbol{M}\boldsymbol{\Phi}_j \gamma_j \left[\ddot{\delta}_j(t) + \ddot{x}_g(t)\right] \qquad (5\text{-}37)$$

记 $f_j(t)$ 为相应于第 j 阶振型的地震作用，则可将式（5-37）写为

$$f(t) = -\sum_{i=1}^{n} \boldsymbol{f}_j(t) \qquad (5\text{-}38)$$

而

$$f_j(t) = \boldsymbol{M}\boldsymbol{\Phi}_j \gamma_j \left[\ddot{\delta}_j(t) + \ddot{x}_g(t)\right] \qquad (5\text{-}39)$$

取 $f_j(t)$ 的最大值为 F_j，则

$$F_j = \boldsymbol{M}\boldsymbol{\Phi}_j \gamma_j \left|\ddot{\delta}_j(t) + \ddot{x}_g(t)\right|_{\max} \quad (j=1,2,\cdots,n) \qquad (5\text{-}40)$$

而 $\left|\ddot{\delta}_j(t) + \ddot{x}_g(t)\right|_{\max}$ 即等于地震动绝对加速度反应谱 $S_a(\omega_j,\zeta_j)$，再利用地震影响系数 α 谱与 S_a 之间的关系式（5-35），最大振型地震作用为

$$F_j = G\Phi_j\gamma_j\alpha_j \quad (j=1,2,\cdots,n) \tag{5-41}$$

式中：α_j——体系自振圆频率为 ω_j 时对应的地震影响系数取值；

G——与质量矩阵 M 相应的质量矩阵。

因此，第 j 阶振型 i 质点的地震作用标准值公式为

$$F_j = G\Phi_j\gamma_j\alpha_j \quad (j=1,2,\cdots,n) \tag{5-42}$$

需要指出的是，对于地震作用，不存在类似于式（5-31）和式（5-34）那样的振型组合公式。这是因为对于一般情况，总的地震作用最大值与各振型地震作用最大值之间不存在这种类似关系。因此，应特别强调的是，振型反应谱法是针对结构体系的反应进行组合的，而不应对地震作用进行组合。应用上述地震作用求地震作用效应时，要先针对每一振型求地震作用 F_j 再按静力法计算相应的地震反应 S_j（内力或位移），最后按式（5-30）或式（5-31）进行振型组合，求出结构体系总体的最大地震反应。

第二节　弹性时程分析

一、引言

时程分析法是 20 世纪 60 年代逐步发展起来的抗震分析方法，用以进行高层超高层建筑的抗震分析和工程抗震研究等。至 80 年代，已成为多数国家抗震设计规范或规程的分析方法之一。时程分析法是由结构基本运动方程输入地震加速度记录进行积分，求得整个时间历程内结构地震作用效应的一种结构动力计算方法，也为国际通用的动力分析方法。

时程分析法常作为计算高层或超高层的一种（补充计算）方法，也就是满足了有关规范要求的时候是可以不用它计算结构的。对于特别不规则的建筑、甲类建筑及超过一定高度的高层建筑，宜采用时程分析法进行补充计算。所以，有较多设计人员对应用时程分析法进行抗震设计感到生疏。近年来，随着高层建筑和复杂结构的发展，时程分析在工程中的应用也越来越广泛了。

时程分析法是对结构动力方程直接进行逐步积分求解的一种动力分析方法。采用时程分析法可以得到地震作用下各质点随时间变化的位移、速度和加速度反应，进而可以计算出构件内力和变形的时程变化。由于此法是对结构动力方程直接求解，又称直接动力分析法[13]。

采用时程分析法对结构进行地震反应分析是在静力法和反应谱法两阶段之后发展起来的。从表征地震动的振幅、频谱和持时三要素来看，抗震设计理论的静力阶段考虑了结构高频振动的振幅最大值；反应谱阶段虽然同时考虑了结构各频

段振动振幅的最大值和频谱两个要素，而"持时"却始终未能在设计理论中得到明确的反映。1971 年美国圣费南多地震的震害使人们清楚地认识到反应谱理论只说出了问题的一大半，而地震动持时对结构破坏程度的重要影响没有得到考虑。经过多次震害分析，人们发现采用反应谱法进行抗震设计不能正确解释一些结构破坏现象，甚至有时不能保证某些结构的安全。概括起来，反应谱法存在以下不足之处。

（1）反应谱虽然考虑了结构动力特性所产生的共振效应，但在设计中仍然把地震动按照静力对待。所以，反应谱理论只能是一种准动力理论。

（2）表征地震动的三要素是振幅、频谱和持时。在求解反应谱过程中虽然考虑了其中的前两个要素，但始终未能反映地震动持续时间对结构破坏程度的影响。

（3）反应谱是根据弹性结构地震反应绘制的，引用反映结构延性的结构影响系数后，也只能笼统地给出结构进入弹塑性状态的整体最大地震反应，不能给出结构地震反应的全过程，更不能给出地震过程中各构件进入弹塑性变形阶段的内力和变形状态，因而无法找出结构的薄弱环节。

因此，自 20 世纪 60 年代以来，许多地震工程学者致力于时程分析法的研究。时程分析法将地震波按时段进行数值化后，输入结构体系的振动微分方程，采用直接积分法计算出结构在整个强震时域中的振动状态全过程，给出各个时刻各个杆件的内力和变形。时程分析法分为弹性时程分析法和弹塑性时程分析法两类。我国有关规范规定，第一阶段抗震计算（"小震不坏"）中，采用时程分析法进行补充计算，这时计算所采用的结构刚度矩阵和阻尼矩阵在地震作用过程中保持不变，称为弹性时程分析；在第二阶段抗震计算（"大震不倒"）中，采用时程分析法进行弹塑性变形计算，这时结构刚度矩阵和阻尼矩阵随结构及其构件所处的非线性状态，在不同时刻可能取不同的数值，称为弹塑性时程分析。弹塑性时程分析能够描述结构在强震作用下在弹性和非线性阶段的内力、变形，以及结构构件逐步开裂、屈服、破坏甚至倒塌的全过程。

二、地震波的选取

对于特别不规则的建筑、甲类建筑和超过一定高度的高层建筑，应采用时程分析法进行多遇地震作用下的补充计算。此外，计算罕遇地震下结构的变形，一般应采用弹塑性时程分析法。已有研究工作表明，随意选用一条或几条地震记录进行结构地震反应分析是不恰当的，所获得的计算结果直接应用于结构抗震设计也是不妥的。因此，如何正确选择地震波成为使用时程分析法的关键问题之一。

（一）波的条数

由于地震的不确定性，很难预测建筑物会遭遇到什么样的地震波。在工程实际应用中经常出现对同一个建筑结构采用时程分析法时，由于输入地震波的不同造成计算结果的数倍乃至数十倍之差。为了充分估计未来地震作用下的最大反应，以确保结构的安全，采用时程分析法时应选用不少于两组的实际强震记录和一组人工模拟的加速度时程曲线作为设计用地震波，分别对结构进行地震反应计算，然后取其平均值或最大值作为结构抗震设计依据。工程设计中常常采用如下两种方式之一进行分析：①选取符合本工程的 2 组天然波+1 组人工波，取其最大值（包络值）作为结构抗震设计依据；②选取符合本工程的 5 组天然波+2 组人工波，取其平均值作为结构抗震设计依据。

（二）波的频谱特性

输入的地震波，无论是实际强震记录还是人工地震波，其频谱特性可采用地震影响系数曲线表征，并且依据建筑物所处的场地类别和设计地震分组确定。《建筑抗震设计规范（2016 年版）》（GB 50011—2010）规定，多条输入地震加速度记录的平均地震影响系数曲线与振型分解反应谱法所用的地震影响系数曲线相比，在各个周期点上相差不大于 20%。这样做既能达到工程上计算精度的要求，又不致要求进行大量的运算。以某工程为例，经过分析，对于结构主要周期 T_1、T_2、T_3 的平均地震影响系数曲线与振型分解反应谱法所采用的地震影响系数曲线相差百分率不超过 20%，表明所选的时程波在统计意义上与振型分解反应谱法所采用的地震影响系数曲线相吻合，符合有关规范要求。

（三）波的幅值特性

现有的实际强震记录，其峰值加速度多半与建筑物所在场地的基本烈度不相对应，因而不能直接应用，需要按照建筑物的抗震设防烈度对地震波的强度进行全面调整。调整地震波强度的方法有以下两种。

（1）以加速度为标准，即采用相应于建筑设防烈度的基准峰值加速度与强震记录峰值加速度的比值，对整个加速度时程曲线的振幅进行全面调整，作为设计用地震波。

（2）以速度为标准，即采用相应于建筑设防烈度的基准峰值速度与强震记录峰值速度的比值，对整个加速度时程曲线的振幅进行全面调整，作为设计用地震波。

大量时程分析结果表明，对于长周期成分较丰富的地震波，地震波强度以加速度为标准进行调幅，结构对不同波形的反应离散性较大；以速度为标准进行调幅时，结构对不同波形的反应离散性较小。我国《建筑抗震设计规范（2016 年版）》（GB 50011—2010）推荐采用第一种方法，其加速度时程曲线的最大值可按表 5-3

采用。当结构采用三维空间模型等需要双向（两个水平向）或三向（两个水平向和一个竖向）地震波输入时，其加速度最大值通常按 1（水平 1）：0.85（水平 2）：0.65（竖向）的比例调整。

表 5-3　地震加速度时程曲线的最大值

地震烈度		6 度	7 度	8 度	9 度
最大值/(cm/s²)	多遇地震	18	35（55）	70（110）	140
	罕遇地震		220（310）	400（510）	620

注：括号内数值分别用于设计地震烈度为 7 度和 8 度时基本地震加速度为 0.15g 和 0.30g 的地区。

（四）波的持续时间

地震动加速度时程曲线不是一个确定的函数，采用时程分析法对结构的基本振动方程进行数值积分，从而计算出各时段分点的质点系位移、速度和加速度。一般常取 Δt =0.01～0.02s，即地震记录的每一秒求解振动方程 50～100 次，可见计算工作量是很大的。所以，持续时间不能取得过长，但持续时间过短会导致较大的计算误差。这是因为，地震动持时对结构反应的影响，同时存在于非线性体系的最大反应和能量损耗积累这两种反应之中。为此，输入的地震加速度时程曲线的持续时间一般为结构基本周期的 5～10 倍。

需要指出的是，正确选择输入的地震动加速度时程曲线，除了要满足地震动三要素的要求，即有效加速度峰值、频谱特性和持续时间的要求，在进行结构弹性时程分析时，计算结果的平均底部剪力值不应小于振型分解反应谱法计算结果的80%，每条地震波输入的计算结果不应小于 65%。这是判别所选地震波正确与否的基本依据。下述工程每条时程曲线计算所得的结构底部剪力（表 5-4）均大于振型分解反应谱法计算结果的 65%、小于 135%，且 7 条时程曲线计算所得结构底部剪力平均值大于振型分解反应谱法计算结果的 80%、小于 120%，满足相关要求。

表 5-4　主楼时程分析和反应谱分析的剪力比较

属性	X 向地震作用		Y 向地震作用	
	底层剪力/kN	与 CQC 的比值/%	底层剪力/kN	与 CQC 的比值/%
人工波 1（RH11TG045）	15 766.5	85.9	17 827.0	96.0
人工波 1（RH12TG045）	15 281.2	83.3	18 271.7	98.4
天然波 1（TH046TG045）	15 367.8	83.8	17 100.0	92.1
天然波 2（TH049TG045）	15 138.2	82.5	20 447.0	110.2
天然波 3（TH062TG045）	15 337.5	83.6	15 394.4	82.9
天然波 4（TH094TG045）	16 878.6	92.0	18 252.4	98.3
天然波 5（TH097TG045）	16 890.5	92.1	17 413.3	93.8

属性	X 向地震作用		Y 向地震作用	
	底层剪力/kN	与 CQC 的比值/%	底层剪力/kN	与 CQC 的比值/%
弹性时程法平均值	15 808.6	86.2	17 815.1	96.0
反应谱法（CQC 法）	18 345.2		18 562.8	

三、弹性时程分析结果的应用

对于弹性时程分析的结果，主要关注其层间位移角和楼层剪力。

（一）最大楼层位移角比较

弹性时程分析法与振型分解反应谱法计算的楼层位移角，每条时程曲线计算所得的楼层位移角均满足相关要求。

（二）时程分析与反应谱分析的包络设计

弹性时程楼层平均剪力与 CQC 法楼层剪力对比曲线如图 5-3 所示，计算结果显示多条时程曲线计算所得结构底部剪力平均值大于振型分解反应谱法计算结果的 80%、小于 120%，满足相关要求。但是 39 层以上弹性时程计算的平均楼层剪力稍大于反应谱计算的楼层剪力，施工图阶段需将相应楼层反应谱法的地震力乘以 1.02～1.17 的放大系数，来实现弹性时程分析和反应谱分析的包络设计。

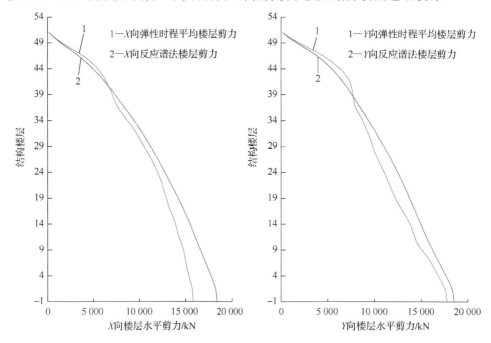

图 5-3　弹性时程楼层平均剪力与 CQC 法楼层剪力对比曲线

第三节　静力弹塑性分析

结构静力弹塑性分析方法是在结构计算模型上施加某种侧向荷载（如倒三角形或均布荷载），荷载强度逐级增加，按顺序计算结构反应并记录每级加载下开裂、屈服、塑性铰形成以及各种结构构件的破坏行为，并根据抗震需求对结构抗震性能进行评估。这一方法可以有效发现结构薄弱环节，但如果使用不当，将不能正确理解结构的工作特性，无助于判断和评估结构的抗震性能。

推覆分析法是有关研究人员于 1975 年提出的。经过多年的研究发展，推覆分析法目前已被美国、日本、中国等国建筑抗震设计规范所接受，成为抗震结构弹塑性分析的主要方法之一。

推覆分析法的基本做法是，对结构逐级单调施加按某种方式模拟地震水平惯性力的水平侧向力并进行静力弹塑性分析，直至结构达到预定状态（成为机构、位移超限或达目标位移）。究其本质而言，推覆分析法是静力分析方法，但与一般静力非线性分析方法不同之处在于其起级单调施加的是模拟地震水平惯性力的侧向力。推覆分析法的突出优点在于它既能考虑结构的弹塑性特性且工作量又较时程分析法大为减少。推覆分析法基本计算步骤如下。

（1）准备结构数据，包括建立结构模型、构件的物理参数和力-变形关系等。

（2）计算结构在竖向荷载作用下的内力。此内力将与水平力作用下的内力叠加，作为某一级水平力作用下构件的内力，以判断构件是否开裂或屈服。

（3）在结构每层质心处，逐级单调施加某种沿高度分布的水平力并进行静力弹塑性分析，确定各级荷载作用下结构位移，直到结构达到某一目标位移或结构发生破坏。

显然，抗震结构的推覆分析法涉及结构弹塑性位移分析与结构目标位移的确定两方面内容。这里重点介绍结构弹塑性位移的分析问题，而这主要涉及结构的水平加载模式及结构静力非线性分析方法两大问题。

一、水平加载模式

逐级施加的水平侧向力沿结构高度的分布模式称为水平加载模式，地震过程中，结构层惯性力的分布随地震动强度的不同及结构进入非线性程度的不同而改变。显然，合理的水平加载模式应与结构在地震作用下的层惯性力的分布一致。迄今为止，研究者们已提出了若干种不同水平加载模式，根据是否考虑地震过程中层惯性力的重分布可分为两类：一类是固定模式；另一类是自适应模式。固定模式是指在整个加载过程中，侧向力分布保持不变，不考虑地震过程中层惯性力的改变。自适应模式是指在整个加载过程中，随结构动力特性改变而不断调整侧向力分布。下面分别介绍几种主要的加载模式。

（一）均布加载模式

水平侧向力沿结构高度分布与楼层质量成正比的加载方式称为均布加载模式。均布加载模式不考虑地震过程中层惯性力的重分布，属固定模式。此模式适用于刚度与质量沿高度分布较均匀、薄弱层为底层的结构。此时，其数学表达式可表示为

$$P_j = \frac{V_b}{n} \tag{5-43}$$

式中：P_j——第 j 层水平荷载；

　　　V_b——结构底部剪力；

　　　n——结构总层数。

图 5-4 所示为均布水平加载示意图。

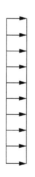

图 5-4　均布水平加载示意图

（二）倒三角形分布水平加载模式

水平侧向力沿结构高度分布与层质量和高度成正比（即底部剪力法模式）的加载方式称为倒三角形分布水平加载模式，如图 5-5 所示。其数学表达式可表示为

$$P_j = \frac{W_j h_j}{\sum_{i=1}^{n} W_i h_i} V_b \tag{5-44}$$

式中：W_i——结构第 i 层楼层重力荷载代表值；

　　　h_i——结构第 i 层楼面距地面的高度。

图 5-5　倒三角形分布水平加载模式

倒三角形分布水平加载模式不考虑地震过程中惯性力的重分布，也属固定模式。它适用于高度不大于 40m，以剪切变形为主，质量、刚度沿高度分布较均匀，且梁出塑性铰的结构。

（三）抛物线分布水平加载模式

水平侧向力沿结构高度呈抛物线分布的加载方式称为抛物线分布水平加载模式，如图 5-6 所示。其数学表达式可表示为

$$P_j = \frac{W_j h_j^k}{\displaystyle\sum_{i=1}^{n} W_i h_i^k} V_b \qquad (5\text{-}45)$$

其中

$$k = \begin{cases} 1.0 & (T \leqslant 0.5) \\ 1.0 + \dfrac{T-0.5}{2} & (0.5 < T < 2.5) \\ 2.0 & (T \geqslant 2.5) \end{cases}$$

式中：T——结构基本周期。

图 5-6　抛物线分布水平加载模式

抛物线分布水平加载模式可较好地反映结构在地震作用下的高振型影响。它也不考虑地震过程中层惯性力的重分布，属固定模式。若 $T \leqslant 0.5\mathrm{s}$，则抛物线分布

转化为倒三角形分布。

二、建立荷载-位移曲线

建立荷载-位移曲线的目的是确认结构在预定荷载作用下所表现出的抵抗能力。将这种抵抗能力以承载力-位移谱的形式体现出来，以便进行抗震能力的比较与评估，主要步骤如下。

（1）建立结构和构件的计算模型。

（2）确定侧向荷载分布形式，可以采用均匀分布形式，即侧向荷载的分布与结构重力成正比；也可以采用振型分布形式，如以基本振型为主的形式或某些振型组合的形式。

（3）逐步增加侧向荷载，当某些构件达到开裂或屈服时，修正相应的构件刚度和计算模型；计算以此次加载阶段的构件内力、弹性、塑性变形。

（4）继续加载或在修正加载模式后继续加载，重复上述步骤，直到结构性能达到预定指标或达到不可接受的水平。

（5）作出控制点荷载-位移关系曲线，可以进一步将其简化为双线型、三线型，作为推覆分析荷载-位移曲线代表图，简化的方法可用等能量方法。

三、结构抗震能力评估

对结构进行抗震能力评估，需将荷载-位移曲线与地震反应谱放在同等条件下比较。为此，需要做以下三方面的工作。

（1）将推覆分析荷载-位移曲线代表图转换为承载力谱，也称为供给谱。

（2）将有关规范给出的加速度反应谱转换为地震需求谱，也称为 ADRS 谱（以加速度-位移表示的谱）。

（3）将承载力谱和需求谱绘制在同一 ADRS 谱内，两图的交点为性能点，如该点不存在或该点不满足预定标准，则应修改结构设计及计算模型参数，继续进行上述工作。这是一个反复迭代的过程。

（一）承载力谱

将推覆分析所得荷载-位移曲线代表图转换为承载力谱，需将结构等效为基本振型的振动。将曲线上各点（$\Delta_{i,\text{con}}$，V_i）逐点转换到以诸位移-谱加速度（S_{ai}，S_{di}）表示的承载力谱上，两种曲线图形可按下述原理相互转换。

根据振型分解反应谱理论，串联 n 质点体系由基本振型产生的总侧向力最大值和控制点位移最大值为

$$P_1 = \gamma_1 S_a(T_1) \sum_{i=1}^{n} (m_i X_{1,i}) \tag{5-46}$$

$$x_{1,\text{con}} = \gamma_1 S_d(T_1) X_{1,\text{con}} \tag{5-47}$$

式中： γ_1 ——第一振型参与系数；

m_i ——第 i 质点质量；

$X_{1,i}$ ——第一振型第 i 质点位移振幅；

$X_{1,\mathrm{con}}$ ——第一振型控制点位移振幅；

$S_{\mathrm{a}}(T_1)$、$S_{\mathrm{d}}(T_1)$ ——以自振周期 T_1、阻尼比 ζ_1 振动的单自由度体系的地震绝对最大加速度和最大位移反应。

将式（5-46）和式（5-47）分别与 $\Delta_{i,\mathrm{con}}$、V_i 等效可求出承载力谱上的对应值（$S_{\mathrm{a}i}, S_{\mathrm{d}i}$）为

$$S_{\mathrm{a}i} = \frac{V_i}{\mu_1 G} \qquad (5\text{-}48)$$

$$S_{\mathrm{d}i} = \frac{\Delta_{i,\mathrm{con}}}{\gamma_1 X_{1,\mathrm{con}}} \qquad (5\text{-}49)$$

其中

$$\mu_1 = \frac{\gamma_1 \sum_{i=1}^{n} m_i X_{1,i}}{\sum_{i=1}^{n} m_i}$$

式中： $S_{\mathrm{a}i}$ ——谱加速度（相对值）；

μ_1 ——第一振型质量影响系数， $G = \sum_{i=1}^{n}(m_i g)$；

G ——结构总重量；

g ——重力加速度。

转换后的承载力谱，如图 5-7 所示。

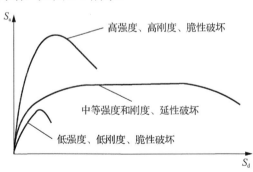

图 5-7 承载力谱

（二）地震需求谱

根据振动理论，振动加速度和振动位移之间的关系为

$$\ddot{x}(t) = x_{\mathrm{m}} \omega^2 \sin(\omega t + \varphi) = \omega^2 x(t) \qquad (5\text{-}50)$$

因此，地震反应最大值之间的关系为

$$S_{di} = \frac{T_i^2}{4\pi^2} S_{ai} g \qquad (5\text{-}51)$$

运用式（5-51）可将期望的地震加速度反应谱转换为地震需求谱（ADRS 谱），如图 5-8 所示。

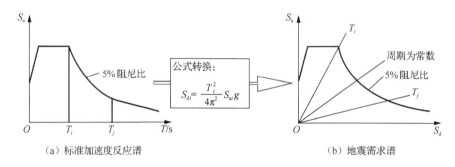

（a）标准加速度反应谱　　　　　　　　　（b）地震需求谱

图 5-8　将加速度反应谱转换为地震需求谱

（三）建立和判断性能点

将结构承载力谱和地震需求谱放在同一坐标系内进行比较，可建立并判断性能点。目前，许多国家的学术机构采用了不同的方法，没有统一的标准。较为成熟的方法有承载力谱法、位移系数法和折减系数法等。

下面以承载力谱法为主介绍性能点的建立和评估过程。

（1）预设性能点。在承载力谱上选定性能点加速度设定值 a_p 和位移设定值 d_p。

（2）根据 a_p、d_p 值和承载力谱设定结构滞回曲线（可用等能量原理简化为双线型或三线型曲线）。

（3）结构等效阻尼比 ζ_p 计算如下：

$$\zeta_p = \frac{E_h}{4\pi E_d} \qquad (5\text{-}52)$$

式中： E_h——滞回阻尼耗能；

　　　　E_d——变形能。

（4）将承载力谱曲线和地震需求谱绘制在同一 ADRS 图中，由预设性能点对应的周期值 T_p，以及弹性地震需求谱计算弹性加速度需求值 a_e 和弹性位移需求值 δ_e。

（5）根据 δ_e 及结构等效阻尼比 ζ_p 计算结构加速度实际需求值和位移实际需求值（图 5-9）。这是包括多次计算的迭代过程，每次分析需要计算等效弹性系统的有效周期及相应的弹性位移，计算位移除以一个阻尼影响系数得到本次计算对应的位移实际值。

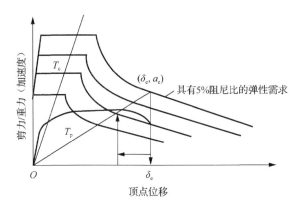

图 5-9   计算结构加速度实际需求值和位移实际需求值

（6）比较加速度、位移设定值与实际需求值的差异，误差达到要求者停止计算，确认性能点。如果该点存在，并且该点所代表的功能状态可以接受，则该结构抗震设计满足推理分析预定标准，至此完成了推覆分析和抗震性能评估工作。否则，需改进结构设计，重新进行推覆分析和抗震能力评估工作。

四、推覆分析法技术要点

（一）性能点满足预设条件的措施

如果性能点不存在或该点不满足预设条件，则可采取如下三方面的措施加以改进（图 5-10）：①提高结构体系的强度、刚度；②改善结构延性；③采用隔震，降低地震需求，或采用减震技术，增加阻尼，降低结构地震反应。若单独使用上述措施仍不满足预设条件，可以合并使用上述②、③类措施。

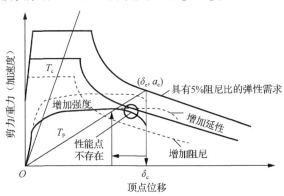

图 5-10   改进性能点的措施

（二）在推覆分析及抗震评估过程中容易出现的问题

第一，不能低估加载或位移形状函数。加载形式函数的选择主要考虑建筑的主要振动模态。加载形式不同，位移结果差异很大。加载形式函数对高层建筑更加重要，因为这种建筑可能不受基本模态控制。因此，使用推理分析法对结构复杂的高层建筑进行抗震评估时难度较大。三维结构模型的推覆分析需要体积分布的加载形式，至少是一个加载面。

第二，推覆开始之前要知道结构反应目标。建筑物不可能推至位移无限大而不损坏。因此，必须将影响正常使用、危及生命安全、发生倒塌等情况用技术参数表示出来。若没有明确定义结构反应目标，则推覆分析没有任何意义。

第三，只有在完成结构设计的条件下才能进行推覆分析。推覆分析需要结构构件的非线性力-位移关系，包括达到开裂、屈服、形成塑性铰所需的一切技术参数。这些参数要考虑受力状态的相互影响（如压、弯、剪等），在截面设计完成之前无法确定构件的技术参数。

第四，不能忽略重力效应。结构构件分布的不对称性会增加重力效应，重力会延缓开裂、会增加 $P\text{-}\Delta$ 效应。极限承载能力会随重力荷载的增加而减小。

第五，任何结构模型的建立都离不开正确、翔实的构造设计。已有的构件抗震设计经验。如钢筋混凝土构件的"强柱弱梁、强剪弱弯、强节点强锚固"设计原则是保证结构抗震性能的基本措施，是任何结构分析手段所不能取代的。

第六，如果没有倒塌模型就不能推至倒塌，倒塌模型需要具体研究。

第七，不能将推覆分析过程等同于真实地震。

第四节　动力弹塑性分析

为了认识结构从弹性到弹塑性，逐渐开裂、损坏直至倒塌的全过程，研究控制破坏程度的条件，进而寻找防止结构倒塌的措施，需要进行结构的弹塑性地震反应分析。结构的动力弹塑性分析是通过将地震波按时段进行数值化后，采用逐步积分法进行结构弹塑性动力反应分析，计算出结构在整个地震时域中的振动状态全过程，给出各个时刻各杆件的内力和变形，以及各杆件出现塑性铰的顺序。它从强度和变形两个方面来检验结构的安全和抗震可靠度，并判明结构屈服机制和类型。

地震作用的一个最主要的特点就是其随机性。为此，在各国的建筑抗震设计规范中，所考虑的设计方法是要兼顾结构的安全性和经济性，抗震设计的基本原则是"小震不坏，中震可修，大震不倒"。因此，除了要进行结构在"小震"作用下的弹性分析外，还要进行"大震"作用下的弹塑性动力反应分析。在强烈地震作用下，结构的反应超过弹性范围时，结构将从弹性振动进入弹塑性振动，恢复力与位移间的关系由线性过渡到非线性，结构的内力和变形都将有显著变化。结构在强震时通常是在弹塑性阶段工作的。

一、动力分析模型的建立

结构计算模型是结构在外部作用（如荷载、惯性力、温度等）影响下进行结构作用效应（如内力、变形等）计算的主体，由几何模型、物理模型两部分组成。其中几何模型反映结构计算模型的几何构成，包括节点划分、节点位置、构件轴线位置、构件截面几何参数、单元类型、单元间连接构造、边界条件等；物理模型主要反映材料或构件的力学性能，其中材料力学性能包括材料是各向同性或各向异性、材料弹性模量、泊松比、密度、非线性关系、温度特性等，构件力学性能包括构件刚度、非线性关系等。由于结构动力计算的工作量比静力计算的工作量大，所以对结构动力模型可能根据实际需要进行必要的简化，形成自由度数目较少的模型。结构动力计算模型与静力计算模型的差别主要是前者要考虑节点质量（包括平移质量、必要时要考虑转动惯量）及质量所引起的动力效应。下面分别介绍几种动力分析模型。

（一）层模型

层模型视结构为悬臂杆，将结构质量集中于各楼层处，合并整个结构的竖向承重构件成一根竖向杆。用结构每层的侧移刚度代表竖向杆刚度，形成一底部嵌固的串联质点系模型即称为层模型，如图 5-11（a）所示。层模型取层为基本计算单元。采用层恢复力模型以表征地震过程中层刚度随层剪力的变化关系，不考虑弹塑性阶段层刚度沿层高的改变。建立层模型的基本假定为：第一，建筑各层楼板在其自身平面内刚度无穷大，水平地震作用下同层各竖向构件侧向位移相同；第二，建筑刚度中心与其质量中心重合，水平地震作用下无绕竖轴扭转发生。

根据结构侧向变形状况不同，层模型可分为三类，即剪切型、弯曲型与剪弯型，如图 5-11（b）～（d）所示。若结构侧向变形主要为层间剪切变形（如强梁弱柱型框架等），则为剪切型；若结构侧向变形以弯曲变形为主（如剪力墙结构等），则为弯曲型；若结构侧向变形为剪切变形与弯曲变形综合而成（如框剪结构、强柱弱梁框架等），则为剪弯型。

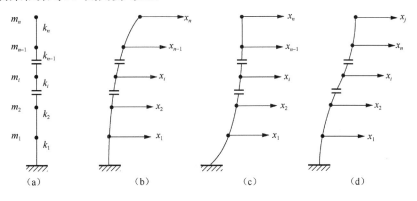

图 5-11　层模型

利用层模型可确定结构的层间剪力与层间侧移，但不能确定结构各杆单元内力与变形。工程实践中，层模型主要被用于检验结构在罕遇地震作用下的薄弱层位置及层间侧移是否超过允许值，并校核层剪力是否超过结构的层极限承载力。

（二）杆系模型

视结构为杆件体系，取梁、柱等杆件为基本计算单元，将结构质量集中于各节点即构成杆系模型，如图 5-12 所示。

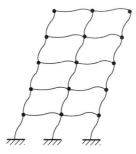

图 5-12　杆系模型

杆系模型采用杆件恢复力模型以表征地震过程中杆单元刚度随内力的变化关系，可方便考虑弹塑性阶段杆单元刚度沿杆长的变化。根据建立单元刚度矩阵时是否考虑杆单元刚度沿杆长的变化，已提出了两类杆单元刚度计算模型：集中刚度模型和分布刚度模型。集中刚度模型将杆件塑性变形集中于杆端一点处来建立单元刚度矩阵，不考虑弹塑性阶段杆单元刚度沿杆长的变化。分布刚度模型则考虑弹塑性阶段杆单元刚度沿杆长的变化，按变刚度杆建立弹塑性阶段杆单元刚度矩阵。杆系模型主要包括三段变刚度模型、单分量模型和多弹簧模型。其中三段变刚度模型属分布刚度模型，单分量模型和多弹簧模型为集中刚度模型。

1. 三段变刚度模型

三段变刚度模型只考虑杆件弯曲破坏。将杆件弯曲塑性变形集中于杆件两端为 l_p 的区域，杆件中部保持线弹性，即构成三段变刚度模型，如图 5-13 所示。取杆端塑性铰区段长度为 l_p，显然三段变刚度模型是通过将杆单元划分成三段刚度各异的等刚度杆段来描述弹塑性阶段杆单元刚度沿杆长的变化。三段变刚度模型有相当精度且计算较简便，能适应各类恢复力模型，可用于平面或空间杆系分析。

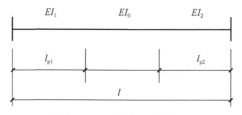

图 5-13　三段变刚度模型

2. 单分量模型

单分量模型只考虑杆件弯曲破坏。在杆件两端各设置一等效弹簧以反映杆件的受弯弹塑性性能，构件中部保持线弹性，即构成单分量模型，如图 5-14 所示。单分量模型不考虑杆端塑性铰区段长度，故取等效弹簧长度为零。与三段变刚度模型相比较，单分量模型较为粗糙，但计算简便，也能适应各类恢复力模型，可用于平面或空间杆系分析。

图 5-14　单分量模型

3. 多弹簧模型

沿杆件两端截面设置若干轴向弹簧来模拟杆件刚度，反映杆件弹塑性性能，而杆件中部保持线弹性即构成多弹簧模型，如图 5-15 所示。多弹簧模型也取弹簧长度为零并利用平截面假定以确定杆件截面轴向变形、转动变形与每个弹簧变形间的关系。各弹簧滞回特性则由单轴拉、压恢复力模型来描述。多弹簧模型可模拟地震作用下双向弯曲柱的弯曲性质并考虑变轴力情况，可用于空间杆系分析。

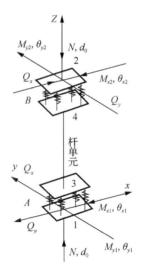

图 5-15　多弹簧模型

与层模型比较，杆系模型可更细致描述结构受力状况，给出地震过程中结构各杆单元的内力与变形变化状况，从而可以找出结构各杆单元屈服顺序，确定结构破坏机理，其缺点是计算量太大。

（三）杆系-层模型

杆系-层模型是杆系模型与层模型的综合。它将结构质量集中于楼层，并按层模型建立与求解运动方程。与层模型不同之处在于杆系-层模型不使用层恢复力模型来确定结构层刚度矩阵，而是利用杆件的恢复力模型，按杆件体系确定结构层刚度矩阵。这样，采用杆系-层模型不但可确定结构的层间剪力与变形，尚可确定结构各杆的内力与变形，计算量又比杆系模型大为减少。

二、地震波选取和调整

采用时程分析法进行地震反应分析，需要输入地震波加速度时程曲线。而地震波是一个频带较宽的非平稳随机振动，受到诸如发震断层位置、板块运动、震中距、传播途径的地质条件、场地土构造和类别等众多因素影响而变化。对于某一场地很难准确预报将来地震的地面运动情况。输入地震波不同，结构的地震反应也不同。所以，合理地选取适合该建筑的地震波十分关键，是取得合理可靠结果的必要条件。

计算地震反应首先要选用合适的数字化地震波，输入地震波的确定标准是时程分析能否既反映结构最大可能遭受的地震作用，又能满足工程抗震设计基于安全和功能要求的前提。在结构地震反应时程分析中，如何选择输入的地震波，是一个很重要的问题。国内外学者研究表明，虽然对建筑物场地未来地震动难以准确定量估计，但只要正确选择地震动主要参数，则时程分析结果可以较真实地体现地震作用下结构的反应，满足工程所需要的精度，当今国际公认地震动三要素为地面运动频谱特性、地震加速度峰值和地震动持续时间，因此在选择地震波时，主要应考虑以下几个因素。

（一）地面运动频谱特性

当地震波的主要周期与建筑结构的周期一致时，将会引起较大的地震反应。地面加速度的频谱特性主要与场地类别及震中距有关，通常可以用强震记录反应谱的特征周期来反映，所选地震波的特征周期要接近拟建场地的卓越周期。

（二）地震加速度峰值

地震加速度记录是由许多加速度脉冲组成的，其峰值表示地面运动的剧烈程度。根据有关规定，当地震设防烈度为 7 度~9 度时，输入地震波的加速度峰值可按表 5-5 采用。但现有的实际强震记录，其峰值加速度大多与拟建建筑所在场地的基本烈度不相对应，因而不能直接应用，需要将所选地震波的加速度峰值调整到表 5-5 中相应设防烈度的地震加速度峰值。

表 5-5　地震加速度峰值 α_{max}

设防烈度		7 度	8 度	9 度
α_{max}/（cm/s^2）	多遇地震	35（55）	70（110）	140
	罕遇地震	220（310）	400（510）	620

注：括号内数值分别用于设计基本地震加速度为 0.15g 和 0.3g 的地区。

（三）地震动持续时间

地震动持续时间在地震时，强震持续时间一般从几秒到几十秒不等。强震持续时间越长，造成的震害越严重。地震波的持续时间不宜过短，一般取 10～20s 或更长。当缺少与拟建场地类似的强震记录时，可以采用人工地震波。所采用的人工地震波的频谱特性、地震动持续时间等应该符合设计条件。

在地震地面运动特性中，对结构破坏有重要影响的因素为地震动强度、频谱特性和强震持续时间等。地震动强度一般主要由地面运动加速度峰值的大小来反映；频谱特性可由地震波的主要周期表示，它受到许多因素的影响，如震源的特性、震中距离、场地条件等。所以，在选择强震记录时除了最大峰值加速度应符合建筑物所在地区的烈度要求外，场地条件也应尽量接近，也就是该地震波的主要周期应尽量接近建筑物场地的卓越周期。如果在拟建场地上有实际的强震记录可供选用，则是最理想、最符合实际情况的。但是，许多情况下拟建场地上并未得到这种记录，所以至今难以应用。目前在工程中应用较多的是一些典型的强震记录，国外用的最多的是 EI Centro（1940）地震记录。其次 Taft（1952）地震记录也用得较多。近年来，国内也积累了不少强震记录，可供进行时程分析时选用。天津波适用于软弱场地，滦县波、EI Centro 波、Taft 波分别适用于坚硬、中硬、中软的场地。

选取实际地震记录作为弹塑性时程分析的输入地震波时，要注意选取工程场地特征周期（场地类别及震中距）与所选地震记录接近的地震波，根据抗震设防烈度的需要调整地震加速度峰值，保证必要的强震持续时间以使结构的非线性工作过程得以充分展开。此外，速度参数也是衡量地震烈度的重要指标，在选取地震记录时应根据《中国地震烈度表》（GB/T 17742—2020）综合考虑。

人工地震波可以通过修改真实地震记录或用随机过程产生。修改真实地震波的方法是，修改峰值可实现不同的震级要求，改变时间尺度可以修改频率范围，截断或重复记录可以修改持续时间的长短，具体做法如下。

首先选择一条地质条件接近的真实地震加速度数字记录 a(t)。再按下述调整地震加速度坐标和时间坐标。

加速度坐标调整

$$a_0(t_i) = \frac{a_{0,\max}}{a_m} a(t_i) \tag{5-53}$$

式中： $a_0(t_i)$ ——设计所需地震加速度第 i 点坐标；

$\quad\quad\ a(t_i)$ ——所选地震加速度第 i 点坐标；

$\quad\quad\ a_{0,\max}$ ——设计所需最大加速度；

$\quad\quad\ a_m$ ——所选地震记录的最大加速度；

$\quad\quad\ t_i$ ——实际地震加速度时间坐标点， $i = 1, 2, \cdots, n$ ，其中 n 为记录点数。

时间坐标调整

$$t_{0,i} = \frac{T_g}{T} t_i \tag{5-54}$$

式中： T_g ——场地特征周期值；

$\quad\quad\ T$ ——所选地震记录的特征周期；

$\quad\quad\ t_{0,i}$ ——人工地震波加速度时间坐标点。

持续时间调整：为保证结构的非线性工作过程得以充分展开，要求输入地震加速度的持续时间一般不短于结构基本周期的 $5\sim10$ 倍，即 $T_{1,0} = 5T_1 \sim 10T_1$ 。按照式（5-53）和式（5-54）调整后，加速度 $a_0(t_{0,i})$ 的持续时间并不一定等于 $T_{1,0}$ ，这时可通过截断尾部数据的办法实现：在选择地震动记录 $a(t)$ 时，选择持续时间较长者，将其调整后，保留持续时间 $T_{1,0}$ 内的数据，切除掉尾部幅值较小的地震记录，这对特征周期和地震作用不会造成较大影响。

在选择地震波时，除地震波峰值、特征周期和持时满足上述要求外，还要考察所选用的地震波的频谱特性是否具有广泛的代表性。在采用时程分析法时，应按照建筑场地类别和设计地震分组选用不少于 2 组实际强震记录和 1 组人工模拟的加速度时程曲线，其平均地震影响系数曲线应与振型分解反应谱法所采用的地震影响系数曲线在统计意义上相符：在弹性分析时，每条时程曲线计算所得结构底部剪力不应小于振型分解反应谱法计算结果的 65%，多条时程曲线计算所得结构底部剪力的平均值不应小于振型分解反应谱法计算结果的 80%。

当结构采用三维空间模型需要双向、三向地震波输入时，其三向加速度最大值输入比例（水平向 1：水平向 2：竖向）通常按 1：0.85：0.65 调整。选用的实际加速度记录，可以是同一组的三个分量，也可以是不同组的记录，但每条记录均应满足上述"统计意义上相符"的要求。

上述方法只能满足加速度最大值、特征周期以及持续时间的要求，不能满足地震频谱的其他要求，只适合某些震级及震中距。由于地震运动的随机性、复杂性，实际需要根据震级和震中距建立地震统计学模型，而不是一两个地震记录。如有条件，可以根据工程场地的实际情况（地震历史资料、活跃断层分布、实测场地剪切波速、场地地质构成、土层分布特点等）进行场地抗震安全性评估，给出符合场地特性的人工地震波。

第五节　多点地震输入分析

多点输入研究的对象往往都是平面尺寸较大的结构物，负有重要的社会职能，一般在抗震设计中应采用直接动力分析法。这就给多点输入研究提出了新的内容，即如何确定延伸型结构物各激励点的地震动时程。选用真实的台阵记录作为地震输入是较为可靠的方法，但是差动台阵是有限的一些点的记录，结构物的平面尺寸各式各样，很难保证结构的每个激励点都有地震记录。同时，直接动力分析通常选择几组地震记录作为地震输入，显然，有限的差动台阵记录不可能满足多点输入抗震计算的要求，必须有一套比较合理的多点输入方法。由于地震动具有不可重复性和不可精确预测性，一般只要求合成的地震动时程满足一定的统计特性。有关规范中采用的方法是使生成的地震动与指定的反应谱相符合。

多点输入是指在结构的各支点输入不同的地震波，多点地面运动模拟（或建立多点输入模型）的目的是要确定各支点的地震波时程或统计特征。模拟多点地面运动的方法大致可分为无观测地震动场的模拟和有观测记录地震动场的模拟。前者有行波法、随机法及相位差谱法；后者有内差法等。

一、行波法

在没有得到多点强震观测数据以前，人们普遍采用这种方法。行波方法是最早的多点地震地面运动分析方法，在大型结构物的抗震分析中有广泛的应用，在行波法中假定地震波沿着地表面按一定的速度传播，波型不变，只出现时间的滞后和振幅的衰减。设已知地面上点 1 的加速度时程为 $\ddot{u}_1(t)$，则沿波的传播方向第 i 点的加速度时程为

$$\ddot{u}_i(t) = C\ddot{u}_1\left(t - \frac{x_i}{V}\right) \tag{5-55}$$

式中：V——地震波的传播速度；

C——振幅衰减系数（$C \leqslant 1$）（一般沿结构长度振幅衰减不明显，取 $C=1$）；

x_i——点 i 到点 1 的距离。

多点输入同单一输入不同，除了需要地震动的加速度时程外，还需要地震速度和地震位移时程，它们可通过时间积分求得，即

$$\dot{u}_i(t) = \int_0^t C\ddot{u}_1\left(t - \frac{x_i}{V}\right)\mathrm{d}t \tag{5-56}$$

$$u_i(t) = \int_0^t \int_0^t C\ddot{u}_1\left(t - \frac{x_i}{V}\right)\mathrm{d}t\mathrm{d}t \tag{5-57}$$

该方法考虑了各个输入点之间相位和振幅的不同，比单一输入前进了一步。

但是它不能描述各点之间地震波型的变化，并且将地震波的传播速度设为常数。在实际情况中，地震波是一种不规则波，可以把它表达为多种简谐波的组合，而地震波的频率也不是单一的，不同频率的简谐波在岩土中的传播速度是有所不同的，而且入射角度的不同对于传播速度也有所影响，所以地面上不同点的地震波波型是有所变化的。因此，用行波法模拟多点地震地面运动还需要进一步研究和改进。对于建立在较为均匀岩石地基上的大跨度桥梁来说，行波假定具有简单而又能比较符合实际的特点，因而应用比较普遍。在时域内确定结构的多点地震动输入，比较严密的方法是应用波动理论。已经有许多研究工作，对不同的地形情况、不同土层介质或不同入射波条件下的地震地面运动获得了解析解或半解析解，但往往是在作了许多假设或简化之后得到的，因此只能适用于比较简单的情况，很难适应工程实际中的复杂条件。另一途径是应用有限元、边界元、无限元等近似方法，获得数值解。这些研究成果，对于深入认识多点地震地面运动的特性有很好的参考价值。

二、随机法

（一）多点地震时程合成公式

随机法假定地面运动在空间上也是随机的，用随机过程理论生成各点的地震波时程或统计特征。其思路是首先生成具有统计特征的一个支承点的时程，然后根据场地各点的相关性生成地震动场。实际的地震波一般包括时-频非平稳，即时间非平稳就是指幅值的非平稳，而频率的非平稳是指不同时段地震动具有不同的频率成分。地震动的模拟方法大体上可分为两大类：地震学方法和工程方法。尽管近十几年基于弹性位错理论的地震学方法，在震源过程分析和格林函数计算两个方面都有了较大进展，但是完全用地震学方法来综合预测工程场地所遭受的强地面运动，仍有许多困难有待进一步克服。因此，目前一般仍用工程方法来综合场地的地面运动，并以此作为地震输入供结构抗震的动力反应分析使用。工程方法的基础是地震动参数经验统计关系和随机过程理论。前者依据强震观测资料着重对某一地区的地震动参数如加速度峰值、反应谱、包线函数等进行统计分析；后者着眼于从数学观点来模拟和描述地震加速度时程的形态、细节。目前已有许多研究工作从地震动随机场的空间相关性来确定两点间的地震动相异性。国外有关学者根据 SMART-1 台网的资料研究了地震动的空间相关性，提出确定地面上相邻两点的互功率谱密度的方法；根据对于 SMART-1 台网强震观测数据的分析结果提出了一种基于相干函数模拟空间变化的地面运动方法，这种方法同时考虑了地震地面运动的随机性、相干性及其地震波的传播特性，比较准确地反映了实际情况。但是这种方法是否适合其他类型的场地条件还有待进一步研究。另外，该模型中假定视波速为常数，这是同实际情况有所差别的。

近年来我国学者也提出了一些新的地震地面运动模拟方法或对于以上模拟方法进行了改进。在这些方法中，许多计算常数依赖于强震实测记录或场地的具体条件，因而存在较大的局限性。随着强震资料的积累，人们发现地震动的空间变化还有如下一些特点：①相邻两点的地震动相关性同两点间距和地震动的频率成分密切相关，地震动地面运动的高频波在短距离（小于 100m）的范围内是显著变化的；②相邻两点地震动的空间变化幅度同地震层源特性有比较大的关系，地震波的高频分量受到局部场地的影响比较大。

Chong 于 1982 年用随机法模拟了多点地面运动时程，他采用的方法和通常由工程生成地震波的谱相容方法完全相同，即先指定模拟地震波的目标加速度反应谱 $S_a(\omega)$，然后得出

$$\ddot{u}(t) = f(t)\sum_{k=0}^{n-1} A_k \cos(\omega_k t + \varphi_k) \tag{5-58}$$

$$\alpha = \sqrt{4S(\omega)\Delta\omega} \tag{5-59}$$

$$[S(\omega)] = \frac{\zeta}{\pi\omega}[S_a(\omega)]^2 \frac{1}{\ln\left[\dfrac{-\pi}{\omega+T}\ln(1-P)\right]} \tag{5-60}$$

式中：$f(t)$——强度包络函数；

　　A_k——第 k 点加速度傅里叶变换；

　　ω_k——第 k 个谐波分量的圆频率；

　　φ_k——$(0, 2\pi)$上均匀分布的随机变量，且相互独立；

　　ζ——阻尼比；

　　T——持续时间；

　　P——反应超越概率，一般取作 0.85。

将模拟的加速度时程反应谱与指定的目标反应谱比较、调整，直到与目标反应谱一致，即生成了一个点的加速度对程。每一个输入点按上述方法分别模拟，即得到各点的地面运动时程。

这种方法以反应谱为拟合目标，而反应谱本身就无法精确地体现地震波的各种统计特性。

（二）各支承点处功率谱

在结构的随机响应分析中，应用较多的经验功率谱密度函数的数学模型有以下几种。

1. 白噪声谱

这是最早用于模拟地震动加速度过程的模型，从随机过程的角度看，白噪声模型可解释为时间上随机到达的随机脉冲的合成，只要到达时刻为均匀泊松过程，

且到达速率与脉冲方差的乘积为常量。国外有关学者均提出了地震动的白噪声模型。之后这一模型又得到了其自功率谱密度函数为

$$S(\omega) = S_0 \tag{5-61}$$

$$-\infty \leqslant \omega \leqslant +\infty \tag{5-62}$$

式中：S_0——白噪声过程的谱强度因子，是一常数。

由于实际地震动过程的频率总是在一定范围内分布，为了避免过程方差 $\int_{-\infty}^{+\infty} S(\omega)\mathrm{d}\omega$ 趋于无穷的不合理现象，采用有带宽限白噪声来修正上述定义域，$S(\omega) = S_0$，$-\infty \leqslant \omega \leqslant +\infty$。白噪声自功率谱分析过程简单、计算方便，因而现在仍被继续使用。

2. Kanai-Tajimi 谱（金井清谱）

有限白噪声谱模型假定地震动的能量的频率分布是均匀分布的，这其实与实测地震动有较大的差异。为此，日本的金井清和田治见于 1960 年提出了过滤白噪声的自功率谱模型，此模型是将土层模拟成线性单自由度振动体系，假定基岩地震动过程为白噪声，经过土层的过滤之后，得出

$$S(\omega) = \frac{\omega_g^4 + 4\zeta_g^4 \omega_g^2 \omega^2}{(\omega^2 - \omega_g^2) + 4\zeta_g^4 \omega_g^2 \omega^2} S_0 \tag{5-63}$$

式中：ω_g、ζ_g——模型参数，相当于模拟土层的固有频率和阻尼比。

Kanai-Tajimi 谱是单峰谱模型，因为具有明确的物理量意义，而且形式简单，在目前的结构分析中得到了广泛的应用。但是 Kanai-Tajimi 谱有两个问题需要注意：①作为平稳随机地震动的荷载模型，它不恰当地夸大了低频地震动分量的能量，致使当用于分析长周期结构时会得到不合理的结果；②Kanai-Tajimi 谱的函数形式不满足地面运动的速度和位移必须是有限的条件，即不满足两次可积的条件，不能用于多点输入随机反应分析。在接下来的修正方案中，胡聿贤模型和 Chough-Penzien 模型能够同时解决这两个问题。

3. 胡聿贤模型

胡聿贤模型公式为

$$S(\omega) = \frac{\omega_g^4 + 4\zeta_g^4 \omega_g^2 \omega^2}{(\omega^2 - \omega_g^2) + 4\zeta_g^4 \omega_g^2 \omega^2} \frac{\omega^6}{\omega^6 + \omega_c^6} S_0 \tag{5-64}$$

式中：ω_c——拟合的第三个参数。

4. Chough-Penzien 谱

Chough-Penzien 谱也称双过滤白噪声谱，其模型公式为

$$S(\omega) = \frac{\omega_g^4 + 4\zeta_g^4 \omega_g^2 \omega^2}{(\omega^2 - \omega_g^2) + 4\zeta_g^4 \omega_g^2 \omega^2} \cdot \frac{\omega^4}{(\omega^2 - \omega_f^2) + 4\zeta_f^2 \omega_f^2 \omega^2} S_0 \qquad (5\text{-}65)$$

式中：ω_g——场地卓越频率（1992 年 Der Kiureghian 和 Neuenhofer 给出了确定方
法，见表 5-6）；

ω_f、ζ_g、ζ_f——拟合的模型参数，$\omega_f = \omega_g/10$，$\zeta_g = \omega_g/125$，$\zeta_f = 0.6$。

表 5-6　ω_g 取值表

土层类型	坚硬场地	中硬场地	软土
ω_0 / (rad/s)	46.276	21.953	6.498
V_{ar}^* / (m/s)	184.11	125.529	90.164
ω_g / (rad/s)	15	10	5

从函数特点分析，胡聿贤模型和 Chough-Penzien 谱都是只修正了 Kanai-Tajimi
谱的低频部分，而基本上不改变其高频部分。两个模型都能较好地模拟低频成分，
但胡聿贤模型和 Clough-Penzien 谱仍有细节上的差别：胡聿贤模型同 Kanai-Tajimi
谱一样，都只有一个峰点，胡聿贤模型的修正结果只是简单地将其低频成分"截
掉"；而 Clough-Penzien 谱在低频部分可以多出一个小峰点。但是，式（5-65）中
的参数 ω_f、ζ_f 的取值问题仍是一个困难。1977 年，Vanmarcke 给出了确定 S_0 的
公式，即

$$S_0 = \frac{PGA}{p^2 \cdot V_{ar}^*} \qquad (5\text{-}66)$$

式中：PGA——加速度峰值；

p——峰值因子。

（三）相干函数

差动台阵记录的统计结果表明，在一个局部场地上，各点的地震动既不是完
全相关的，也不是完全不相关的，各点之间的相干值总是在 0 与 1 之间，且随测
点间距增加、频率增高而减小。多点地震动合成的关键是使合成的各个点的地震
动满足预先给定的各点之间的相关性。各点间的相关性可以由各点间的互功率谱
来反映。

国外有关学者从理论上对地震动相干函数进行了分析，将影响两个地震动过
程相关性的因素分成以下四类。

（1）在地震动场不同位置，地震波的到达时间存在一定的差异导致相干性的
降低，称之为行波效应（traveling wave effect）。

（2）地震波在传播过程中将会产生复杂的反射和散射，同时，地震动场不同

位置地震波的叠加方式不同，因此，导致的相干函数的损失，称之为部分相干效应（incoherence effect）。

（3）波在传播过程中，随着能量的耗散，其振幅将会逐渐减小，称之为衰减效应（attenuation effect）。

（4）在地震动场不同位置，土的性质存在差异，这会影响地震波的振幅和频率，称之为局部场地效应（site effect）。

以上四类引起地震动空间变异性的因素采用相干函数来表达。定义 i 点和 j 点加速度时程的相干函数为 $\gamma_{ij}(\mathrm{i}\omega)$，则 $\gamma_{ij}(\mathrm{i}\omega)$ 一般的表示方法如下：

$$\gamma_{ij}(\mathrm{i}\overline{\omega}) = \frac{S_{ij}(\mathrm{i}\overline{\omega})}{\sqrt{S_i(\mathrm{i}\overline{\omega})S_j(\mathrm{i}\overline{\omega})}} \tag{5-67}$$

近年来，国内外很多学者基于 SMART-1 网的记录，提出了若干个地震输入模型，但几乎都是把地震动作为一个空间分布均匀、时间上平稳的随机场，用随机过程的方法来模拟。出发点是在各个不同的支承输入不同的自谱以考虑局部场地的变化，而不同支承运动间的相关性用所谓的相干模型来反映。

三、相位差谱法

根据结构动力学原理可知，结构动力反应同时受输入时程幅值谱和相位谱的控制，而反应谱失去了相位信息，因此，由反应谱和功率谱的近似转换关系推出的时程并不能真实反映实际情况。

对地震动时程相位信息的另一种表示方式是相位差谱。日本学者在 1979 年就注意到相位谱分布率并不能完全确定地震动的非平稳特性，并引入了相位差的概念，相位差谱被定义为相位谱中相邻两分量之差，即

$$\Delta\varphi(\omega_k) = \varphi(\omega_{k+1}) - \varphi(\omega_k) \quad (k = 0, 1, 2, \cdots, N-1) \tag{5-68}$$

它是由 $\varphi(\omega_k)$ 顺时针旋转到 $\varphi(\omega_{k+1})$ 的角度来度量的，因此在[-2π，0]范围分布。$\varphi(\omega_{k+1}) - \varphi(\omega_k) > 0$ 时，取 $\Lambda\varphi(\omega_k) = \varphi(\omega_{k+1}) - \varphi(\omega_k) - 2\pi$。在幅值谱给定的条件下，时程的强度函数形状由相位差谱控制。

在当前地震地面运动的模拟方法中普遍存在以下几个问题：①在分析地震动时一般采用平稳随机过程的方法，其相关函数和功率谱用时间平均的方法得出，对于地震这样一个高度非平稳过程来说显然是过于简单；②地震波在传播过程中由于经过的介质存在多方面的非均匀性，其波速也是不断地变化的，而目前常用的模拟方法一般都假定波速不变；③目前的分析和模拟方法都不能模拟因震源变化而导致地震地面运动的变化；④随机法是现在普遍使用的多点地震动模拟方法，但是其前提假设是各支承点的功率谱都相同，而事实上，各点的功率谱不会完全相同，其变化机制有待研究；⑤本书作者认为，目前比较全面地考虑到地震的时—

频非平稳及地震场空间的相关性的方法，为基于相位差谱的随机法，但是，就相位差谱的工作尚不全面，精度和计算时间上都存在一定的问题，需要研究者进一步地研究分析。

四、内差法

内差法是一种确定性的方法，其必须在已知一些点的地面运动的条件下才可以使用，该方法可以同其他方法结合，迅速地生成大量不同点的地震地面运动过程。当已知某场地的一些点的地面运动时，可使用内差法求得该场地任一点的地面运动，这些已知点的地面运动可以来自强震观测台网，也可以人工模拟。内差法可以在时域应用，也可以在频域应用。

此处使用频域内差法。设有 n 个点的时程为已知，利用傅里叶变换将 n 个点的时程变换到频域，则未知点 k 的频域值为

$$A_k(i\omega) = \sum_{j=1}^{n} f_{jk} A_j(i\omega)\left[\cos\left(\varphi_j - \frac{d_{jk}^l \omega}{V}\right) + i\sin\left(\varphi_j - \frac{d_{jk}^l \omega}{V}\right)\right] \quad (5\text{-}69)$$

式中：$A_j(i\omega)$——第 j 个已知点加速度的傅里叶变换；

φ_j——第 j 个点的相位；

d_{jk}^l——j、k 两点沿波的传播方向上的投影距离；

V——视波速；

f_{jk}——内差函数，其意义是第 j 点的地面运动对第 k 点的地面运动的贡献，可根据已知 j 点和 k 点的坐标用代数插值的方法构造。

求得 $A_k(i\omega)$ 后，再利用逆傅里叶变换得到 k 点的加速度时程。

第六章　隔震与消能减震设计

第一节　概　　述

一、结构抗震设计

所谓的"抗震结构",是依靠结构主要构件开裂损坏并吸收地震能量来实现的。因此,由传统抗震方法设计的结构即使能避免房屋倒塌,但由结构破坏造成的直接和间接经济损失及其引发的次生灾害却给人类造成了巨大损失,极大地妨碍着社会的发展。研究表明,通过适当的隔震或减震措施,在地震中特别是"大震"作用下,结构的地震作用可大大降低,从而能有效抵御地震灾害。

当前结构抗震设计主要是以部分构件产生延性破坏为代价达到抗震要求(指中震和大震),因此震后需要大量的修复和加固工作,大量地震都说明按当地现行抗震规范设计的结构,震后修复的费用和需要的时间都大大超过预料。

目前我国和世界各国普遍采用的传统结构抗震设计方法是:适当控制结构物的刚度,容许结构部件(如梁、柱、墙、节点等)在地震时进入非弹性状态,要求结构具有较大的延性,使结构物"裂而不倒"。它的设防目标是"小震不坏,中震可修,大震不倒"。这种传统抗震设计方法,在很多情况下是有效的,但存在下述问题需要解决。

第一,安全性问题。传统抗震设计方法是以既定的"设防烈度"作为设计依据的,当发生突发性的超过设防烈度地震时,房屋可能会严重破坏或倒塌。由于地震的随机性,建筑结构的破损程度及倒塌可能性还难以控制。

第二,适用性问题。传统抗震设计方法允许建筑结构在地震中出现损坏,对于某些不允许在地震中出现破坏的建筑结构,还难以适用。并且,这种传统抗震设计只考虑建筑结构本身的抗震,未考虑房屋内部设备、仪器的防震,当建筑物内部有较重要的设备、仪器、计算机网络、急救指挥系统、通信系统、医院医疗设备等情况时,也难以适用。

第三,经济性问题。传统抗震方法以"抗"为主要途径,一般通过加大结构断面,加多配筋来抵抗地震,其结果是断面越大,刚度越大,地震作用也越大,所需断面及配筋也越大,这种"硬抗"方法大大提高"抗震"所需的建筑造价,导致抗震设防在不少地区难以被主动实施。

第四,建筑技术的发展要求。随着建筑技术的发展,高强、轻质材料越来多地被采用（高强混凝土、高强钢材等），由于结构构件断面越来越小，房屋高度越来越高，结构跨度越来越大，若要满足结构抗震和抗风要求，已无法采用加大构件断面或加强结构刚度的传统抗震方法。

因此，寻找一种既安全、适用，又经济的新结构体系和技术，已成为结构抗震设计的迫切要求。安全要求是在突发性的超过设防烈度地震中不破坏、不倒塌。其要求适用于不同烈度、不同建筑结构类型，既保护建筑结构本身，又保护建筑物内部的仪器设备；既满足抗震要求，又满足抗风要求。经济要求是不过多增加建筑造价。

目前，作为有效、经济和现实可行的结构防震新技术、新体系之一，就是"结构隔震、消能和减震控制"，它包括结构隔震、结构消能减震、结构被动调谐减震，其他各种被动、主动和半主动控制体系等。已有的研究和震后经验说明，隔震和消能减震可以在很大程度上减轻地震对结构的作用，全面提高结构的抗震性能，包括改善已有建筑的抗震能力，这是一种完全不同于传统抗震设计的结构保护体系[14]。

二、结构隔震

（一）结构隔震原理

结构隔震技术的基本思想是在建筑物基础与上部结构之间设置隔震装置（或系统）形成隔震层，把房屋结构与基础隔离开来，利用隔震装置来隔离或耗散地震能量以避免或减少地震能量向上部结构传输，以减少建筑物的地震反应，实现地震时建筑物只发生轻微运动和变形，从而使建筑物在地震作用下不损坏或倒塌。

基础隔震的原理就是通过设置隔震装置系统形成隔震层，延长结构的周期，适当增加结构的阻尼，使结构的加速度反应大大减少，同时使结构的位移集中于隔震层，上部结构像刚体一样，自身相对位移很小，结构基本上处于弹性工作状态，从而建筑物不产生破坏或倒塌。

一般建筑结构刚度较大，自振周期较小，由于隔震层抗侧刚度远低于楼层抗侧刚度，结构自振周期增大，对应的结构最大加速度反应降低，结构的地震反应减小。大量的试验和工程实践证明，隔震支座一般可使结构的水平地震作用降低60%左右。因此，隔震支座可消除或减轻建筑物地震损坏，提高建筑内部设施和人员的安全性，增强震后使用性能。为了达到明显的减震效果，隔震体系必须具备下述四项基本特性[15]。

一是竖向承载特性。隔震装置应能有效支承上部结构，即使在隔震装置发生大变形时也能正常工作而不发生失稳破坏。

二是水平隔震特性。隔震装置具有合适的水平刚度，延长整个结构体系的自振周期，以有效消减地震能量向上部结构的传递，达到降低上部结构地震作用的目的。

三是复位特性。隔震装置应具有水平弹性恢复力，使隔震结构体系在地震中具有瞬时自动"复位"功能。地震后，上部结构恢复至初始状态，满足正常使用要求。对摩擦滑移装置，也可加恢复力部件。

四是阻尼消能特性。隔震装置通常具有较大的阻尼，因而其消能能力较强，可抑制结构产生大的位移反应。同时，隔震装置应具有足够的抗疲劳、抗老化能力，且具有较好的耐久性和耐火性。

（二）结构隔震的优越性

隔震建筑物已经有经过地震检验的实例。在 1995 年 1 月 17 日的日本坂神大地震中，地震区有两栋橡胶垫隔震房屋（兵库县松村组 3 层隔震楼、兵库县邮政部 7 层中心大楼），仪器记录显示，隔震建筑物的加速度反应仅为传统抗震建筑物加速度反应的 1/8～1/4，两栋隔震房屋的结构及内部的装修、设备、仪器丝毫无损，其显著的隔震效果令人惊叹。1993 年在汕头市建成的夹层橡胶垫隔震房屋，于 1994 年 9 月 16 日台湾海峡地震（7.3 级）中经受住考验。1994 年在大理市建成的隔震房屋，于 1995 年 10 月 24 日云南武定地震（6.5 级）中经受住考验。地震发生时，传统抗震房屋激烈晃动，屋里人站立不稳，桌上杯、瓶跳动，悬挂物摇摆，人们惊慌失措，但隔震房屋中的人却几乎没有感觉。与传统的抗震结构体系相比，隔震体系具有下述的优越性。

1. 明显有效地减轻结构的地震反应

从振动台地震模拟试验结果及已建造的隔震结构在地震中的强震记录得知，在大地震发生时，隔震体系的上部结构加速度反应只相当于传统结构（基础固定）加速度反应的 1/12～1/2。这种减震效果是一般传统抗震结构所望尘莫及的，从而能非常有效地保护结构物及内部设备在强地震冲击下免遭毁坏。

2. 确保安全

在罕遇地震作用下，隔震结构的隔震装置的水平刚度远小于结构的层间水平刚度，结构在地震中的结构层间水平位移均集中于隔震层，结构的层间水平位移变得很微小，因而上部结构在强地震中仍处于弹性状态，并且其加速度反应很小。这既适用于一般民用建筑结构，确保人们在强地震中的安全，也适用于某些重要结构物、有昂贵装修的结构、生命线工程结构物、内部有重要设备的建筑物等，确保在强震中正常使用，毫无损坏。

3. 房屋造价增加很少

隔震体系的上部结构承受的地震作用大幅度降低，使上部结构构件和节点的断面、配筋减少，构造及施工简单，虽然隔震装置需要增加造价（约为结构造价的 5%），但建筑总造价仍增加很少，对高烈度地区还能降低建筑总造价。

4. 抗震措施简单明了

抗震设计从考虑整个结构物的复杂的、不明确的抗震计算及措施转变为主要考虑隔震层设计，简单明了，设计和施工大大简化。

5. 震后无须修复

地震后，只对隔震装置进行必要的检查，而无须考虑建筑结构物本身的修复，且地震后可很快恢复正常生活或生产，这会带来极明显的社会和经济效益。

6. 上部结构的建筑设计（平面、立面、体形、构件等）限制较小

上部结构地震作用已经很少，并且可通过调整隔震支座的布置，使隔震层的刚度中心与上部结构的质量中心尽量相重合，以减轻扭转效应。这样，可使地震区建筑物的建筑及结构设计从过去很多严格的规定限制中解放出来，如可采用于超高砌体房屋、大开间灵活单元多层住宅房屋、不规则建筑结构物等。

（三）隔震装置

结构隔震技术发展至今，制造了很多隔震装置，本节仅介绍几种常用的隔震装置。

1. 叠层橡胶垫隔震支座

叠层橡胶垫隔震支座分为普通叠层橡胶垫隔震支座、铅芯橡胶垫隔震支座、高阻尼橡胶垫隔震支座等类型。普通叠层橡胶垫隔震支座是最常见的隔震装置，由薄橡胶片与钢板分层交替叠合，经过高温硫化黏结而成，其基本构造如图 6-1 所示。在竖向荷载作用时，橡胶由于受到钢板的约束而仅产生较小的横向变形，具有很强的竖向承载能力和竖向刚度。在水平荷载作用时，橡胶水平方向没有约束，可以产生很大变形，橡胶垫消耗水平方向的地震能量。

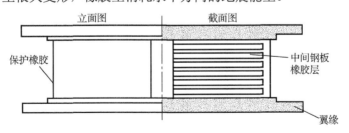

图 6-1 叠层橡胶垫隔震支座的基本构造

铅芯橡胶支座的基本构造（图 6-2）是在普通叠层橡胶垫隔震支座中插入铅芯，试验研究表明，铅芯橡胶支座的初始剪切刚度是普通叠层橡胶垫隔震支座的 10

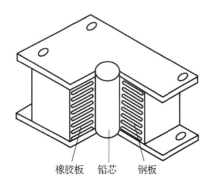

橡胶板　铅芯　钢板

图 6-2　铅芯橡胶支座的基本构造

倍，屈服后的剪切刚度基本与普通叠层橡胶垫隔震支座一致。铅芯弹塑性变形下的抗疲劳性较强，可消耗大量地震能量，并可提高叠层橡胶垫隔震支座的早期强度，有利于控制结构风反应和多遇地震反应。铅芯橡胶支座综合了普通叠层橡胶垫隔震支座和铅阻尼器的优点，被广泛应用于结构减震控制。试验研究表明，这种支座受地震波频率影响较大，在受到低频特性地震波作用时，会放大结构响应，在设计时应引起重视。高阻尼橡胶支座由高阻尼橡胶材料制成，该材料黏性大，自身可以吸收能量。

2. 滑移摩擦隔震支座

滑移摩擦隔震支座是利用滑移界面间的相对滑动来阻隔地震作用的传递。风载或多遇地震时，静摩擦力使结构固结于基础之上；大震时，静摩擦力被克服，结构水平滑动，地震作用减小，滑移层间发生摩擦，消耗地震能量。在使用时，可以通过限制其摩擦力来满足不同的隔震要求，消能能力较强。为控制滑移层间的摩擦力以满足隔震要求，通常采用的滑移层材料为钢板摩擦滑板、石墨、砂料、涂层垫层和聚四氟乙烯。如图 6-3 所示为目前国际上通常采用的聚四氟乙烯板和不锈钢板作为摩擦面的聚四氟乙烯板支座示意图。纯滑移摩擦隔震方法的最大优点是对输入地震动的频率不敏感，隔震范围较广泛，但这种隔震方法不易控制上部结构与隔震装置间的相对位移。由于此类装置无侧向刚度，不具有自恢复能力，常与弹性恢复力装置结合使用。

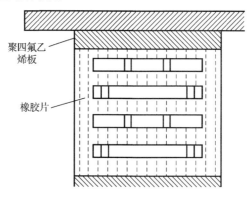

聚四氟乙烯板

橡胶片

图 6-3　聚四氟乙烯板支座示意图

3. 滚动隔震装置

滚动隔震装置主要有滚珠隔震装置和滚轴隔震装置两种形式。滚动隔震装置是用高强度合金制成的滚珠或滚轴涂以防锈涂层或润滑涂层后，置于上部结构与基础之间，在地震作用下，滚珠或滚轴发生滚动而达到隔震目的。

滚珠隔震装置可以将滚珠做成圆形置于平板或凹板上，也可将滚珠做成椭圆形以形成恢复力；滚轴隔震装置通常做成上、下两层彼此垂直的滚轴，以保证能在两个方向上滑动。滚珠或滚轴能把地面运动几乎全部隔开，具有明显的隔震效果。

采用滚动隔震装置时，应注意安装有效的限位、复位机构，以保证被隔震的结构物不致在地震作用下出现永久性变形。

三、消能减震设计

（一）结构消能减震原理

结构消能减震技术是在结构物某些部位设置消能装置（或构件），通过消能装置（或构件）来大量消散或吸收地震输入结构中的能量，以有效减小主体结构地震反应，从而避免结构产生破坏或倒塌，达到减震控震的目的。装有消能装置的结构称为消能减震结构。消能减震结构的消能减震原理（图 6-4）可以从能量的角度来描述，如图 6-4 所示的结构在地震中任意时刻的能量方程如下。

传统抗震结构：

$$E_{in} = E_v + E_c + E_k + E_s \tag{6-1}$$

消能减震结构：

$$E_{in} = E_v + E_c + E_k + E_s + E_D \tag{6-2}$$

式中：E_{in}——地震过程中输入结构体系的能量；

　　　E_v——结构体系的动能；

　　　E_c——结构体系的阻尼消能；

　　　E_k——结构体系的弹性应变能；

　　　E_s——结构体系的滞回消能；

　　　E_D——消能装置（或构件）消散或吸收的能量。

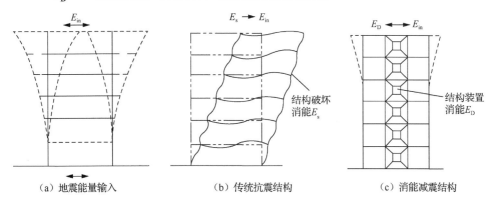

（a）地震能量输入　　　　（b）传统抗震结构　　　　（c）消能减震结构

图 6-4　消能减震结构的消能减震原理示意图

在上述能量方程中，由于 E_v 和 E_k 仅仅是能量转换，不能消能，E_c 只占总能量的很小部分（约 5%），可以忽略不计。在传统的抗震结构中，主要依靠 E_s 消耗输入结构的地震能量，但因结构构件在利用其自身弹塑性变形消耗地震能量的同时，构件本身将遭到损伤甚至破坏，某一结构构件消能越多，则其破坏越严重。在消能减震结构体系中，消能（阻尼）装置或元件在主体结构进入非弹性状态前率先进入消能工作状态，充分发挥消能作用，耗散大量输入结构体系的地震能量，则结构本身需消耗的能量很少，这意味着结构反应将大大减小，从而有效保护了主体结构，使其不再受到损伤或破坏。

一般来说，结构的损伤程度 D 与结构的最大变形 Δ_{max} 和滞回消能 E_s（或累积塑性变形）有关，可以表示为

$$D = f(\Delta_{max}, E_s) \tag{6-3}$$

在消能减震结构中，由于最大变形和构件的滞回消能较之传统抗震结构的最大变形和滞回消能大大减少，结构的损伤大大减少。消能减震结构具有减震机理明确、减震效果显著、安全可靠、经济合理、技术先进、适用范围广等特点。目前，其已被成功用于工程结构的减震控制中。

设置消能减震装置的减震结构具有以下基本特点：①消能减震装置可同时减少结构的水平和竖向的地震作用，适用范围较广，结构类型和高度均不受限制；②消能减震装置应使结构具有足够的附加阻尼，以满足罕遇地震下预期的结构位移的要求；③由于消能减震结构不改变结构的基本形式（但是可减小梁、柱断面尺寸和配筋，减少剪力墙的设置），除消能部件和相关部件外，结构设计仍可按照对相应结构类型的要求进行。这样，消能减震房屋的抗震构造与普通房屋相比不降低，但其抗震安全性可以有明显提高。

（二）结构消能减震的优越性

结构消能减震技术是一种积极的、主动的抗震对策，不仅改变了结构抗震设计的传统概念、方法和手段，而且使结构的抗震（风）舒适度、抗震（风）能力、抗震（风）可靠性和灾害防御水平大幅度提高，采用消能减震结构体系与传统抗震结构体系相对比，具有下述优越性。

1. 安全性

传统抗震结构体系，实质上是把结构本身及主要承重构件（柱、梁、节点等）作为"消能"构件。按照传统抗震设计方法，是允许结构本身及构件在地震中出现不同程度的损坏的。由于地震烈度的随机性和结构实际抗震能力设计计算的误差，特别是出现超过设防烈度地震时，结构在地震中的损坏程度难以控制。

消能减震结构体系特别设置了非承重的消能构件（消能支撑、消能剪力墙等）或消能装置，它们具有较大的消能能力，在强地震中能率先消耗结构的地震能量，

迅速衰减结构的地震反应，并保护主体结构和构件免遭损坏，以及保护主体结构在强地震中的安全。根据国内外学者对消能减震结构的振动台试验可知，消能减震结构与传统抗震结构相对比，其结构地震反应减少 40%～60%；并且，消能构件（或装置）属"非结构构件"，即非承重构件。消能构件的功能仅是在结构变形过程中发挥消能作用，而不承担结构的承载作用，也即它对结构的承载能力和安全性不构成任何影响或威胁。所以，消能减震结构体系是一种安全可靠的结构减震体系。

2. 经济性

传统抗震结构采用"硬抗"地震的途径，即通过加强结构、加大构件断面、加多配筋等途径来提高抗震性能，因而抗震结构的造价大大提高。消能减震结构是通过"柔性消能"的途径以减少结构地震反应，可以减少剪力墙的设置，减小构造断面，减少配筋，而其抗震安全度反而提高。据国内外的工程应用总结资料得知，用消能减震结构体系比采用传统抗震结构体系，可节约结构造价 5%～10%。若应用于既有建筑结构的抗震改造加固，消能减震加固方法比传统抗震加固方法，节省建造价 10%～20%。

3. 技术合理性

传统抗震结构体系是通过加强结构，提高侧向刚度以满足抗震要求的，但结构越加强，刚度越大，地震作用（荷载）也越大，如此循环往复。其结果是，除了安全性、经济性的问题外，还严重地制约采用高强、轻质材料（强度高、断面小、刚度小）的高层建筑、超高层建筑、大跨度结构及桥梁等的技术发展。

消能减震结构则是通过设置消能构件或消能装置，使结构在出现较大变形时消耗地震能量，确保主体结构在强地震中的安全。结构高度越高、跨度越大、刚度越柔，消能减震效果越显著。因而，消能减震技术必将成为采用高强轻质材料的高柔结构（超高层建筑、大跨度结构及桥梁等）的合理新途径。

由于消能减震结构体系有上述的优越性，已被广泛、成功地应用于"柔性"工程结构物的减震（或抗风）。一般来说，层数越多、高度越高、跨度越大、变形越大，消能减震效果越明显。所以，消能减震多被应用于下述结构：①高层建筑，超高层建筑；②高柔结构，高耸塔架；③大跨度桥梁；④柔性管道，管线（生命线工程）；⑤既有高柔建筑或结构物的抗震（或抗风）性能的改善提高。

（三）消能减震装置

消能减震装置的种类很多，根据消能机制的不同可分为摩擦消能器、钢弹塑性消能器、铅挤压阻尼器、黏弹性阻尼器和黏滞阻尼器等；根据消能器消能的依赖性可分为速度相关型（如黏弹性阻尼器和黏滞阻尼器）和位移相关型（如摩擦消能器、钢弹塑性消能器和铅挤压阻尼器）等。

1. 摩擦消能器

摩擦消能器是根据摩擦做功而消散能量的原理设计的。目前已有多种不同构造的摩擦消能器，如 Pall 型摩擦消能器、限位摩擦消能器及摩擦剪切铰消能器等。图 6-5（a）、（b）为 Pall 型摩擦消能器，它是依靠滑动而改变形状的机构。机构带有摩擦制动板，机构的滑移受板间摩擦力控制，而摩擦力取决于板间的挤压力，可以通过松紧节点板的高强螺栓来调节。该装置按正常使用荷载及多遇地震作用下不发生滑动设计，而在强烈地震作用下，其主要构件尚未发生屈服，装置既产生滑移以摩擦功消散地震能量，又改变了结构的自振频率，从而使结构在强震中改变动力特性，达到减震目的。摩擦消能器种类很多，但都具有很好的滞回特性，滞回环呈矩形，具有消能能力强、工作性能稳定等特点。图 6-5（c）为该类型消能器的典型滞回曲线。摩擦消能器一般安装在支撑上形成摩擦消能支撑。

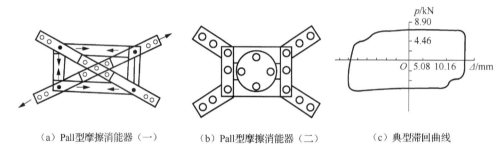

　　（a）Pall型摩擦消能器（一）　　　（b）Pall型摩擦消能器（二）　　　（c）典型滞回曲线

图 6-5　Pall 型摩擦消能器及典型滞回曲线

2. 钢弹塑性消能器

软钢具有较好的屈服性能，利用其进入弹塑性范围后的良好滞回特性，目前已研究开发了多种消能装置，如加劲阻尼（ADAS）装置、锥形钢消能器、圆环（或方框）钢消能器、双坏钢消能器、加劲圆坏消能器、低屈服点钢消能器等。这类消能器具有滞回性能稳定、耗能力大、长期可靠并不受环境与温度影响的特点。

加劲阻尼装置是由数块互相平行的 X 形或三角形钢板通过定位件组装而成的消能减震装置，如图 6-6（a）所示。它一般安装在人字形支撑顶部和框架梁之间，在地震作用下，框架层间相对变形引起装置顶部相对于底部的水平运动，使钢板产生弯曲屈服，利用弹塑性滞回变形消散地震能量。图 6-6（b）为 8 块三角形钢板组成的加劲阻尼装置的滞回曲线。

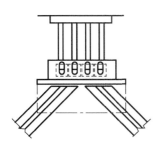

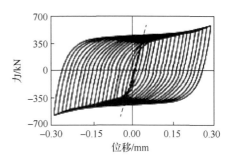

（a）加劲阻尼装置　　　　　　　　　（b）滞回曲线

图 6-6　加劲阻尼装置及其滞回曲线

　　双环钢消能器由两个简单的消能圆环构成，这种消能器既保留了圆环钢消能器变形大、构造简单、制作方便的特点，又提高了初始的承载能力和刚度，使其消能能力大为改善。试验研究表明，这种消能器的滞回环为典型的纺锤形，形状饱满，具有稳定的滞变回路。

　　加劲圆环消能器由耗能圆环和加劲弧板构成，即在圆环消能器中附加弧形钢板以提高圆环钢消能器的刚度和阻尼，改善圆环钢消能器承载能力和初始刚度较低的缺点。试验研究表明，加劲圆环消能器工作性能稳定、适应性好、变形能力强，消能能力可随变形的增大而提高，而且具有多道减震防线和多重消能特性。

　　低屈服点钢是一种屈服点很低、滞回性能很好的材料，图 6-7 所示为钢材型号为 BT-I.YP100、宽厚比 D/t 为 40 的低屈服点钢消能器试验后的阻尼器的构造及其典型滞回曲线。可以看出，该类消能器具有较强的消能能力，滞回曲线形状饱满、性能稳定。

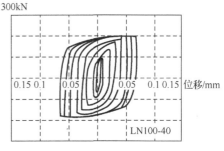

（a）低屈服点钢阻尼器的构造　　　　　　（b）典型滞回曲线

图 6-7　低屈服点钢阻尼器的构造及其典型滞回曲线

3. 铅挤压阻尼器

　　铅是一种结晶金属，具有密度大、熔点低、塑性好、强度低等特点。其在发生塑性变形时晶格被拉长或错动，一部分能量将转换成热量，另一部分能量为促使再结晶而消耗，使铅的组织和性能回复至变形前的状态。铅的动态回复与再结晶过程在常温下进行，耗时短且无疲劳现象，因此具有稳定的消能能力。

图 6-8 为铅挤压阻尼器及其典型滞回曲线。当中心轴相对钢管运动时，铅被挤压，通过中心轴与壁间形成的挤压口产生塑性变形以消散能量，如图 6-8（a）和（b）所示。

铅挤压阻尼器具有"库仑摩擦"的特点，其滞回曲线基本呈矩形，如图 6-8（c）所示，在地震作用下，挤压力和消能能力基本上与速度无关。

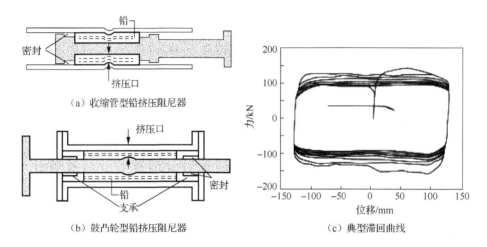

（a）收缩管型铅挤压阻尼器

（b）鼓凸轮型铅挤压阻尼器　　　　　　（c）典型滞回曲线

图 6-8　铅挤压阻尼器及其典型滞回曲线

4. 黏弹性阻尼器

黏弹性阻尼器由黏弹性材料和约束钢板组成。典型的黏弹性阻尼器如图 6-9（a）所示，它是由两个 T 形约束钢板夹一块矩形钢板组成的，T 形约束钢板与中间钢板之间夹有一层黏弹性材料，在反复轴向力作用下，约束 T 形钢板与中间钢板产生相对运动，使黏弹性材料产生往复剪切滞回变形，以吸收和消散能量。

图 6-9（b）为黏弹性阻尼器的典型滞回曲线。可以看出，其滞回环呈椭圆形，具有很好的消能性能，它能同时提供刚度和阻尼。由于黏弹性材料的性能受温度、频率和应变幅值的影响，所以黏弹性阻尼器的性能受温度、频率和应变幅值的影响。有关研究结果表明，其消能能力随着温度的增加而降低；随着频率的增加而增加，但在高频下，随着循环次数的增加，消能能力逐渐退化至某一平衡值。当应变幅值小于 50%时，应变的影响不大，但在大应变的激励下，随着循环次数的增加，消能能力逐渐退化至某一平衡值。

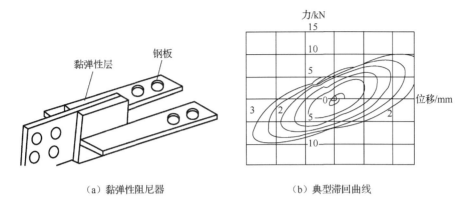

（a）黏弹性阻尼器   （b）典型滞回曲线

图 6-9 黏弹性阻尼器及其典型滞回曲线

5. 黏滞阻尼器

黏滞阻尼器主要有筒式黏滞阻尼器等。筒式黏滞阻尼器一般由缸体、活塞和黏滞流体组成。活塞上开有小孔，并可以在充有硅油或其他黏性流体的缸内做往复运动。当活塞与筒体间产生相对运动时，流体从活塞的小孔内通过，对两者的相对运动产生阻尼，从而耗散能量。

第二节　隔震与消能减震设计的一般规定

一、隔震设计的一般规定

（一）隔震结构的设计要求

（1）结构高宽比宜小于 4，且不应大于相关规范规程对非隔震结构的具体规定，其变形特征接近剪切变形，最大高度应满足非隔震结构的要求；高宽比大于 4 或非隔震结构相关规定的结构采用隔震设计时，应进行专门研究。

（2）建筑场地宜为Ⅰ类、Ⅱ类、Ⅲ类，并应选用稳定性较好的基础类型。

（3）风荷载和其他非地震作用的水平荷载标准值产生的总水平力不宜超过结构总重力的 10%

（4）隔震层应提供必要的竖向承载力、侧向刚度和阻尼；穿过隔震层的设备配管、配线，应采用柔性连接或其他有效措施以适应隔震层的罕遇地震水平位移。

（二）隔震结构的抗震设计规定

（1）隔震设计应根据预期的水平向减震系数和位移控制要求，选择适当的隔震支座（含阻尼器）及为抵抗地基微震动与风荷载提供初刚度的部件组成结构的隔震层。

（2）隔震支座应进行竖向承载力的验算和罕遇地震下水平位移的验算。

（3）隔震层以上结构的水平地震作用应根据水平向减震系数确定；其竖向地震作用标准值 8 度和 9 度时分别不应小于隔震层以上结构总重力荷载代表值的 20%和 40%。

（4）底隔震层以下结构（包括地下室）的地震作用和抗震验算，应采用罕遇地震下隔震支座底部的竖向力、水平力和力矩进行计算。

（5）隔震建筑地基基础的抗震验算和地基处理仍应按本地区抗震设防烈度进行，甲、乙类建筑的抗液化措施应按提高一个液化等级确定，直至全部消除液化沉陷。

（三）不阻碍隔震层在罕遇地震下发生大变形的措施

（1）上部结构的周边应设置竖向隔离缝，缝宽不宜小于各隔震支座在罕遇地震下的最大水平位移值的 1.2 倍，且不小于 200mm。对相邻隔震结构，其缝宽取最大水平位移值之和，且不小于 400mm。

（2）上部结构与下部结构之间，应设置完全贯通的水平隔离缝，缝高可取 20mm，并用柔性材料填充；当设置水平隔离缝有困难时，应设置可靠的水平滑移垫层。

（3）穿越隔震层的门廊、楼梯、电梯、车道等部位，应防止可能的碰撞。

（四）隔震层以上结构的抗震措施

当水平向减震系数大于 0.40（设置阻尼器时为 0.38）时，不应降低非隔震时的有关要求；水平向减震系数不大于 0.40（设置阻尼器时为 0.38）时，可适当降低本书有关章节对非隔震建筑的要求，但烈度降低不得超过 1 度，与抵抗竖向地震作用有关的抗震构造措施不应降低。此时，对砌体结构可按《建筑抗震设计规范（2016 年版）》（GB 50011—2010）附录 L 采取抗震构造措施。

与抵抗竖向地震作用有关的抗震措施，对钢筋混凝土结构，柱和墙肢的轴压比控制应仍按非隔震的有关规定；对砌体结构，外墙尽端墙体的最小尺寸和圈梁应仍按非隔震的有关规定采用。

（五）隔震层与上部结构的连接抗震措施

1. 隔震层顶部设置梁板式楼盖

（1）隔震支座的相关部位应采用现浇混凝土梁板结构，现浇板厚度不应小于 160mm。

（2）隔震层顶部梁、板的刚度和承载力，宜大于一般楼盖梁板的刚度和承载力。

（3）隔震支座附近的梁、板应计算冲切和局部承压，加密箍筋并根据需要配置网状钢筋。

2. 隔震支座和阻尼装置的连接构造

（1）隔震支座和阻尼装置应安装在便于维护人员接近的部位。

（2）隔震支座与上部结构、下部结构之间的连接件，应能传递罕遇地震下支座的最大水平剪力和弯矩。

（3）外露的预埋件应有可靠的防锈措施。预埋件的锚固钢筋应与钢板牢固连接，锚固钢筋的锚固长度宜大于 20 倍锚固钢筋直径，且不应小于 250mm。

二、消能减震设计的一般规定

（一）消能部件的设置

消能减震结构应根据罕遇地震作用下的预期结构位移控制要求，设置适当的消能部件，消能部件可由消能器及斜支撑、填充墙、梁或节点等组成。

消能减震结构中的消能部件应沿结构的两个主轴方向分别设置，消能部件宜设置在层间变形较大的位置，其数量和分布应通过综合分析合理确定。

（二）耗能器的性能要求

为了保证消能器的工作性能，消能器应符合下列规定。

对黏滞流体消能器，由第三方进行抽样检验，其数量为同一工程、同一类型、同一规格数量的 20%，但不少于 2 个，检测合格率为 100%，检测后的消能器可用于主体结构；对其他类型消能器，抽检数量为同一类型、同一规格数量的 3%，当同一类型、同一规格的消能器数量较少时，可以在同一类型消能器中抽检总数量的 3%，但不应少于 2 个，检测合格率为 100%，检测后的消能器不能用于主体结构。

对速度相关型消能器，在消能器设计位移和设计速度幅值下，以结构基本频率往复循环 30 圈后，消能器的主要设计指标误差和衰减量不应超过 15%；对位移相关型消能器，在消能器设计位移幅值下往复循环 30 圈后，消能器的主要设计指标误差和衰减量不应超过 15%，且不应有明显的低周疲劳现象。

（三）结构抗震构造要求

消能器与支撑构件的连接，应符合有关规范和规程对相关构件连接的构造要求。在消能器施加给主结构最大阻尼力作用下，消能器与主结构之间的连接部件应在弹性范围内工作。与消能部件相连的结构构件设计时，应计入消能部件传递的附加内力。

当消能减震结构的抗震性能明显提高时，主体结构的抗震构造要求可适当降低。降低程度可根据消能减震结构的地震影响系数与不设置消能减震装置结构的地震影响系数之比确定，最大降低程度应控制在 1 度以内。

为了保证消能器的工作性能，消能器的极限位移应不小于罕遇地震下消能器最大位移的 1.2 倍；对速度相关型消能器，消能器的极限速度应不小于地震作用下消能器最大速度的 1.2 倍，且消能器应满足在此极限速度下的承载力要求。

第三节　隔震房屋设计要点

一、建筑隔震设计的基本要求

（1）基础隔震房屋的设计地震，应与传统的基础固定房屋的设计地震相同，即对于建造在同一地区的基础隔震房屋和基础固定房屋，采用相同的设计地震动参数，如相同的设计反应谱等。

（2）要求分析基础隔震房屋在相应于最大地震反应时的最大侧向位移性能，并进行相应试验以取得可靠的数据。《建筑抗震设计规范（2016 年版）》（GB 50011—2010）要求对基础隔震房屋进行竖向承载力的验算和罕遇地震下水平位移的验算。

（3）要求在设计地震作用下，基础隔震装置以上的房屋基本上保持弹性状态。

（4）对隔震器（或隔震支座）本身的要求：第一，要求在设计位移时，隔震器保持力学上的稳定；第二，要求隔震器能提供随着位移增长而增大的抗力，即抗力的增长与位移增长成正比；第三，要求在反复的周期荷载作用下，隔震器的性能不至于严重退化；第四，要求使用的隔震器有数量化的工程参数，如力和位移的关系、阻尼等便于在设计中应用的参数。

（5）隔震设计应根据预期的竖向承载力、水平向减震系数和位移控制要求，选择适当的隔震装置及抗风装置组成结构的隔震层。

二、建筑隔震设计计算要点

建筑结构隔震设计的计算分析应符合下列规定：当上部结构的体形比较复杂或刚度、强度分布不均匀时，就必须将上部结构看成多自由度系统，连同隔震器一起进行整个系统的动力反应分析。在进行动力反应分析时，系统的计算模型与一般的多层房屋基本相同，所不同的是与隔震支座相连接的上部结构的底板也应简化为一个或多个质点（与上部各层的简化相同），该质点所对应的层间刚度和阻尼应取隔震支座的刚度和阻尼。当隔震层以上结构的质心与隔震层刚度中心不重合时，应计入扭转效应的影响。系统的计算模型确定之后，就可以按一般的多自由度体系计算隔震房屋系统的自振特性和动力反应。

一般情况下，宜采用时程分析法进行计算。输入地震波的反应谱特性和数量，应依据《建筑抗震设计规范（2016 年版）》（GB 50011—2010），计算结果宜取其包络值。当处于地震断层 10km 以内时，输入地震波应考虑近场影响系数，5km 以内宜取 1.5，5km 以外可取不小于 1.25。

（一）隔震层布置及要求

隔震层宜设置在结构的底部或下部，其叠层橡胶支座应设置在受力较大的位置，间距不宜过大，其规格、数量和分布应根据竖向承载力、侧向刚度和阻尼的要求通过计算确定。隔震层在罕遇地震下应保持稳定，不宜出现不可恢复的变形。其叠层橡胶支座在罕遇地震的水平和竖向地震同时作用下，拉应力不应大于1MPa。

隔震层的水平等效刚度和等效黏滞阻尼比可按下列公式计算：

$$K_h = \sum K_j \qquad\qquad (6\text{-}4)$$

$$\zeta_{eq} = \sum K_j \zeta_j / K_h \qquad\qquad (6\text{-}5)$$

式中：K_h——隔震层水平等效刚度；

　　　ζ_{eq}——隔震层等效黏滞阻尼比；

　　　K_j—— j 隔震支座（含消能器）由试验确定的水平等效刚度；

　　　ζ_j—— j 隔震支座由试验确定的等效黏滞阻尼比，设置阻尼装置时，应包括相应的阻尼比。

（二）隔震层以上结构地震作用计算

对多层结构，水平地震作用沿高度可按重力荷载代表值分布。隔震后水平地震作用计算的水平地震影响系数可根据烈度、场地类别、设计地震分组和结构自振周期，以及阻尼比按《建筑抗震设计规范（2016 年版）》（GB 50011—2010）确定。水平地震影响系数最大值可按下式计算：

$$\alpha_{max1} = \beta \alpha_{max} / \psi \qquad\qquad (6\text{-}6)$$

式中：α_{max1}、α_{max}——隔震后和非隔震的水平地震影响系数最大值。

　　　β——水平向减震系数（对于多层建筑，为按弹性计算所得的隔震与非隔震各层层间剪力的最大比值；对高层建筑结构，尚应计算隔震与非隔震各层倾覆力矩的最大比值，并与层间剪力的最大比值相比较，取二者的较大值）。

　　　ψ——调整系数（一般橡胶支座，取 0.80；支座剪切性能偏差取 0.85；隔震装置带有阻尼器时，相应减少 0.05）。

隔震层以上结构的总水平地震作用不得低于非隔震结构在 6 度设防时的总水平地震隔震层以上结构的总水平地震作用，并应进行抗震验算。各楼层的水平地震剪力尚应符合对本地区设防烈度的最小地震剪力系数的规定。

9 度和 8 度且水平向减震系数不大于 0.3 时，隔震层以上的结构应进行竖向地震作用的计算。隔震层以上结构竖向地震作用标准值计算时，各楼层可视为质点，并按《建筑抗震设计规范（2016 年版）》（GB 50011—2010）中的公式计算竖向地震作用标准值沿高度的分布。

计算隔震系统以上结构的设计地震作用，当不需要对上部结构进行动力分析（反应谱分析和时程分析）时，上部结构的设计抗侧力水平，可以根据上部结构的抗侧力形式设计，并假定设计抗侧力水平如下所述。

（1）与基础隔震结构周期相同的基础固定结构的设计地震作用。这个基础固定结构的周期可以用经验公式计算，设计地震作用应按有关设计规范或适当的设计文件来确定。

（2）相应于设计风荷载的底部剪力。

（3）隔震系统所需要的设计地震作用，如软化系统的屈服水平、风力约束系统的极限能力、滑动系统的静摩擦水平力等。

另外，设计抗侧力，对于偏心结构，不能小于静力分析所需要的最小抗侧力；对于规则结构，不能小于 80% 的静力分析所需要的最小抗侧力。

静力分析中按下列公式描述设计侧向力：

$$V_s = 2K_{\max}D / R_w \tag{6-7}$$

式中：V_s——隔震系统以上的侧向地震力或作用于构件上的剪力；

　　　　$K_{\max}$——在所考虑的方向上，在总的设计位移下，隔震系统的最大等效刚度（应按原型隔震器的试验结果确定）；

　　　　R_w——与抗侧力系统的形式有关的计算系数（按有关的设计文件确定，但不大于 8）。

（三）基础隔震系统的设计位移

建筑隔震设计计算的主要内容是计算在设计地震作用下的位移，并使这个位移满足一定的要求。

砌体结构及与其基本周期相当的结构，隔震层质心处在罕遇地震下的水平位移可按下式计算：

$$u_c = \lambda_s \alpha_1(\zeta_{eq})G / K_h \tag{6-8}$$

式中：λ_s——近场系数（距发震断层 5km 以内取 1.5，5～10km 取不小于 1.25）；

　　　　$\alpha_1(\zeta_{eq})$——罕遇地震下的地震影响系数值（隔震层参数可按《建筑抗震设计规范（2016 年版）》（GB 50011—2010）进行计算；

　　　　K_h——罕遇地震下隔震层的水平刚度。

当隔震支座的平面布置为矩形或者接近于矩形，但上部结构的质心与隔震层刚度中心不重合时，隔震支座扭转影响系数可按下列方法确定。

仅考虑单向地震作用的扭转时，扭转影响系数可按下列公式计算：

$$\eta = 1 + 12es_i / (a^2 + b^2) \tag{6-9}$$

式中：e——上部结构质心与隔震层刚度中心在垂直于地震作用方向的偏心距；

　　　s_i——第 i 个隔震支座与隔震层刚度中心在垂直于地震作用方向的距离；

　　　a、b——隔震层平面的两个边长的长度。

对边支座，其扭转影响系数不宜小于 1.15；当隔震层和上部结构采取有效的抗扭措施后或扭转周期小于平动周期的 70%，扭转影响系数可取 1.15。

同时考虑双向地震作用的扭转时，扭转影响系数仍按上式计算，但其中的偏心距值（e）应采用下列公式中的较大值替代：

$$e = \sqrt{e_x^2 + (0.85e_y)^2} \tag{6-10}$$

$$e = \sqrt{e_y^2 + (0.85e_x)^2} \tag{6-11}$$

式中：e_x、e_y——y 方向和 x 方向地震作用时的偏心距。

对边支座，其扭转影响系数不宜小于 1.2。

（四）隔震层隔震支座要求

隔震支座在表6-1所列的压应力下的极限水平变位，应大于其有效直径的0.55倍和支座内部橡胶总厚度 3 倍二者中的较大值。

表 6-1　橡胶隔震支座压应力限值

建筑类别	甲类建筑	乙类建筑	丙类建筑
压应力限值/MPa	10	12	15

注：1. 压应力设计值应按永久荷载和可变荷载的组合计算；其中，楼面活荷载应按现行国家标准《建筑结构荷载规范》（GB 50009—2012）的规定乘以折减系数。

　　2. 结构倾覆验算时应包括水平地震作用效应组合；对需进行竖向地震作用计算的结构，尚应包括竖向地震作用效应组合。

　　3. 当橡胶支座的第二形状系数（有效直径与橡胶层总厚度之比），小于 5 时应降低平均压应力限值，小于 5、大于等于 4 时降低 20%，小于 4、大于等于 3 时降低 40%。

　　4. 外径小于 300mm 的橡胶支座，丙类建筑的压应力限值为 10MPa。

在经历相应设计基准期的耐久试验后，隔震支座刚度、阻尼特性变化不超过初期值的±20%；徐变量不超过支座内部橡胶总厚度的 5%。

橡胶隔震支座在重力荷载代表值的竖向压应力不应超过表 6-1 的规定。

隔震支座由试验确定设计参数时，竖向荷载应保持压应力限值，对水平减震系数计算，应取剪切变形 100% 的等效刚度和等效黏滞阻尼比；对罕遇地震验算，宜采用剪切变形 250% 时的等效刚度和等效黏滞阻尼比，当隔震支座直径较大时，可采用剪切变形 100% 时的等效刚度和等效黏滞阻尼比。当采用时程分析时，应以实验所得滞回曲线作为计算依据。

隔震支座的水平剪力应根据隔震层在罕遇地震下的水平剪力按各隔震支座的水平等效刚度分配；当按扭转耦联计算时，尚应计及隔震层的扭转刚度。

隔震支座对应于罕遇地震水平剪力的水平位移，应符合下列要求：

$$u_i \leqslant [u_i] \tag{6-12}$$

$$u_i = \eta_i u_e \tag{6-13}$$

式中：　u_i——罕遇地震作用下，第 i 个隔震支座考虑扭转的水平位移；

　　　　$[u_i]$——第 i 个隔震支座的水平位移限值（对橡胶隔震支座，不应超过该支座有效直径的 0.55 倍和支座内部橡胶总厚度 3.0 倍二者的较小值）；

　　　　u_e——罕遇地震下隔震层质心处或不考虑扭转的水平位移；

　　　　η_i——第 i 个隔震支座的扭转影响系数（应取考虑扭转和不考虑扭转时 i 支座计算位移的比值；当隔震层以上结构的质心与隔震层刚度中心在两个主轴方向均无偏心时，边支座的扭转影响系数不应小于 1.15）。

（五）隔震层以下结构和基础要求

隔震层支墩、支柱及相连构件，应采用隔震结构罕遇地震下隔震支座底部的竖向力、水平力和力矩进行承载力验算。

隔震层以下的结构（包括地下室和隔震塔楼下的底盘）中直接支承隔震层以上结构的相关构件，应满足嵌固的刚度比和隔震后设防地震的抗震承载力要求，并按罕遇地震进行抗剪承载力验算，隔震层以下地面以上的结构在罕遇地震下的层间位移角限值 $[\theta_p]$ 应满足表 6-2 的要求。

表 6-2　隔震层以下地面以上结构在罕遇地震下的层间位移角限值

下部结构类型	钢筋混凝土框架结构和钢结构	钢筋混凝土框架-抗震墙	钢筋混凝土抗震墙
$[\theta_p]$	1/100	1/200	1/250

隔震建筑地基基础的抗震验算和地基处理仍应按本地区抗震设防烈度进行，甲、乙类建筑的抗液化措施应按提高一个液化等级确定，直至全部消除液化沉陷。

三、建筑隔震设计的隔震措施

（一）罕遇地震下不阻碍隔震层发生大变形的措施

上部结构的周边应设置竖向隔离缝，缝宽不宜小于各隔震支座在罕遇地震下的最大水平位移值的 1.2 倍且不小于 200mm。对两相邻隔震结构，其缝宽取最大水平位移值之和，且不小于 400mm。

上部结构与下部结构之间，应设置完全贯通的水平隔离缝，缝高可取 20mm，并用柔性材料填充；当设置水平隔离缝确有困难时，应设置可靠的水平滑移垫层。

穿越隔震层的门廊、楼梯、电梯、车道等部位，应防止可能的碰撞。

（二）隔震层以上结构的隔震措施

隔震层以上结构的抗震措施：当水平向减震系数大于 0.40（设置阻尼器时为 0.38）时，不应降低非隔震时的有关要求；水平向减震系数不大于 0.40（设置阻尼器时为 0.38）时，可适当降低《建筑抗震设计规范（2016 年版）》（GB 50011—2010）中的有关章节对非隔震建筑的要求，但烈度降低不得超过 1 度。考虑到隔震层对竖向地震作用没有隔震效果，隔震层以上结构的抗震构造措施应保留与竖向抗力有关的要求。

（三）隔震层与上部结构的连接

为了保证隔震层能够整体协调工作，隔震层顶部应设置平面内刚度足够大的梁板体系。

当采用装配整体式钢筋混凝土楼盖时，为使纵横梁体系能传递竖向荷载并协调横向剪力在每个隔震支座的分配，支座上方的纵横梁体系应为现浇。为增大隔震层顶部梁板的平面内刚度，需加大梁的截面尺寸和配筋。隔震支座附近的梁、柱受力状态复杂，地震时还会受到冲切，应加密箍筋，必要时配置网状钢筋。

隔震支座和阻尼器应安装在便于维护人员接近的部位。隔震支座与上部结构、基础结构之间的连接件应能传递罕遇地震下支座的最大水平剪力。外露的预埋件应有可靠的防锈措施。预埋件的锚固钢筋应与钢板牢固连接。

第四节 消能减震房屋的设计要点

一、消能减震结构设计的基本内容

（1）预估结构的位移，并与未采用消能减震结构的位移相比。
（2）求出所需的附加阻尼。
（3）选择消能部件的数量、布置和所能提供的阻尼大小。
（4）设计相应的消能部件。
（5）对消能减震体系进行整体分析，确认其是否满足位移控制要求。

二、消能减震装置的布置

消能部件可根据需要沿结构的两个主轴方向分别设置。消能部件宜设置在变形较大的位置，其数量和分布应通过综合分析合理确定，并有利于提高整个结构的消能减震能力，形成均匀合理的受力体系。

三、消能减震结构设计计算

（一）消能减震设计的计算分析应符合的主要规定

1. **主体结构基本处于弹性工作阶段**

当主体结构基本处于弹性工作阶段时，可采用线性分析方法作简化估算，并根据结构的变形特征和高度等，按《建筑抗震设计规范（2016 年版）》（GB 50011—2010）5.1 节的规定分别采用底部剪力法、振型分解反应谱法和时程分析法。消能减震结构的地震影响系数可根据消能减震结构的总阻尼比按《建筑抗震设计规范（2016 年版）》（GB 50011—2010）第 5.1.5 条的规定采用。

消能减震结构的自振周期应根据消能减震结构的总刚度确定，总刚度应为结构刚度和消能部件有效刚度的总和。

消能减震结构的总阻尼比应为结构阻尼比和消能部件附加给结构的有效阻尼比的总和[16]，多遇地震和罕遇地震下的总阻尼比应分别计算。

2. **主体结构进入弹塑性阶段**

对主体结构进入弹塑性阶段的情况，应根据主体结构体系特征，采用静力非线性分析方法或非线性时程分析方法。

在非线性分析中，消能减震结构的恢复力模型应包括结构恢复力模型和消能部件的恢复力模型。

3. **消能减震结构的层间弹塑性位移角限值**

消能减震结构的层间弹塑性位移角限值，应符合预期的变形控制要求，宜比非消能减震结构适当减小。

（二）消能部件的有效阻尼比和有效刚度计算方法

（1）位移相关型消能部件和非线性速度相关型消能部件附加给结构的有效刚度应采用等效线性化方法确定。

（2）消能部件附加给结构的有效阻尼比可按下式估算：

$$\xi_a = \sum_j W_{cj} / (4\pi W_a) \qquad (6\text{-}14)$$

式中：ξ_a——消能减震结构的附加有效阻尼比；

W_{cj}——第 j 个消能部件在结构预期层间位移 Δu 下往复循环一周所消耗的能量；

W_a——设置消能部件的结构在预期位移下的总应变能。

（3）不计及扭转影响时，消能减震结构在水平地震作用下的总应变能，可按下式估算：

$$W_a = \frac{1}{2} \sum F_i u_i \qquad (6\text{-}15)$$

式中：F_i——质点 i 的水平地震作用标准值；

　　　u_i——质点 i 对应于水平地震作用标准值的位移。

（4）速度线性相关型消能器在水平地震作用下往复循环一周所消耗的能量，可按下式估算：

$$W_{cj} = (2\pi^2 / T_1) C_j \cos^2 \theta_j \Delta u_j^2 \qquad (6\text{-}16)$$

式中：T_1——消能减震结构的基本自振周期；

　　　C_j——第 j 个消能器的线性阻尼系数；

　　　θ_j——第 j 个消能器的消能方向与水平面的夹角；

　　　Δu_j——第 j 个消能器两端的相对水平位移。

当消能器的阻尼系数和有效刚度与结构振动周期有关时，可取相应于消能减震结构基本自振周期的值。

（5）位移相关型和速度非线性相关型消能器在水平地震作用下往复循环一周所消耗的能量，可按下式估算：

$$W_{cj} = A_j \qquad (6\text{-}17)$$

式中：A_j——第 j 个消能器的恢复力滞回环在相对水平位移 Δu_j 时的面积。

消能器的有效刚度可取消能器的恢复力滞回环在相对水平位移 Δu_j 时的割线刚度。

（6）消能部件附加给结构的有效阻尼比超过 25% 时，宜按 25% 计算。

（三）消能部件的设计参数

（1）速度线性相关型消能器与斜撑、墙体或梁等支承构件组成消能部件时，支承构件沿消能器消能方向的刚度应满足下式：

$$K_b \geqslant (6\pi / T_1) C_D \qquad (6\text{-}18)$$

式中：K_b——支承构件沿消能器方向的刚度；

　　　C_D——消能器的线性阻尼系数；

　　　T_1——消能减震结构的基本自振周期。

（2）黏弹性消能器的黏弹性材料总厚度应满足下式：

$$t \geqslant \frac{\Delta u}{[\gamma]} \qquad (6\text{-}19)$$

式中：t——黏弹性消能器的黏弹性材料的总厚度；

　　　Δu——沿消能器方向的最大可能的位移；

　　　$[\gamma]$——黏弹性材料允许的最大剪切应变。

（3）位移相关型消能器与斜撑、墙体或梁等支承构件组成消能部件时，消能部件的恢复力模型参数宜符合下列要求：

$$\Delta u_{\mathrm{py}} / \Delta u_{\mathrm{sy}} \leqslant 2/3 \tag{6-20}$$

式中： Δu_{py} ——消能部件在水平方向的屈服位移或起滑位移；

Δu_{sy} ——设置消能部件的结构层间屈服位移。

（4）消能器的极限位移应不小于罕遇地震下消能器最大位移的 1.2 倍；对速度相关型消能器，消能器的极限速度应不小于地震作用下消能器最大速度的 1.2 倍，且消能器应满足在此极限速度下的承载力要求。

第七章 工程实例

第一节 临沂金世纪 9 号楼结构设计

一、工程概况

临沂金世纪 9 号楼项目[17]位于临沂市兰山区青年路中段北侧,东邻山东医学专科学校宿舍区,南至青年路,西至蒙山大道,北至水田路。该建筑地下 2 层,层高为 4.4m 和 5.2m;地上 79 层,其中 1～8 层为商业区,层高为 4.5～5.5m;10～24 层为办公区,标准层层高为 3.7m;26～50 层为公寓式办公区,标准层层高为 3.4m;51～68 层为酒店,标准层层高为 3.5m;69～79 层为设备层,层高为 4.0m;9 层、25 层、41 层和 57 层为避难层,层高 4.8～4.9m。68～79 层逐层内收,顶标高为 302.4m(计算结构高度时内收部分取其一半,即主体结构高度为 278.1m)。建筑效果图和计算模型三维图如图 7-1 所示。依据《建筑抗震设计规范(2016 年版)》(GB 50011—2010)可知,该地区抗震设防烈度为 7 度(0.15g),第一组,II 类场地,有关报告提供的小震地震动峰值加速度为 85cm/s^2。

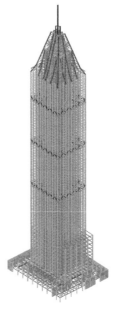

图 7-1 建筑效果图和计算模型三维图

二、结构选型和布置

根据本工程的地震烈度和风荷载大小，以及建筑高度和平面布置情况，主楼可采用钢筋混凝土筒中筒结构（方案一）、带伸臂桁架加强层的钢管混凝土柱外筒-钢筋混凝土内筒结构（方案二）、带伸臂桁架加强层和大斜撑的钢管混凝土柱外筒-钢筋混凝土内筒结构（方案三）、带伸臂桁架加强层的巨柱框架-钢筋混凝土核心筒结构（方案四），其中钢管混凝土柱均为矩形钢管混凝土柱。各个方案的平面和立面比选示意图如图 7-2 所示，简要对比如表 7-1 所示。

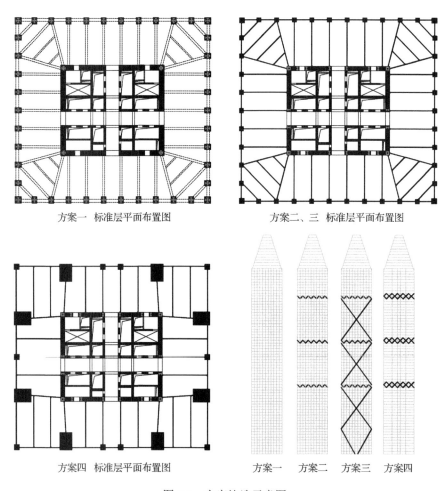

方案一 标准层平面布置图　　　　方案二、三 标准层平面布置图

方案四 标准层平面布置图　　　方案一　方案二　方案三　方案四

图 7-2　方案比选示意图

表7-1 结构方案简要对比

对比项	方案一	方案二	方案三	方案四
结构形式	钢筋混凝土筒中筒结构	带伸臂桁架加强层的钢管混凝土柱外筒-钢筋混凝土内筒结构	带伸臂桁架加强层和大斜撑的钢管混凝土柱外筒-钢筋混凝土内筒结构	带伸臂桁架加强层的巨柱框架-钢筋混凝土核心筒结构
优点	无加强层，刚度变化均匀，无薄弱层	构件截面小于方案一，自重小，抗震性能好	抗震性能和经济性均优于方案二	抗震性能好
缺点	构件截面大、位移角和中震偏拉不宜满足	避难层处设置伸臂桁架和周边环带桁架，刚度突变	避难层处设置伸臂桁架和周边环带桁架，侧面大斜撑影响视觉效果	需要重新调整建筑方案的平面和立面

从造价、施工和使用功能等各方面同甲方反复比较，最终采用了方案二：带加强层的"矩形钢管混凝土柱外筒-钢筋混凝土内筒"的筒中筒混合结构体系（其中梁为钢梁，板为钢筋混凝土楼板）。为了控制结构在地震作用下的层间位移，结合避难层和设备层的布置，总共在第25层、41层、57层设了3个带伸臂桁架和周边环带桁架的加强层。内筒外墙的四角和墙肢端部均设置了型钢暗柱，与楼层标高处内含型钢的暗梁形成封闭的型钢框架。结构主要设计参数如表7-2所示。

表7-2 结构主要设计参数

设计参数	参数值
建筑结构安全等级	二级
结构设计使用年限	50年
地基基础设计等级	甲级
建筑工程抗震设防类别	乙类
抗震设防烈度	7度（0.15g）
设计地震分组	第一组
建筑场地类别	II类
50年一遇基本风压	0.40kN/m²（取值约为0.45kN/m²，相当于100年一遇风压）
10年一遇基本风压	0.30kN/m²
地面粗糙度类别	C类
风荷载体形系数	1.4
50年一遇基本雪压	0.40kN/m²

设计参数		参数值
嵌固端位置		地下 1 层顶
钢筋混凝土内筒抗震等级		地下 1 层及以上：特一级； 地下 2 层：一级
矩形钢管混凝土外筒和内框架抗震等级		地下 1 层及以上：特一级； 地下 2 层：一级
特征周期		0.40（多遇地震和设防地震） 0.45（罕遇地震）
阻尼比		0.04
连梁刚度折减系数		0.60
水平地震影响系数 最大值 α_{max}	多遇地震	0.12 0.19（相关报告，计算时取该值）
	设防地震	0.34
	罕遇地震	0.72
地震加速度最大值/（cm/s^2）	多遇地震	55 85（相关报告，计算时取该值）
	罕遇地震	310

主楼标准层平面为矩形，外轮廓尺寸是 42.9m×47.1m，高宽比为 278.1/42.9= 6.5<8.0，满足相关要求。内筒居中，其外轮廓尺寸为 21.3m×25.3m（地上 1 层的内筒尺寸），内筒的高宽比为 278.1/21.3=13.1。钢筋混凝土剪力墙组成的内筒是主要的抗侧力体系；外围的矩形钢管混凝土柱和钢梁组成外框筒（柱中轴线间距为 4.2m），以承担竖向荷载为主，同时也承担相当大的水平力和倾覆弯矩。顶部楼层内收处采用外筒柱向内倾斜的形式以避免转换。底部门厅层、加强层和顶部内收楼层的示意图如图 7-3 所示。

塔楼主要承重构件选用 Q345GJB 钢材，从底向上外筒角柱截面由 1 300mm× 1 300mm×50mm 渐变为 800×800×30，边柱截面由 1 000mm×1 000mm×38mm 渐变为 800mm×800mm×30mm。钢梁采用焊接 H 型钢，标准层周边钢梁截面为 H650mm×400mm×14mm×35mm，内部钢梁截面为 H500mm×250mm×10mm×25mm，钢梁与外筒柱刚接，与内筒剪力墙铰接。内筒混凝土强度等级从底向上由 C60 渐变为 C40，外墙厚度由 1 400mm 减少到 600mm。

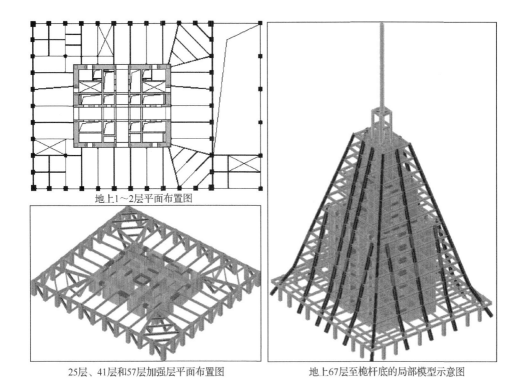

地上1～2层平面布置图

25层、41层和57层加强层平面布置图　　地上67层至桅杆底的局部模型示意图

图 7-3　底部门厅层、加强层和顶部内收楼层的示意图

三、地基基础设计

根据地质勘查报告，地下室结构埋深为 13.4m，以第⑤层中风化石灰岩为持力层，地基承载力特征值为 5 000kPa。裙房基础与主楼基础连成一体，不设沉降缝。主楼采用筏板基础，筏板厚度 3 000mm；周边裙房处采用独立基础+抗水板的形式，抗水板厚 550mm，采用岩石锚杆来抵抗水浮力。

勘查揭露场地内对工程存在不利影响的因素主要为石灰岩地层中发育的岩溶作用。发育岩溶类型主要为埋藏型岩溶，发育特点复杂，与岩性、地形地貌、地质构造、岩层产状、地下水活动规律等诸多因素有关，其形态各异。结合本地区岩溶发育的特点，要求开挖至设计标高后应由地勘部门进一步查明基底下 5m 深度内岩溶分布、规模、形态等特点，根据现场实际情况对表层或浅部岩溶采用 C20 素混凝土补嵌或破顶充填洞隙，对深度介于 1～5m 的岩溶洞隙采用高压注浆方法填充洞隙。另外，从基础形式上采用筏板基础的方案来增大基础刚度，降低岩溶对主楼的不利影响。

基础埋深与主楼的高度比为 1/21<1/15，需进行抗倾覆计算和抗滑移计算。对于本工程，计算时偏于保守地将主楼独立考虑，不计入周边地下室的约束作用。

经计算在小震和风荷载作用时，抗倾覆力矩与倾覆力矩的比值最小为 3.6>3.0，基础底面不会出现零应力区；抗滑移力与水平力之比最小为 16，主楼不会发生滑移。

四、结构分析和设计

（一）超限情况和抗震性能设计目标

主楼结构高度为 278.1m，超出有关 7 度设防时混合结构最大适用高度 230m的要求，超出约 21%。本楼在第 25 层、41 层、57 层设了 3 道加强层，导致对应位置竖向刚度突变和承载力突变。主楼在酒店门厅楼板开洞处存在穿层柱，顶部 12 层外围是斜柱。综上所述，本工程为高度超限且存在 3 项一般不规则项的超限项目。据此情况，将结构整体抗震性能目标定为 C 级，关键构件包括"底部加强区和加强层及其上下楼层的墙、柱；伸臂和周边环带桁架"，如表 7-3 所示。

表 7-3　抗震性能目标（C 级）

	地震动水准		多遇地震	设防地震	罕遇地震
结构整体性能水平	抗震性能水准		一	三	四
	宏观损坏程度		完好，无损坏	轻度损坏，一般修理后可继续使用	中度损坏，修复或加固后可继续使用
构件性能指标	底部加强区和加强层及其上下楼层的墙、柱；伸臂和周边环带桁架	承载力指标	抗剪弹性；抗弯弹性	抗剪弹性；抗弯不屈服	抗剪不屈服；抗弯控制混凝土拉压损伤和钢筋塑性变形
		损坏状态	无损坏	轻微损坏	轻度损坏
	非底部加强区的墙、柱	承载力指标	抗剪弹性；抗弯弹性	抗剪弹性；抗弯不屈服	抗剪需满足截面受剪控制条件；抗弯允许部分屈服
		损坏状态	无损坏	轻微损坏	部分构件中度损坏
	钢梁、钢筋混凝土连梁	承载力指标	抗剪弹性；抗弯弹性	抗剪不屈服；抗弯允许部分屈服	允许部分屈服
		损坏状态	无损坏	轻度损坏、部分中度损坏	中度损坏、部分比较严重损坏

（二）多遇地震弹性反应谱分析

经过整体模型刚度比判断，地下 1 层顶可作为上部结构的嵌固端。上部主体结构通过 Satwe 和 Midas Building 两种软件对比分析，两者计算的周期、结构质量、风荷载、地震作用等参数基本一致，计算结果如表 7-4 所示。

表 7-4 上部主体结构主要计算结果

内容			参数值	
			Satwe 软件	Midas Building 软件
周期		T_1/s	5.692 1（Y 向平动）	5.675 0（Y 向平动）
		T_2/s	5.281 1（X 向平动）	5.269 1（X 向平动）
		T_3/s	3.242 6（扭转）	3.170 7（扭转）
扭转周期比 T_t/T_1			0.59	0.56
结构质量	总质量/t		258 048	263 251
	有效质量系数/%	X 向	96.8	96.4
		Y 向	96.4	96.0
风荷载	底部剪力/kN	X 向	16 774	16 256
		Y 向	19 008	18 400
	最大层间位移角	X 向	1/2 582（34 层）	1/2 752（34 层）
		Y 向	1/1 976（34 层）	1/2 080（34 层）
	扭转位移比	X 向	1.03（2 层）	—
		Y 向	1.02（8 层）	
地震作用	底部剪力（剪重比）/kN	X 向	73 236（2.84%）	75 342（2.92%）
		Y 向	70 429（2.73%）	72 296（2.80%）
	最大层间位移角	X 向	1/554（34 层）	1/564（34 层）
		Y 向	1/510（34 层）	1/510（34 层）
	扭转位移比	X 向	1.16（1 层）	1.15（1 层）
		Y 向	1.20（1 层）	1.20（1 层）

计算结果显示，加强层的设置导致下一层与加强层的侧向刚度比不满足《高层建筑混凝土结构技术规程》（JGJ 3—2010）第 3.5.2 条 0.9 的限值规定，最小值是 24 层处的 0.84，计算时将 24 层、40 层和 56 层指定为软弱层，地震剪力乘以1.25 的放大系数。其余楼层侧向刚度比都满足规范限值 0.9 的要求。地上 1 层和 2层的侧向刚度比最小为 1.71>1.5，满足结构底部嵌固层的要求。楼层侧向刚度比的对比曲线如图 7-4 所示。

楼层抗剪承载力比的最小值是 0.80，位于第 1 层和第 9 层处，不小于 0.75 的限值规定，本楼不存在薄弱层。楼层抗剪承载力比的对比曲线如图 7-5 所示。

由于墙、柱截面从底往上均匀变小，墙、柱轴压比最大值出现在底层处。主楼地上 1 层矩形钢管混凝土柱的轴压比介于 0.61~0.70，小于 0.70 的限值要求；内筒剪力墙轴压比介于 0.40~0.45，小于 0.50 的限值要求。

（三）多遇地震弹性时程分析

对于弹性时程分析，从甲方提供的多条地震波中筛选出符合本工程计算要求的 2 条人工波和 5 条天然波进行双向水平地震作用输入，加速度峰值取为85cm/s²，主方向和次方向的峰值加速度比值为 1.00∶0.85。

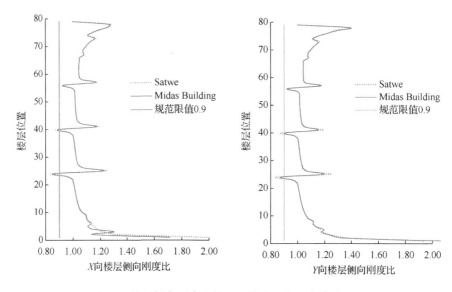

图 7-4　楼层侧向刚度比的对比曲线（本层/相邻上层）

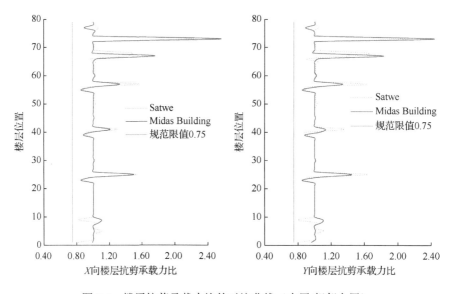

图 7-5　楼层抗剪承载力比的对比曲线（本层/相邻上层）

　　经计算得知，7 条地震波时程分析的平均楼层剪力总体上小于反应谱的计算结果，但是 X 向时程分析的平均楼层剪力在顶部部分楼层略微超反应谱计算的楼层剪力，超出幅度约 4%；Y 向时程分析结果示出在底部和顶部的部分楼层超出幅度约 10%，弹性时程的平均楼层剪力与 CQC 法楼层剪力曲线如图 7-6 所示。施工图阶段采用反应谱法与时程分析法计算结果的包络进行设计。

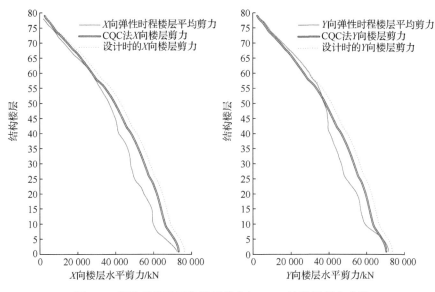

图 7-6　弹性时程的平均楼层剪力与 CQC 法楼层剪力曲线

（四）罕遇地震动力弹塑性分析

通过波谱特性对比和基底剪力对比，筛选出符合本工程结构计算要求的 1 条人工波和 2 条天然波进行双向水平地震作用输入，加速度峰值取为 310cm/s^2，主方向和次方向的峰值加速度比值为 $1.00:0.85$。计算的楼层剪力曲线和层间位移角曲线分别如图 7-7 和图 7-8 所示。X 向的最大层间位移角为 1/176（34 层），Y 向的最大层间位移角为 1/155（34 层），均小于 1/120 的限值要求。

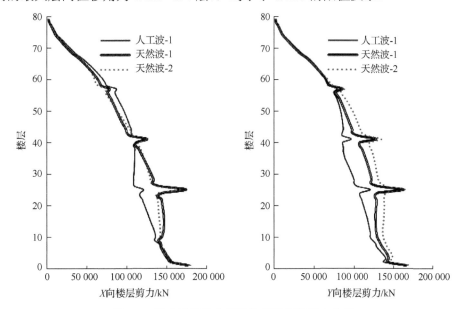

图 7-7　动力弹塑性分析法计算的楼层剪力曲线

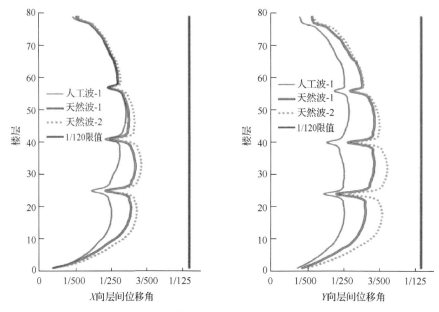

图 7-8 动力弹塑性分析法计算的层间位移角曲线

3 条大震波计算的构件损伤状况基本一致，以其中人工波 Y 主方向作用的结果为例（图 7-9）。对于剪力墙，由于内筒设置的连梁在大震下损伤耗能效果明显，从而保护了承重墙肢，大部分墙肢未出现明显的损伤，仅集中在底部几层和加强层伸臂桁架处，但其损伤因子多数小于 50%，且考虑到这些位置的钢筋和型钢的塑性应变均很小，故综合考虑可判定底部加强区和加强层的墙肢为轻度损坏，施工图阶段将这些位置均按约束边缘构件进行设计，着重加强钢筋和型钢配置。另外，顶部内筒收进处由于应力集中也出现了轻微损坏，配筋也需加强。

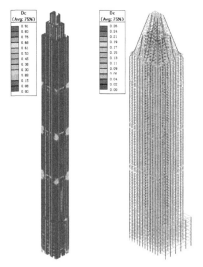

图 7-9 剪力墙和框架损伤图

上面的框架损伤图显示仅底层柱脚，加强层上、下楼层的外筒柱和桁架斜腹杆出现了轻度损坏，其余绝大多数外筒柱、钢梁和桁架均处于弹性状态，表明外筒在大震作用下的承载力仍有富余，可在内筒进入塑性后起到抗震二道防线的作用。

（五）桅杆详细分析

主楼顶部桅杆高度为 36.6m，采用 Q390 耐候钢。为了保证桅杆和主体的可靠连接，在其下部约 1/3 高度范围内设置格构式钢框架，并将主桅杆向下延伸三层。

（1）地震作用。采用等效侧力法计算桅杆的水平地震标准值：

$$F = \gamma \eta \zeta_1 \zeta_2 \alpha_{\max} G$$

式中：γ——非结构构件功能系数；

η——非结构构件类别系数；

ζ_1——状态系数，对于悬臂类构件取 2.0；

ζ_2——位置系数，位于建筑的顶点时取 2.0；

$\alpha_{\max}$——地震影响系数最大值；

G——桅杆的自重。

（2）风荷载。按照有关规范计算结果和风洞试验报告的较大值进行分析。

对桅杆的有限元分析结果如图 7-10～图 7-12 所示，在地震作用和风荷载单工况下，桅杆顶部位移分别为 225mm 和 77mm；地震作用参与的基本组合下最大应力为 138MPa，处于弹性状态。

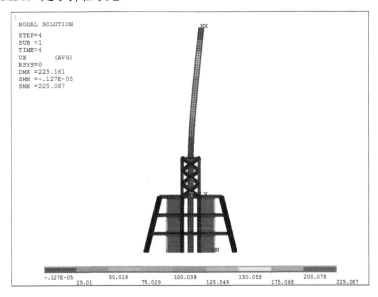

图 7-10 地震作用下位移（单位：mm）

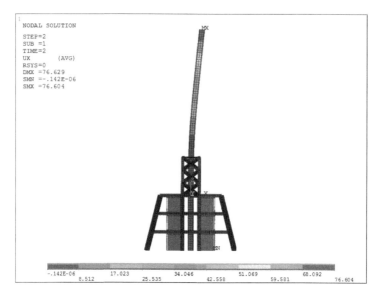

图 7-11　风荷载作用下位移（单位：mm）

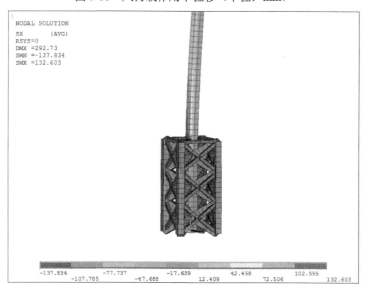

图 7-12　地震作用参与的基本组合下应力云图（单位：MPa）

　　因为桅杆干扰了整个主楼的计算参数，故将其简化，通过手算出桅杆的竖向力、水平力和弯矩，将其作为点荷载加在桅杆根部的节点上，参数模型中不再体现桅杆。桅杆根据 ANSYS 有限元分析结果来进行设计。主楼根据带桅杆的整体模型和不带桅杆的简化模型进行包络设计。

（六）施工阶段竖向构件变形计算

高层建筑尤其是超高层建筑中的各类竖向构件，如框架柱、筒体剪力墙等，它们在结构布置中的位置不同，导致所承担的水平荷载和竖向荷载也不一样，必然会在重力荷载作用下产生竖向变形的差异，从而引起重力荷载的重分布。现实中高层结构一般都随着结构的施工逐层形成，与此同时重力荷载的大部分也是随着施工逐层加到主体结构上，竖向变形也在施工时逐层找平，但是下面已经施工完成的各楼层会在后续施工时产生竖向压缩，并逐渐累积。当层数较多时，这种累积的变形会比较大，如果相邻构件间产生竖向变形差，就会形成较大的附加应力。本工程是超高层建筑，这种变形差异不容忽略。由于顶部楼层内收，导致67层以上部分竖向构件倾斜或缺失，故为了便于计算仅比较了67层以下的区段，取有代表性的外筒柱、内筒外墙和内墙各一处来分析，具体选取位置如图7-13所示。

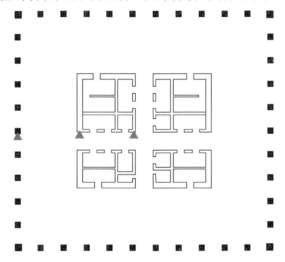

图7-13　外筒柱、内筒外墙、内筒内墙的选取位置

外筒柱、内筒外墙、内筒内墙的压缩变形如图7-14所示，主体封顶时外筒柱的压缩量最大，在40层处达到了33.66mm，而内筒剪力墙的压缩量相对较小，最大处也只有24.84mm。外筒柱和内筒外墙的压缩量差值最大为8.34mm，位于39层处；内筒外墙和内墙的压缩量差很小，最大处也只有0.42mm。采取的措施为：第一，计算时将连接内外筒的钢梁在内筒支座处按铰接处理，该位置施工时钢梁腹板和墙内的型钢暗梁通过螺栓连接，设置长圆孔，螺栓先不拧紧，待主体封顶后再从顶层至底层逐层拧紧；第二，加强层伸臂桁架和周边环带桁架待施工到上一加强层时再用高强螺栓安装本加强层的斜腹杆，并且所有斜腹杆翼缘待主体结构施工完毕后再焊接。主要通过这两项措施来降低内外筒间的竖向变形差引起的附加应力。

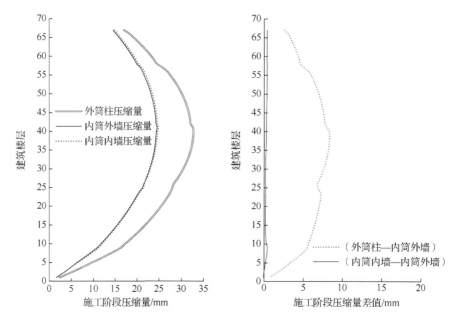

图 7-14　外筒柱、内筒外墙、内筒内墙的压缩变形

五、结语

本工程位于高烈度区，其地震作用约为风荷载的 4 倍，起到绝对控制作用。同时，各种因素限制了结构平面布置和构件截面大小，经过反复比选，最终采用了带加强层的"矩形钢管混凝土柱外筒－钢筋混凝土内筒"的筒中筒混合结构体系，结合避难层和设备层的布置，共设了 3 个加强层。通过对比分析，各种计算参数均能满足有关规范要求，结构具有较强的抗震能力。

动力弹塑性分析显示主楼的位移角能满足规范要求，构件的塑性分布能满足预定的性能目标，施工图阶段根据损伤情况进行有针对性加强。

通过对施工阶段竖向构件的变形分析，根据计算结果采取对应的设计加强措施，同时也调整了部分施工顺序，以此来降低构件间竖向变形差引起的附加应力。

第二节　胶南世茂 3 号楼结构设计

一、工程概况

胶南世茂 3 号楼为 48 层超高层结构，塔楼平面呈椭圆形，南北两侧通过内凹圆弧形态的设计手法，形成长轴两侧内凹椭圆形。内凹弧线的位置与内凹程度跟随立面的造型变化而变化。正立面整体形态呈现由收到鼓、再由鼓到收的棱形，并且顶部以圆弧顺滑连接棱形曲线，整体形态为贝壳造型，3 号楼建筑效果图、剖面图如图 7-15 所示。侧立面从地上 1 层至 41 层为竖向直线，从 42 层至顶部以圆弧形态逐渐内收。3 号楼东侧地下 1 层车库挡墙外覆土有限，且土体顶标高较快降低至地下 2 层车库顶标高位置；南侧地下 1 层车库有坡道且存在局部开敞。故分析时将地下 1 层视为地下与地上分别计算、包络设计。楼座的基本信息如表 7-5 所示。

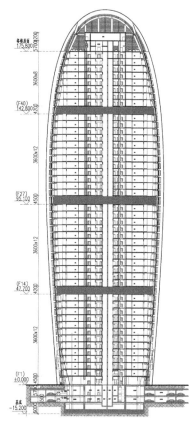

图 7-15　3 号楼建筑效果图、剖面图

表 7-5　楼座基本信息

项目 楼座	主体高度	地上层数/地下 层数	结构形式	基础形式	建筑面积/m²
车库	—	0 层/2 层	框架结构	桩承台+防水板	15 600
3 号楼	175.8m（含地下 1 层 时为 181.5m）	48 层/3 层	框架-核心筒 结构	筏板基础	74 200

二、结构基本设计参数

本工程设计的基本参数如表 7-6 所示。

表7-6　3号楼设计基本参数

基本参数	参数值	基本参数	参数值
结构安全等级	二级	设计使用年限	50年
基础设计等级	甲级	建筑抗震设防类别	标准设防类
抗震设防烈度	7度（0.10g）	设计地震分组	第三组
建筑场地类别	II类	场地特征周期	0.45s
50年一遇基本风压	0.60kN/m²	10年一遇风压	0.45kN/m²
地面粗糙度类别	A类	50年一遇基本雪压	0.20kN/m²
风荷载体型系数（考虑干扰系数为1.05）	1.4×1.05=1.47	地基土标准冻结深度	0.5m
主楼结构形式	框架-核心筒结构	车库的结构形式	框架结构
主楼抗震等级	一级（地下3层为二级）	主楼相关范围外车库的抗震等级	三级
主楼相关范围内车库的抗震等级	一级	嵌固端位置	地下2层顶

三、基础设计

3号楼采用平板式筏板+上柱墩的形式，筏板底绝对标高为-0.900，筏板厚度为2m（核心筒处加厚至2.5m），上柱墩高度为0.5m。基础持力层为强风化花岗岩上亚带，地基承载力特征值取800kPa。

车库采用桩基+承台+防水板的基础形式。桩基采用800mm直径钻孔灌注桩，根据一、二期的试桩报告，单桩承载力特征值可取4 200kN。防水板厚度为400mm，板底绝对标高为4.600，高于原始地貌0～2.5m。素填土层需做强夯处理，并采用级配砂石夯实回填至基础底标高。

四、结构体系

3号楼主体高度为181.5m（地下1层视为地下时则为175.8m），地下两层（地下3层和地下2层），地上49层（包括地下1层）。

主楼标准层平面为长轴两侧内凹椭圆形，首层外轮廓尺寸是 45.8m×33.5m，其长宽比为1.37<6，主楼的高宽比为5.4<7.0，满足有关规范"适用高宽比"的要求。核心筒居中，其外轮廓尺寸为23.2m×12.7m（地上1层的内筒尺寸），内筒的长宽比为1.8<2，内筒的宽高比为1/14.3<1/12，略超出有关规范"核心筒的宽度不宜小于筒体总高的1/12"的限值要求。钢筋混凝土剪力墙组成的内筒是主要的抗侧力体系；外围的矩形混凝土柱和混凝土梁组成外框架，以承担竖向荷载为主，同时也承担部分水平力和倾覆弯矩。

　　为了减小柱截面,提高框架柱的延性,地下室至地上 17 层采用型钢混凝土柱。楼面梁采用钢筋混凝土梁,楼板采用钢筋混凝土楼板。型钢混凝土柱变成钢筋混凝土柱的过渡形式为:在计算型钢柱之上设置 1 层构造型钢柱,其上再设置 1 层芯柱,最终过渡为普通钢筋混凝土柱。这样可以减少型钢的用量,同时又使过渡形式变得更为平滑,受力形式更为合理。

　　内筒墙体底部加强区高度:剪力墙底部加强区高度可取底部两层和墙体总高度的 1/10 二者的较大值。3 号楼剪力墙底部加强区高度可取地下 2 层顶起算高度的 1/10(至 4 层顶)、同时不小于地下 1 层顶起算高度的 1/10(至 5 层顶),综合考虑将地下 1 层~地上 5 层定为剪力墙底部加强区,地下 1 层~地上 6 层设置约束边缘构件,第 7 层为过渡层。

五、结构超限的讨论

(一)主楼高度超限分析

　　3 号楼主体高度为 181.5m(地下 1 层视为地下时则为 175.8m)。7 度区 A 级高度钢筋混凝土框架-核心筒结构最大适用高度为 130m,B 级高度钢筋混凝土框架-核心筒结构最大适用高度为 180m,因此 3 号楼属于略超 B 级高度的建筑(超出幅度不到 1%)。

(二)主楼平面和竖向不规则分析

　　3 号楼一般不规则共 3 项超限,如下所述。
　　(1)扭转不规则。主楼最大位移比为 1.24(不计顶部构架层),位于地下 1 层。
　　(2)尺寸突变。地下 1 层两侧开敞,计算时视为地上楼层,这样 1 号、2 号和 3 号楼对地下 1 层车库而言则为多塔结构(但是这三栋楼依次排开,不存在塔楼偏置问题)。
　　(3)局部不规则项。首层大堂处存在两根穿层柱;建筑长轴两侧存在斜柱;短轴两侧框架柱在 41 层之上也向内倾斜,但倾角为 3° 左右。

(三)结构抗震性能目标设计

　　房屋高度超过 B 级高度或不规则超过适用范围较多时,可考虑选用 C 级性能目标;房屋高度超过 A 级高度或不规则性超过试用范围较少时,可考虑选用 C 级或 D 级性能目标。本项目位于 7 度(0.10g)区,为略超 B 级高度的建筑,且存在三项一般不规则项,故 3 号楼抗震性能目标可选为 C 级,3 号楼的抗震性能分析指标如表 7-7 所示,其中,关键构件为底部加强区的剪力墙及框架柱;越层柱;长轴两端的斜柱;普通竖向构件为非底部加强区的剪力墙及框架柱;消能构件为框架梁、连梁。

表7-7　3号楼的抗震性能分析指标

	地震动水准	设防地震	罕遇地震
结构整体性能水平	需满足的性能水准	三	四
	宏观损坏程度	轻度损坏，一般修理后可继续使用	中度损坏，修复或加固后可继续使用
	层间位移参考指标		要求弹塑性层间位移角＜$h/100$
	评估方法	等效弹性方法进行弹性分析、不屈服分析	等效弹性方法进行不屈服分析；动力弹塑性分析
构件性能指标	关键构件 承载力指标	斜截面弹性；正截面不屈服	斜截面不屈服；正截面可部分屈服
	关键构件 损坏状态	轻微损坏	轻度损坏
	普通竖向构件 承载力指标	斜截面弹性；正截面不屈服	控制混凝土受压损伤和钢筋塑性变形；满足截面受剪控制条件
	普通竖向构件 损坏状态	轻微损坏	部分构件中度损坏
	消能构件 承载力指标	正截面允许部分屈服；斜截面不屈服	允许大部分屈服
	消能构件 损坏状态	轻度损坏，部分中度损坏	中度损坏、部分比较严重损坏
荷载系数		中震不屈服为荷载标准组合，不考虑承载力抗震调整系数和风荷载作用；中震弹性为荷载基本组合，考虑承载力抗震调整系数，不考虑风荷载作用	荷载标准组合，地震最大影响系数为大震，不考虑承载力抗震调整系数，不考虑风荷载作用，周期可不折减
内力调整系数		内力不调整	内力不调整
材料强度		中震不屈服取标准值；中震弹性取设计值	标准值

六、结构计算

地下1层局部开敞，主楼施工图阶段是将地下1层视为地上且不含嵌固端（地下2层顶）以下的单体模型、地下1层视为地下且不含嵌固端以下的单体模型、地下1层视为地上且含嵌固端以下的单塔模型、地下1层视为地上且含嵌固端以下的多塔模型，总计4个模型进行包络设计[计算模型示意图依次如图7-16（a）～（d）所示]。

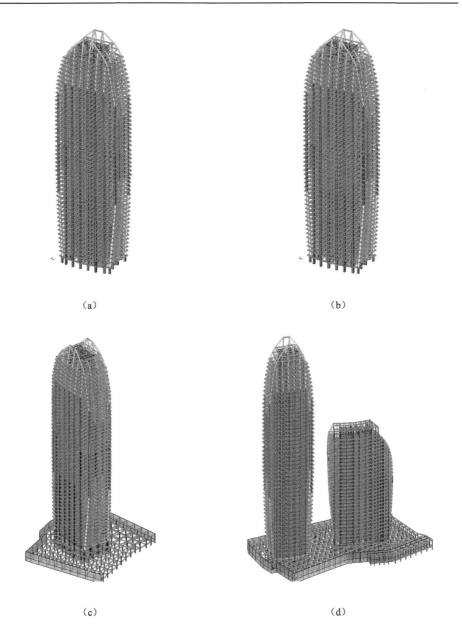

（a）　　　　　　　　　　　　　　　　　（b）

（c）　　　　　　　　　　　　　　　　　（d）

图 7-16　主楼设计阶段需进行包络的四个模型

计算结果显示"地下 1 层视为地上且不含嵌固端以下的单体模型"［图 7-16（a）］，主楼配筋和地震响应均较大。限于篇幅，并且为了便于参数对比，本节的后续计算模型均为将地下 1 层视为地上且不含嵌固端以下的单体模型。

（一）主楼多遇地震作用下的反应谱分析

3 号楼的结构动力特性参数值如表 7-8 所示，荷载作用下的结构反应如表 7-9 所示。

表 7-8　3 号楼的结构动力特性参数值

参数	参数值			
	PKPM-Satwe 软件		Midas Building 软件	
	周期/s	平扭比例（X+Y+T）	周期/s	平扭因子（X+Y+T）
T_1	4.983 3	0.00+1.00+0.00	4.942 1	0.00+0.95+0.00
T_2	4.835 7	1.00+0.00+0.00	4.586 9	0.95+0.00+0.00
$T_3(T_t)$	3.855 4	0.00+0.00+1.00	3.802 1	0.00+0.00+1.00
T_4	1.433 4	0.93+0.07+0.00	1.414 0	0.00+0.92+0.00
T_5	1.422 9	0.07+0.90+0.03	1.364 2	0.92+0.00+0.00
$T_6(T_t)$	1.318 3	0.00+0.03+0.97	1.253 5	0.00+0.01+0.99
扭转周期比 T_t/T_1	T_3/T_1=0.77		T_3/T_1=0.77	
总质量/t	143 880.156		142 165.215	
楼层平均荷重/（kN/m²）	16.8		16.6	
有效质量系数	96.56%(X)；96.92%(Y)		96.58%(X)；96.88%(Y)	

表 7-9　3 号楼水平荷载作用下的结构反应参数值

参数			参数值		
			PKPM-Satwe 软件	Midas Building 软件	要求
X 方 向	风 荷 载	最大层间位移角	1/1 270（23 层）	1/1 438（21 层）	不大于 1/673
		最大位移比	1.03（-1 层）	1.01（-1 层）	不大于 1.2
		基底剪力/kN	16 828.1	16 804.7	
	地 震 作 用	最大层间位移角	1/1 054（27 层）	1/1 258（27 层）	不大于 1/673
		最大位移比	1.09（-1 层）	1.11（-1 层）	不大于 1.2
		基底剪力/kN	18 345.2	18 572.84	
		基底剪重比/%	1.28	1.31	不小于 1.24
Y 方 向	风 荷 载	最大层间位移角	1/704（27 层）	1/727（27 层）	不大于 1/673
		最大位移比	1.04（-1 层）	1.02（3 层）	不大于 1.2
		基底剪力/kN	25 109.3	25 066.5	
	地 震 作 用	最大层间位移角	1/922（31 层）	1/983（31 层）	不大于 1/673
		最大位移比	1.24（-1 层）	1.23（-1 层）	不大于 1.2
		基底剪力/kN	18 562.81	18 410.51	
		基底剪重比/%	1.29	1.30	不小于 1.22

注：因屋顶构架层对主楼的影响有限，故表中的最大位移比未计入构架层的数据。

（二）主楼多遇地震作用下的弹性时程分析

本楼采用弹性时程分析法进行补充计算，从 PKPM 时程分析模块提供的地震波库中筛选出符合本工程结构计算要求的 5 条天然波、用 SAUSAGE 软件中的地震波分析工具生成的 2 条人工波，总计 7 条地震波进行双向水平地震作用输入，加速度峰值按照规范为 35cm/s^2，主方向和次方向的峰值加速度比值为 1.00：0.85。

弹性时程楼层平均剪力与 CQC 法楼层剪力对比曲线图如图 7-17 所示。

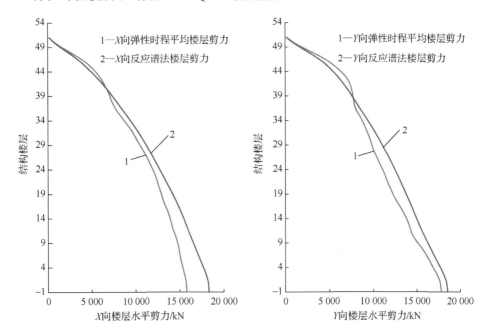

图 7-17　弹性时程楼层平均剪力与 CQC 法楼层剪力对比曲线图

计算结果显示，7 条时程曲线计算所得结构底部剪力平均值大于振型分解反应谱法计算结果的 80%，小于 120%，满足有关规范要求。但是 39 层以上弹性时程计算的平均楼层剪力稍大于反应谱计算的楼层剪力，施工图阶段需将相应楼层反应谱法的地震力乘以 1.02～1.17 的放大系数，来实现弹性时程分析和反应谱分析的包络设计。

（三）罕遇地震动力弹塑性分析

根据有关要求，在 SAUSAGE 软件波库中筛选出符合本工程结构计算要求的 2 条天然波（由于波库没提供 0.50s 特征周期的地震波，改从临近 0.55s 特征周期的波库中挑选），以及用地震波分析工具生成的 1 条人工波，总计 3 条地震波进行双向水平地震作用输入，加速度峰为 220cm/s^2，主方向和次方向的峰值加速度比值为 1.00：0.85。

1. 动力弹塑性分析工况

采用双向地震输入，主方向和次方向加速度峰值的比值为 1.0 : 0.85，分析工况为

X 主方向：

$$S_{GE} + \sqrt{S_X^2 + (0.85S_Y)^2}$$

Y 主方向：

$$S_{GE} + \sqrt{S_Y^2 + (0.85S_X)^2}$$

2. 楼层位移和基底剪力

结构在大震作用下最大楼层位移、最大层间位移角和最大基底剪力值比较如表 7-10 和表 7-11 所示。

表 7-10 时程波计算的顶点最大位移及最大层间位移角

地震波名称	X 向作用		Y 向作用		规范限值
	顶点位移/m	最大层间位移角	顶点位移/m	最大层间位移角	
RH11TG055（人工波）	0.711	1/175（22 层）	0.807	1/164（23 层）	
TH035TG055（天然波）	0.630	1/217（21 层）	0.678	1/203（27 层）	1/100
TH071TG055（天然波）	0.664	1/190（18 层）	0.737	1/194（27 层）	

表 7-11 最大基底剪力值比较

地震波名称	X 向作用		Y 向作用	
	基底剪力/kN	与规范小震的比值	基底剪力/kN	与规范小震的比值
RH11TG055（人工波）	83 423.3	4.5	78 783.9	4.2
TH035TG055（天然波）	79 193.4	4.3	64 156.9	3.5
TH071TG055（天然波）	98 675.1	5.4	84 776.1	4.6
规范小震反应谱计算	18 345.2		18 562.8	

由表 7-10 可知，X 向和 Y 向的最大层间位移角均小于层间弹塑性位移角 1/100 限值的要求，能够满足"大震不倒"抗倒塌的抗震设防基本要求。

由表 7-11 可知，X 向和 Y 向的基底剪力均大于规范小震反应谱相应方向计算值的 3.5 倍以上，进一步验证这 3 条地震波适合本工程，可用来做动力弹塑性时程分析。

3. 时程波的顶点位移响应

时程波的顶点位移-时程曲线如图 7-18 所示。

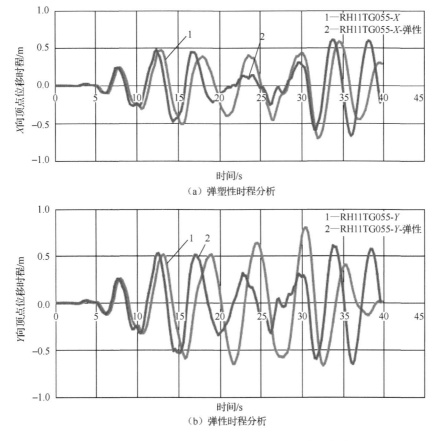

（a）弹塑性时程分析

（b）弹性时程分析

图 7-18　RH11TG055 作用下的顶点位移-时程曲线

顶点位移时程对比曲线显示，由于损伤累积，与弹性时程分析比较，弹塑性时程分析有明显的位移反应滞后现象。

4. 剪力墙损伤

不同时刻剪力墙损伤发展示意图如图 7-19 所示。

从各地震波加载最终时刻剪力墙受压损伤情况可见，由于核心筒设置较为合理地开洞形成连梁，连梁在大震下损伤耗能效果明显，从而保护了承重墙肢，使得大部分承重墙肢未出现明显的损伤，只是在底层个别位置、搭主梁的核心筒外墙连梁两侧墙肢出现了受压损伤。

根据 TH035TG055 波 X 向加载进程的地震响应，剪力墙塑性发展顺序如下。

核心筒连梁首先出现损伤，随地震作用时间的增加，损伤逐步加大，到 30s 时连梁大部分达到中度损伤。然后小部分连梁根部及底部加强区的墙肢出现损伤，达到轻度损坏的性能水平，绝大部分剪力墙仍处于轻微损坏的性能水平，能够满足性能水准四的要求。

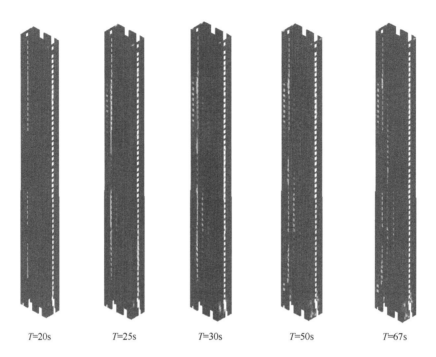

| T=20s | T=25s | T=30s | T=50s | T=67s |

图 7-19　不同时刻剪力墙损伤发展示意图（以 TH035TG055 波的 X 向为例）

（四）其他分析

1. 大堂入口处的穿层柱计算

在本工程设计过程中，各主要构件所采用的计算长度基本是按照有关规范规定取用。但对于地上 1 层大堂处的两根穿层柱，在 1 层顶 Y 向无约束（图 7-20），根据有关规范的规定及已有的工程实例，利用屈曲分析和欧拉公式来计算穿层柱的计算长度。通过屈曲分析确定构件的临界承载力 P_{cr}，依据欧拉公式即可反推出构件的等效计算长度 L_e。

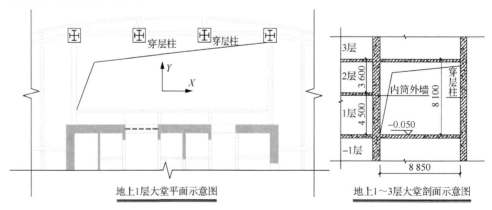

图 7-20　地上 1 层大堂处的穿层柱示意图

欧拉承载力公式：

$$P_{cr} = \frac{\pi^2 EI}{(\mu L)^2}$$

计算长度公式：

$$L_e = \mu L = \sqrt{\frac{\pi^2 EI}{P_{cr}}}$$

计算条件：C60 混凝土的弹性模量 E_c=3.6×10^{7}kN/m^2；Q345 钢材的弹性模量 E_s=20.6×10^{7}kN/m^2；柱子高度 L=4.5+3.6=8.1（m）。

穿层柱为 1 400mm×1 400mm 的型钢混凝土柱，EI=1.38×10^{6}kN・m^2；柱顶施加的集中力 P=1.0×10^{6}kN。

2. 穿层柱屈曲计算

X 向柱屈曲为第 3 模态（图 7-21），模态系数为 1.301；P_{cr}=1.0×10^6×1.301=1.301×10^6（kN），则 $L_e = \mu L = \sqrt{\dfrac{\pi^2 EI}{P_{cr}}} = \sqrt{\dfrac{3.14^2 \times 1.38 \times 10^6}{1.301 \times 10^6}} = 3.23$（m），$\mu$=$L_e/L$=3.23/8.1=0.40。考虑到分析精度和计算方法与实际情况的离散性，在得到的计算长度基础上考虑 1.5 倍的增大系数作为工程依据，即两根穿层柱在 X 向的计算长度为 3.23×1.5=4.8（m），长度系数为 0.40×1.5=0.60。

Y 向柱屈曲为第 1 模态（图 7-22），模态系数为 0.687；P_{cr}=1.0×10^6×0.687=0.687×10^6（kN），则 $L_e = \mu L = \sqrt{\dfrac{\pi^2 EI}{P_{cr}}} = \sqrt{\dfrac{3.14^2 \times 1.38 \times 10^6}{0.687 \times 10^6}} = 4.45$（m），$\mu$=$L_e/L$=4.45/8.1=0.55。考虑到分析精度和计算方法与实际情况的离散性，在得到的计算长度基础上考虑 1.5 倍的增大系数作为工程依据，即两根穿层柱在 Y 向的计算长度为 4.45×1.5=6.7（m），长度系数为 0.55×1.5=0.825。

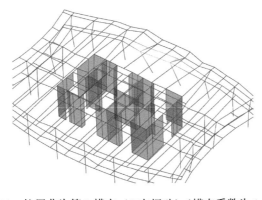

图 7-21 柱屈曲为第 3 模态（X 向振动）（模态系数为 1.301）

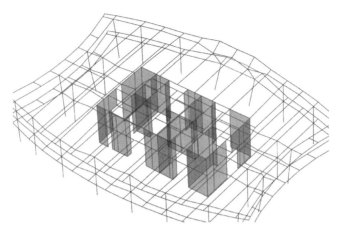

图 7-22　柱屈曲为第 1 模态（Y 向振动）（模态系数为 0.687）

通过上述分析可知：越层柱的计算长度系数小于有关规范，因此越层柱按有关规范计算长度系数 1.25 设计，计算结果汇总如表 7-12 所示。

表 7-12　计算结果汇总

内容	跨层高度/m	方向	屈曲计算的结果		计算时的参数取值	
			计算高度/m	长度系数	计算高度/m	长度系数
穿层柱	4.5+3.6=8.1	X 向	4.9	0.6	10.125	1.25
		Y 向	6.7	0.83	10.125	1.25

3. 斜柱节点处梁的受拉验算

建筑长轴两侧各存在 4 根斜柱，从底到顶先外鼓再内收；短轴两侧框架柱在 41 层之上向内倾斜。

主楼四角的斜柱（图 7-23），因其轴力相对较小，可不考虑对梁拉压的影响。短轴两侧顶部几层的斜柱，因内斜倾角为 3° 左右，也可不考虑对梁的影响。长轴两侧中部的斜柱因轴力和倾角均较大，需复核斜柱对梁拉压的影响。取最不利的三处位置分别分析如下。

地上 1 层的斜柱：由直立变为向外倾斜，倾角约 8°，斜柱在中震弹性组合工况下，最大柱轴向压力 N_1=43 927kN；则地下 1 层顶的梁受到的压力 $T=N_1×\sin8°$ = 43 927×sin8°=6 113（kN），对梁产生的压应力为 6 113×1 000/400/750=20（MPa）。

20 层的斜柱：由外斜变为直立，倾角约 3°，斜柱在中震弹性组合工况下，最大柱轴向压力 N_2=24 627kN，则 20 层顶的梁受到的拉力 $T=N_2×\sin3°$ = 246 27×sin3°=1 289（kN）。

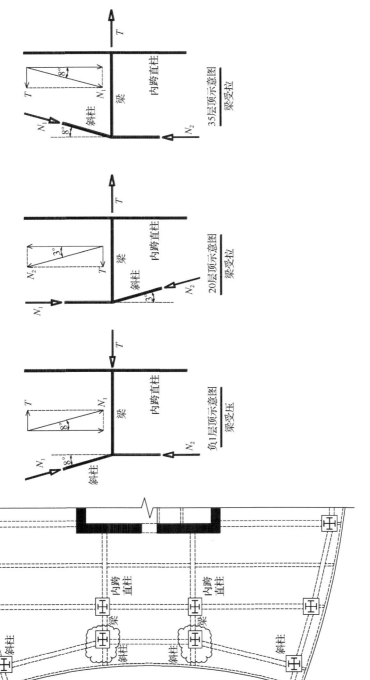

图 7-23 斜柱示意图

36 层的斜柱：由直立变为向内倾斜，倾角约 8°，斜柱在中震弹性组合工况下，最大柱轴向压力 N_1=4 608kN，则 35 层顶的梁受到的拉力 $T=N_1×\sin8°$＝4 608×$\sin8°$=641（kN）。

斜柱对梁产生的最大拉力为 1 289kN，设计时该拉力考虑全部由梁内型钢来承担，型钢截面为 H450×150×10×14（mm），则型钢的拉应力为 1 289×1 000/8 420＝153（MPa），小于型钢的抗拉强度设计值，能够满足设计要求。

七、结语

胶南世茂 3 号楼属于高度超限建筑，塔楼平面呈椭圆形，立面呈梭形，建筑两侧设置了斜柱。在结构设计过程中采取了较为合理的结构布置方案，并采取了有效的抗震措施，使得塔楼结构具有良好的抗震性能。

计算结果显示，塔楼在多遇地震作用下能够保持弹性，各种整体指标均满足有关规范要求；在设防地震作用下关键构件、竖向构件能够满足抗剪弹性及抗弯不屈服的性能目标；在罕遇地震作用下弹塑性层间位移角小于规范限值，不会发生整体失稳或整体丧失承载力，关键构件能够满足抗剪不屈服，普通竖向构件能够满足截面受剪控制条件。因此，结构能满足预定的性能目标和性能水准，也能满足"小震不坏、中震可修、大震不倒"三水准的设计要求。

第三节　中华国际广场结构设计

一、工程概况

中华国际广场项目[18]位于青岛市经济技术开发区滨海大道以北、井冈山路以西，庐山路东侧，南侧为唐岛湾。工程总建筑面积约为 9.2 万 m^2，其中地上建筑面积约为 6.4 万 m^2，地下建筑面积约为 2.8 万 m^2，集商业、办公及所属设施建筑为一体。建筑效果图如图 7-24 所示。

该工程地上分为主楼和裙房两部分，中间抗震缝宽度为 160mm，地下为一整体不设变形缝。地下共 3 层，其中地下第 3 层为人防区，其余 2 层为车库及商业区，地下部分层高从上到下依次为 7.1m、3.9m、5.1m。地下 1 层顶板覆土厚度为 1.8m；主楼地上 30 层为办公区，屋面高度为 132.5m，1 层、2 层层高分别为 5.4m、4.6m，其余各层层高大部分为 4.2m，A～B 轴部分单跨 76° 斜柱，斜柱高 14 层。裙房为商业区，地上 4 层，斜屋顶高度为 19.0～41.3m，展厅为 3～9 层通高。主楼和裙房均采用钢筋混凝土框架-剪力墙结构体系，局部设有型钢混凝土梁柱。

该工程抗震设防类别为标准设防类，建筑结构安全等级二级，设计使用年限为 50 年，抗震设防烈度为 6 度，设计基本地震加速度值为 0.05g，设计地震分组为第三组，建筑结构阻尼比取为 0.05。按地震效应划分场地类别为Ⅱ类，场地特征周期为 0.45s。水平地震影响系数为 0.04（按参数计算取 0.09），50 年一遇基本风压为 0.60kN/m²，地面粗糙度为 A 类，风荷载体型系数为 1.4，基本雪压为 0.20kN/m²。

图 7-24 中华国际广场建筑效果图

二、结构体系

主楼为框架-剪力墙结构，地下 3 层抗震等级为三级，地下 2 层抗震等级为二级，地下 1 层及以上抗震等级为一级。

主楼的抗侧力结构体系由内部的交通核剪力墙及外围的框架构成。交通核剪力墙位于主楼中心偏北，包括电梯、电梯厅、疏散楼梯的墙体，厚度在 400～1 000mm，混凝土强度等级从下到上由 C60 逐步变为 C40，墙体之间通过连梁组成闭合的抗侧力结构体系，提供建筑大部分的扭转刚度；外围框架采用钢筋混凝土梁柱，22 层以下设有型钢混凝土柱，使其承载力及延性更为突出，典型的梁截面尺寸为 500mm×900mm、600mm×900mm，典型的柱截面尺寸为 1 200mm×1 500mm（斜柱）、1 200mm×1 200mm（直柱），混凝土强度等级从下到上为 C60～C40。主楼标准层的结构平面布置图如图 7-25 所示。

主楼中庭南侧从地上 1 层～14 层，A～B 轴间设有 76°斜柱，斜柱传力较为直接，在斜柱范围内加设两个倾斜的钢筋混凝土交通核，并在 9 层顶通过框架梁、斜撑、板及混凝土墙和北侧主塔楼相连，底部中空部分图如图 7-26 所示。随着建筑高度的变化，斜体部分底部纵向面宽在 50～30m 内变化，这同时也增强了结构的抗侧度。

建筑顶部第 30 层层高为 8.4m，机房层层高为 9.2m，除机房范围外其余部分均为构架（无楼板）。为解决顶部空旷带来的不利影响，在 30 层增设层间边梁及斜撑，屋顶构架部分增设层间梁及斜撑。

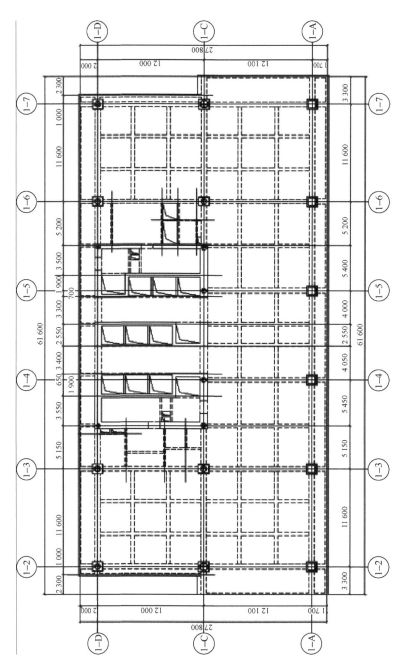

图 7-25　标准层的结构平面布置图

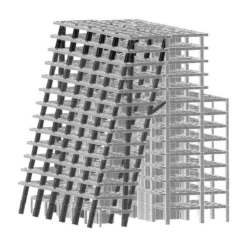

图 7-26　底部中空部分图

三、超限讨论及抗震设计性能化目标的确定

（一）主楼超限讨论

框架-剪力墙结构在 6 度地震区的最高适用高度为 130m，本工程主楼室外地坪到主屋面高度为 132.8m，超出规范限值，属于高度超限。

根据建筑平面、竖向布置及结构模型的电算结果分析主楼的规则性，共存在四项超限，分别为扭转不规则、构件间断（连体类）、承载力突变、其他不规则（斜柱）。具体情况为：PMSAP 计算考虑偶然偏心的最大位移比为 X 向 1.35、Y 向 1.36，均大于 1.2；为满足建筑功能要求在 1～10 层设置了中空大厅，造成楼板不连续，形成连体结构；建筑 1 层上空能够传递水平力的楼板大部分被取消，从而形成一个 10m 高的结构"首层"，刚度较差，形成薄弱层；第 30 层建筑层高为 8.4m，使结构在此部位形成薄弱层；中庭南侧在 1～15 层逐渐向里缩进，采用了 76°的斜柱为竖向支撑构件。

（二）抗震性能目标的确定

根据以上超限情况及具体的结构布置，本工程 6 度区 B 级高度框架-剪力墙结构抗震性能目标定为 C 级，关键构件提高至 B 级。

主楼中震下的抗震性能指标如表 7-13 所示。其中关键构件为 B1～16 层的竖向构件、B1 层顶和连接体（9～14 层）范围内的框架梁、B1 层顶的楼板；普通竖向构件为 16 层以上的竖向构件；消能构件为除关键构件外的框架梁、连梁、楼板。

表 7-13　主楼中震下的抗震性能指标

地震水准	中震	大震
震后性能	轻度损坏	中度损坏
分析方法	按有关规范进行弹性分析；不屈服分析	按有关规范进行不屈服分析；静力弹塑性分析
目标	大部分按性能水准三设计复核；关键部位提高为弹性	按性能水准四设计复核；变形验算；判断、加强薄弱部分
层间位移		层间弹塑性位移角≤h/100
关键构件	抗剪弹性，抗弯弹性	抗剪不屈服，抗弯不屈服
普通竖向构件	抗剪弹性，抗弯不屈服	抗剪不发生脆性破坏；抗弯允许部分屈服
耗能构件	抗剪不屈服，抗弯允许部分屈服	抗弯允许部分屈服
荷载系数	中震不屈服为荷载标准组合，不考虑风荷载作用；中震弹性为荷载基本组合，不考虑风荷载作用	标准荷载组合，不考虑风荷载作用
内力调整系数	不调整	不调整
材料强度	中震不屈服取标准值；中震弹性取设计值	标准值

四、针对超限位置采取的部分措施

（一）针对连体采取的措施

将主楼剪力墙底部加强区的高度适当提高，在该区段内，将剪力墙及框架的抗震等级提高至一级，对应构件的剪力、弯矩等内力乘以相应的放大系数；计算时将 B1~16 层中的剪力墙采用中震弹性设计；斜柱、连接体以下的框架柱及 ±0.000 处的梁板均采用中震弹性设计。

（二）针对侧向刚度突变、承载力突变以及竖向抗侧力构件不连续采取的措施

通过调整抗侧力构件的布置来调整上、下层的刚度比和承载能力的比值，以尽量减小薄弱层带来的不利影响；计算时将此部位楼层地震作用标准值的地震剪力乘以 1.25 的增大系数；结构 1 层在与框架梁对应位置的剪力墙中增设型钢，与型钢混凝土梁柱共同组成型钢混凝土框架，大幅度提高了 1 层结构的刚度和延性；2 层顶楼板加厚至 200mm，内配双层双向通长钢筋，每层每个方向的配筋率大于 0.30%，板内设置沿对角线斜向布置的钢筋束，增强板面内抵抗变形的承载能力，保持楼板整体性，以使各竖向构件协同工作。在单个竖向构件受到破坏时，其他构件能够提供帮助，从而大幅度提高 2 层顶结构的刚度和协调变形能力。

（三）针对斜体部位采取的措施

斜柱和框梁均采用型钢混凝土，组成一个巨型的钢桁架，为结构提供较大的

刚度、承载力及延性；在 10～15 层内斜体框架和竖向框架相连，斜柱转为竖向柱，与框梁和楼板组成一个整体，结构受力较复杂，为此在该部位及其上、下相连的楼层均采用型钢混凝土梁柱，可更好地实现竖向荷载由上部竖向构件向下部斜向构件的传递；连接部位及其上、下一层的抗震等级提高一级，并将此范围内的剪力墙设置约束边缘构件，框架柱箍筋全高加密，轴压比控制值比其他楼层减小 0.05；楼板按弹性楼板应力分析，在构造上采用双层双向通长配筋，并适当提高配筋率。

由于斜柱的作用在结构底部产生较大的水平力，造成±0.000 处的楼板成为拉弯构件，为此设计时楼板采用中震弹性楼板应力分析，并加大板厚至 300mm，楼板平面内设置交叉型钢，采用双层双向配筋，用以增大楼板的刚度和承载能力。

在 15 层以上的结构中，由于受斜体框架在竖向荷载作用下变形相对较大的影响，最南侧一排（A 轴）框架柱的竖向位移相对较大，造成与其相连的框梁的内力也较大，在 15 层～22 层内也采用了型钢混凝土梁，用以提供较大的承载力，为保证强柱弱梁，与其相连的框架柱也采用了型钢混凝土柱。

（四）针对车道出口开洞造成车库顶板不连续采取的措施

为保证水平力的传递，在车道两侧均设置钢筋混凝土墙，并对车库顶板进行加强，板厚 250mm，采用双层双向通长配筋，与±0.000 结构板高差处的框架柱位置采取加腋措施，以保证水平力的有效传递。

五、结构计算分析

计算分析软件采用 ETABS 有限元软件和 PMSAP 设计软件。

（一）弹性分析

图 7-27 为主楼的前三阶振型示意图。结构的自振周期列入表 7-14 中，第 1 扭转周期与第 1 平动周期的比值小于有关规范限值 0.85，表明结构有足够的抗扭刚度。

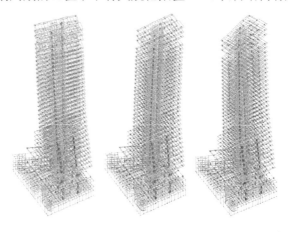

图 7-27 主楼的前三阶振型示意图

表 7-14　结构的自振周期

计算软件	自振周期			
	T_1/s	T_2/s	T_3/s	T_3/T_1
ETABS	2.849 (X 向)	2.503 (Y 向)	2.110 (扭转)	0.741
PMSAP	2.875 (X 向)	2.518 (Y 向)	2.199 (扭转)	0.765

　　ETABS 计算的结构有效质量系数 X 向为 99%，Y 向为 99%；而 PMSAP 计算的结构有效质量系数 X 向为 98.2%，Y 向为 97.7%，均大于 90%，结构布置合理。

　　主楼在水平荷载作用下结构的主要参数值如表 7-15 所示，最大层间位移角满足相关要求；在考虑偶然偏心作用下的楼层最大位移比均小于 1.4，满足相关要求。

表 7-15　水平荷载作用下结构的主要参数值

水平荷载作用参数			参数值	
			ETABS 软件	PMSAP 软件
地震作用	最大层间位移角	X	1/1 713	1/1 592
		Y	1/1 364	1/1 530
	最大扭转位移比	X	1.294	1.35
		Y	1.252	1.36
风荷载作用	最大层间位移角	X	1/2 876	1/2 925
		Y	1/1 290	1/1 342
	最大扭转位移比	X	1.29	1.37
		Y	1.06	1.25

　　经计算，结构底部楼层 X 方向的剪重比数值为 1.73%，Y 方向的剪重比为 2.71%，其中 X 向略小于参考值 $0.2\alpha_{\max}$=1.8%，Y 向满足相关要求。X 向底部楼层剪力系数与最小剪力系数的比值：1.73/1.8=96.11%>85%，X 方向通过全楼乘以一个地震放大系数 1.04 来使楼层最小剪重比满足限值。本节中多遇地震的反应谱分析和弹性时程分析各楼层均乘以 1.04 的楼层剪力放大系数。

　　结构底部楼层框架部分承担的剪力和弯矩百分比如表 7-16 所示，此结果为结构 1 层层高按 10.0m 计算所得。实际建筑在剪力墙处及斜向框架部分的 5.0m 标高处部分范围内设有楼板，其实际结果应比上述计算结果更理想。承载力设计时取两者不利结果。

表 7-16 结构底部楼层框架的剪力和弯矩百分比

参数	参数值	
	X 向	Y 向
框架剪力/kN	1 657	10 398
总剪力/kN	17 544	25 306
框架承担剪力比例/%	9.40	41.10
框架弯矩/(kN·m)	555 508	978 269
总弯矩/(kN·m)	1 397 753	1 972 391
框架承担弯矩比例/%	39.70	49.60

（二）弹性时程分析

本工程两组强震记录时程曲线均取自Ⅱ类场地，场地 T_g 为 0.45s。进行时程分析时采用双向地震作用输入，TH11(X 向)和 TH12(Y 向)为一组地震记录，以 TH1 代表；TH31(X 向)和 TH32(Y 向)为一组地震记录，以 TH3 代表；RH21(X 向)和 RH22(Y 向)为一组地震记录，以 RH2 代表。

弹性时程分析基底剪力如表 7-17 所示。

表 7-17 弹性时程分析基底剪力   （单位：kN）

基底剪力		Q_{0x}	Q_{0y}
振型分解反应谱法（CQC）	65% Q_0	10 717	16 448
	80% Q_0	13 190	20 244
	100% Q_0	17 544	25 306
	120% Q_0	21 053	30 367
	135% Q_0	23 684	34 163
TH1		15 435	27 743
TH2		13 475	23 741
RH2		18 196	19 384
基底剪力平均值		15 702	23 623

结果显示，在三条地震波作用下，结构底部剪力均大于 CQC 法的 65%，而小于 135%；结构底部剪力平均值大于 CQC 法的 80%，而小于 120%，结果满足要求。

X、Y 向楼层最大层间位移角如表 7-18 所示，满足相关要求。

表 7-18 时程法计算的结构最大层间位移角

楼层向	最大层间位移角		
	TH1	TH3	RH2
X 向	1/1 537	1/1 257	1/1 265
Y 向	1/1 213	1/1 283	1/1 361

（三）中震弹性

按照设定的性能目标要求，需要对中震作用下关键构件的承载力进行复核，确定其达到设定的构件性能指标。中震作用下的构件强度复核采用 PMSAP 进行计算。中震弹性的验算结果如表 7-19 所示。X、Y 向风荷载及中震弹性下楼层剪力对比如图 7-28 所示。

表 7-19　中震弹性验算结果

构件位置	性能目标	验算结果
非加强区剪力墙、框架柱	抗剪弹性	
剪力墙底部加强区	弹性	未超筋
BC 轴底部斜柱部分	弹性	

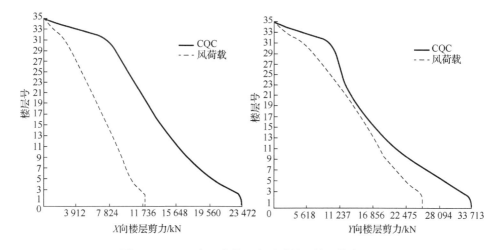

图 7-28　X、Y 向风荷载及中震弹性下楼层剪力对比

（四）静力弹塑性分析

采用目前常用的静力弹塑性分析方法通过 PKPM-PUSH&EPDA 软件进行分析。罕遇地震作用时，特征周期增加 0.05s，即 0.45+0.05=0.5（s）。在完成罕遇地震弹塑性分析后，结构仍保持直立，X 向的最大层间位移角为 1/586，Y 向的最大层间位移角为 1/418，满足有关规范小于 1/100 的规定要求，即达到"大震不倒"的抗震设防目标；罕遇地震下结构顶部的最大位移，X 向为 251mm，Y 向为 249mm；罕遇地震下结构的 X、Y 两个方向的最大剪重比分别为 4.7% 和 4.6%。

六、关键构件的设计

由于篇幅所限，本节只介绍两处受力较为不利位置的应力分析。其他位置的关键节点设计时分别进行了具体的分析，在此不再赘述。

（一）楼板应力分析

1. ±0.000 处楼板拉应力复核

在中震弹性时南侧交通核位置拉应力较大，在恒载、活载及地震作用组合下的拉应力为

$$\sigma = \sigma_1 + \sigma_2 + \sigma_3 = 2.58 + 0.32 + 0.22 = 3.12(\text{MPa})$$

大于 C40 混凝土的抗拉强度 f_{tk}=2.39MPa，应进行裂缝宽度计算。为简化计算，按轴心受拉构件和受弯构件叠加计算，经计算总的钢筋应力为

$$\sigma_s = 188 + 56 = 244(\text{MPa})$$

按有关规范计算混凝土裂缝，有

$$w_{max} = \alpha_{ct}\psi\frac{\sigma_s}{E_s}\left(1.9c_s + 0.08\frac{d_{eq}}{\rho_{te}}\right)$$

式中，w_{max}=0.19mm，满足正常使用极限状态的要求，且楼板处于弹性工作状态，符合性能设计目标中中震弹性的要求。

2. 十四层顶处楼板拉应力复核

中震弹性时楼板的最大拉应力为

$$\sigma = \sigma_1 + \sigma_2 + \sigma_3 = 0.337 + 0.039\ 7 + 0.319 = 0.7(\text{MPa})$$

小于 C35 混凝土的抗拉强度 f_{tk}=2.20MPa，满足中震弹性工作状态的要求。

（二）斜柱与垂直柱交叉节点应力分析

1. 内侧斜柱与垂直柱的交叉节点

采用 ANSYS 软件进行分析，节点大样如图 7-29 所示。

梁、柱节点采用实体单元（solid45），对型钢混凝土组合梁、柱按照等刚度原则进行等效模拟，以 PMSAP 计算结果为依据进行分析复核，具体计算结果如图 7-30～图 7-33 所示。由结果可以看出，在梁柱节点处存在较大的应力集中，对此采取以下措施予以加强。

（1）型钢的连接节点采用强节点连接设计。

（2）将框架柱中的型钢继续向上层延伸。

（3）斜撑构件的钢筋混凝土部分沿斜向继续向上延伸。

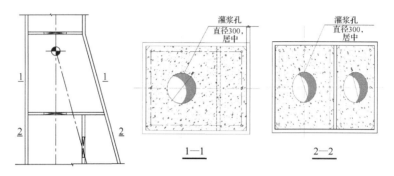

图 7-29　节点大样

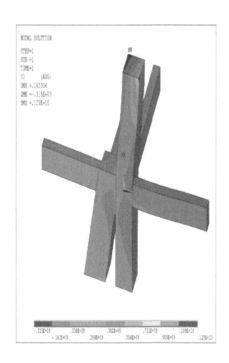

图 7-30　第一主应力云图

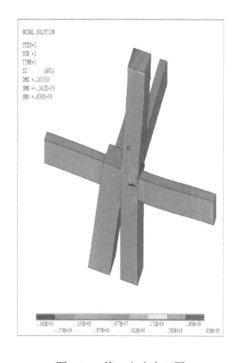

图 7-31　第二主应力云图

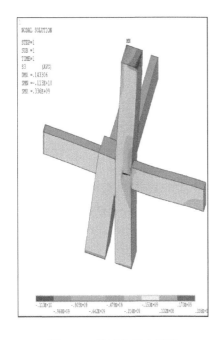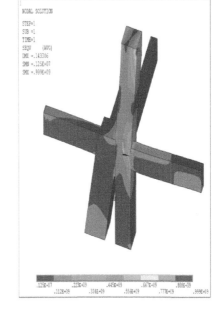

图 7-32　第三主应力云图　　　　　　　　图 7-33　Mises 应力云图

2. 外侧斜柱与垂直柱的交叉节点

采用 Abaqus 软件进行分析。本次 Abaqus 数值模拟主要针对实际工程中实际工况下的型钢混凝土梁、矩形钢管混凝土柱节点进行受力分析。在模拟中，型钢混凝土梁、柱的本构模型选用线弹性模型，以 PMSAP 计算结果为依据进行分析复核。模型网格划分图及整体模型 Mises 应力图如图 7-34 所示。

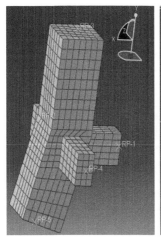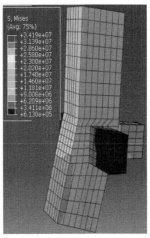

图 7-34　模型网格划分图及整体模型 Mises 应力图

七、结语

本节针对高层建筑本身的复杂性及超限项目的具体性，面对设计过程中遇到的困难及挑战，逐步介绍了计算分析的过程及采取的措施等，希望能给类似的工程设计提供参考。

结构在小震作用下，按有关规范并附加弹性时程分析的结果证明，结构有较强的整体刚度，结构受力合理，能满足超高层结构的承载力、变形控制、整体稳定性等要求。

中震弹性分析结果表明，结构的关键构件［B1～16 层的竖向构件、B1 层顶和连接体（9～14 层）范围内的框架梁、B1 层顶的楼板］具有较强的抗震承载力，达到了预期的抗震性能目标。

在完成罕遇地震弹塑性分析后，结构仍保持直立，最大层间位移角满足有关规范的要求，主楼结构在给定地震波的罕遇地震作用下整体受力性能良好，满足罕遇地震下的抗震性能目标。

对于斜体部位，通过增设型钢混凝土梁柱，提高连接部位及其上、下层的抗震等级，增设剪力墙约束边缘构件，楼板采用中震弹性分析，以及对复杂节点进行应力分析等一系列措施予以加强，以保证结构有较强的抗震能力。

第四节　富都国际广场结构设计

一、工程概况

富都国际广场项目[19]位于青岛市灵山湾旅游度假区"水城"风景区中央，滨海大道东、深圳路北、中央路以西。项目东侧为 1～4 层的独立网点，西侧为两栋超高层塔楼和 2 层的配套裙房，塔楼和裙房有 4 层的地下室，总建筑面积约 27.3 万 m^2。其中 A 塔地上 58 层，1～2 层为商业区，3～39 层为 SOHO 办公区，40～58 层为住宅区，建筑屋面高度为 195.79m；B 塔地上 56 层，1～2 层为商业区，3～46 层为 SOHO 办公区，48～56 层为酒店，建筑屋面高度为 193.89m；塔楼的 17 层、32 层和 47 层为三个避难层。两栋塔楼平面均呈三角形，底边设有百叶窗开口，中部为透空中庭，中庭每 3～5 层封一次板作为公共活动空间。建筑效果图和剖面图如图 7-35 所示。

该项目地下 1 层西侧挡土、东侧开敞，故结构上将其视为地上楼层，塔楼嵌固端取在地下 2 层顶板处。为了便于使用，地下室和裙房均不设变形缝，通过设置后浇带、加强楼板通长筋等措施解决混凝土的收缩问题。

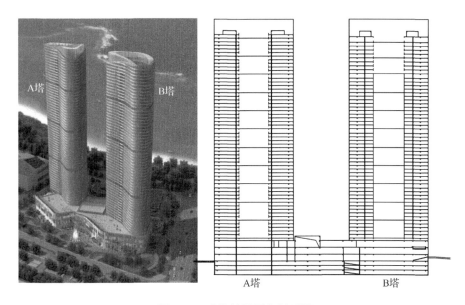

图 7-35 建筑效果图和剖面图

结构设计使用年限为 50 年，抗震设防烈度为 6 度，建筑场地类别为Ⅱ类，设计地震分组为第三组，场地特征周期为 0.45s。安评报告提供的 50 年超越概率 63% 的地表水平加速度为 26g，设计反应谱曲线在小震、中震和大震时各主要周期点取值均大于《建筑抗震设计规范（2016 年版）》（GB 50011—2010）设计的反应谱，因此设计时按有关试验报告参数进行抗震设计。50 年一遇基本风压取 0.60kN/m²，地面粗糙度为 A 类，风荷载体型系数取有关风洞试验报告推算并考虑风力相互干扰群体效应的包络值，塔楼风振舒适度验算时风荷载按 10 年一遇的风压取 0.45kN/m² 计算。

两栋塔楼的高度和平面布置相似，都是剪力墙结构，故此处主要以 A 塔为例介绍本项目的超限结构设计。

二、结构体系及布置

该项目为大底盘多塔结构，两栋塔楼均属于超 B 级高度超高层建筑，塔楼标准层平面为圆角三角形，底边尺寸约为 72.0m，垂足高度约为 36.0m，其长宽比约为 2.0，高宽比约为 5.6，满足《高层建筑混凝土结构技术规程》（JGJ 3—2010）有关剪力墙"适用高宽比"的要求。A 塔内有 2 根框架柱，底层框架承担的倾覆力矩不大于总倾覆力矩的 10%，因此 A 塔为剪力墙结构，其中少量的框架部分按照框架-剪力墙结构的框架进行设计。标准层结构平面布置图如图 7-36 所示，结构主要构件截面尺寸如表 7-20 所示。剪力墙横截面积和楼层结构面积的比值，低区为 7.44%，中区为 6.62%，高区为 6.37%。

塔楼范围外的车库和裙房采用框架-剪力墙结构。

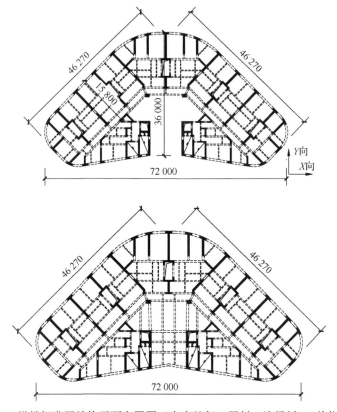

图 7-36　A 塔楼标准层结构平面布置图（中庭处每 5 层封一次楼板）（单位：mm）

表 7-20　A 塔主要构件截面尺寸

剪力墙厚度/mm	框架柱截面/mm	梁截面/mm
地下 4 层～地上 2 层：600 3～32 层：500 33 层至顶层：400	地下 4 层～地上 2 层：1 200×1 000 3～32 层：1 200×900 33～47 层：1 100×800 48 层至顶层：1 000×800	封边梁：550×750 其余梁多为 300×600

三、结构不规则情况及性能目标

（一）结构不规则情况及加强措施

1. 塔楼扭转不规则、凹凸不规则

采取的加强措施：合理均匀布置剪力墙，在平面刚度较弱的角部适当增加剪力墙的厚度和数量；增大外围剪力墙和边梁的截面尺寸；加大中庭封板的厚度和配筋；中庭开口处的剪力墙通高设置约束边缘构件。

2. 地下 1 层西侧挡土、东侧开敞，属于大底盘多塔结构

采取的加强措施：将地下 2 层顶作为嵌固端，加厚地下 1 层顶板厚度至 180mm

以传递不平衡的土压力；将地下1层作为地上楼层，采用整体模型和单体模型分别计算，并取其不利结果进行包络设计；2层顶是竖向体型突变的部位，该处的楼板取180mm厚，双层双向配筋，配筋率大于0.25%；体型突变部位的上、下层（即1层和3层）楼板取150mm厚，双层双向配筋；调整大底盘的结构布置，减小上部塔楼综合质心与底盘质心的偏心率。

3. 大底盘裙房楼板超长

采取的加强措施：每隔30～40m设置一道伸缩后浇带，后浇带浇注应至少在两侧混凝土施工3个月之后，且后浇带合拢时温度宜控制在年平均气温；混凝土中适量掺入膨胀外加剂，提高混凝土的自密实性；加大楼板厚度并双层双向配筋，不足处额外附加短钢筋；计算楼板在温差效应下产生的应力，在拉应力较大处加大楼板通长筋，加大梁的纵筋和腰筋，且对应的钢筋均按照受拉钢筋进行搭接和锚固。

4. 2层（6.0m高）和3层（3.2m高）之间存在2.19m高的管道夹层

采取的加强措施：因夹层的层高过小，会造成该处刚度突变和抗剪承载力突变，结构上将其与3层进行了并层处理，即夹层顶板与塔楼剪力墙或框架柱脱开，由夹层地面标高处梁板上升起的小柱支托。这样，上、中、下层的层高分别为6.0m、5.39m和3.2m，变化比较平缓，计算结果也显示并层后该处的刚度比和抗剪承载力比均能满足有关规范要求，不存在薄弱层和软弱层。结构做法示意图如图7-37所示。

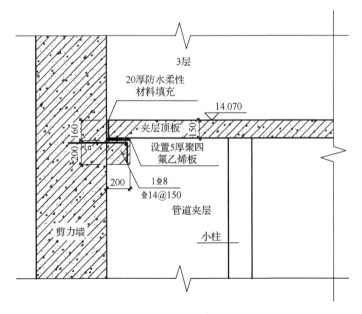

图7-37 夹层顶板与塔楼脱离的结构做法示意图

（二）抗震性能目标

A 塔结构高度为 201.39m，超出 6 度区剪力墙结构 B 级高度为 170m 的限值，属于超 B 级高层建筑，除此以外还存在扭转不规则、凹凸不规则、塔楼偏置、多塔等数项超限内容。结构的抗震性能化目标如表 7-21 所示。

表 7-21　结构抗震性能化目标（C 级）

地震烈度	中震	大震
塔楼底部加强区的剪力墙/柱；裙房越层柱以及支撑大跨梁的柱/剪力墙	抗弯不屈服 抗剪弹性	抗弯不屈服 抗剪不屈服
塔楼非底部加强区的剪力墙/柱；裙房框架柱	抗弯不屈服 抗剪弹性	允许部分屈服，但应满足截面受剪控制条件
大跨度框架梁	抗弯不屈服 抗剪弹性	抗弯不屈服 抗剪不屈服
其他框架梁、连梁等	抗剪不屈服	允许大部分屈服

四、风荷载计算

因塔楼结构高度大于 200m 且体型较为复杂，周围还有数栋高大建筑，在风荷载作用下会形成复杂风场，需要进行风洞试验来确定作用在其上的风荷载，并对其风致振动特性进行研究，风洞测压模型和转盘风向角如图 7-38 所示，A 塔风洞试验数据如表 7-22 所示。风洞试验结果显示顶点最大加速度为 0.129 6m/s²，能够满足关于住宅类建筑不超 0.15m/s² 的限值要求。

图 7-38　风洞测压模型和转盘风向角

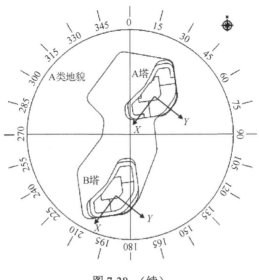

图 7-38　（续）

表 7-22　A塔风洞试验数据

A塔	体型系数	基底剪力/kN	倾覆力矩/（kN•m）	风振加速度/（m/s²）
X 向	高区：1.07 中区：0.96 低区：0.85	18 160	2 330 693	0.073 5
Y 向	高区：1.45 中区：1.40 低区：1.40	35 263	4 290 501	0.129 6

　　除了风洞试验外，还对塔楼的风荷载体型系数进行了粗算复核。塔楼外轮廓近似为六角形平面，参考有关数据及塔楼平面尺寸，可求得塔楼 Y 向的近似风荷载体型系数为

$$\mu_{s} = \frac{\sum_{i=1}^{6} \mu_{si} B_{i} \cos \alpha_{i}}{B_{总}}$$

式中：μ_{si} ——i 表面的风载体型系数；

　　　　B_{i} ——i 表面的宽度；

　　　　α_{i} ——i 表面法线与风作用方向的夹角；

　　　　$B_{总}$ ——垂直于风向的最大投影宽度。

　　塔楼风荷载体型参数计算简图如图 7-39 所示。

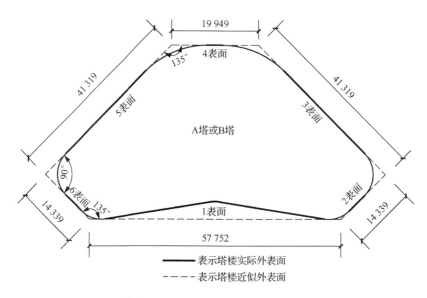

图 7-39　塔楼风荷载体型参数计算简图（单位：mm）

代入图 7-39 所示数据后，得到塔楼 Y 向的风荷载体型系数为 1.00，远小于风洞试验的结果。但考虑到塔楼底边内凹且设有百叶窗进风口、周围多栋超高层间距较近等不利因素后，实际的风荷载体型系数应比上述粗算结果大，故风洞试验数据是合理可靠的，可用于塔楼的结构设计。

该项目位于海边，风荷载较大，尤其是 Y 向风荷载远大于地震作用，因此有必要对风荷载作用下的墙肢偏拉进行复核。计算结果显示，在风荷载作用下塔楼的所有墙肢均不出现拉应力。

五、小震弹性分析

（一）小震振型分解反应谱法计算

采用 PKPM 和 Midas Building 两种软件进行对比分析，计算模型中考虑重力二阶效应（P-Δ 效应）、偶然偏心、双向地震作用及施工模拟。

经对比计算，PKPM 和 Midas Building 两种软件计算结果吻合较好。结构第 1 扭转周期与第 1 平动周期的比值均小于有关规范 0.85 的要求；结构振型参与有效质量系数均大于 90%；X、Y 向层间位移角均小于有关规范限值 1/668，扭转位移比均小于 1.40。上部结构主要计算结果如表 7-23 所示。从计算结果可以看出，塔楼的构件布置和结构刚度较为合理，小震下各项整体指标均能满足相关要求。

表 7-23 上部结构主要参数计算结果

参数			参数值	
			Satwe 软件	Midas Building 软件
周期	T_1/s T_2/s T_3/s		5.361 4（Y向平动） 5.201 9（X向平动） 4.050 8（扭转）	5.304 9（Y向平动） 5.124 5（X向平动） 3.988 8（扭转）
	扭转周期比 T_t/T_1		0.76	0.75
质量	总质量/t		215 403	220 274
	有效质量系数/%	X向 Y向	98.0 96.5	96.3 94.6
风荷载	底部剪力/kN	X向 Y向	20 604 37 197	20 488 36 997
	最大层间位移角	X向 Y向	1/1 423（24 层） 1/698（32 层）	1/1 581（24 层） 1/699（35 层）
地震 作用	底部剪力/kN （剪重比）	X向 Y向	20 447（1.02%） 21 503（1.07%）	20 561（1.02%） 21 451（1.07%）
	最大层间位移角	X向 Y向	1/1 192（32 层） 1/1 217（34 层）	1/1 302（32 层） 1/1 227（35 层）
	扭转位移比	X向 Y向	1.31（59 层） 1.25（3 层）	1.31（58 层） 1.27（3 层）
楼层刚度比		X向 Y向	1.01 1.02	1.01 1.02
楼层抗剪承载力比		X向 Y向	0.98 0.95	0.99 0.98
刚重比		X向 Y向	2.52 2.19	2.81 2.17

（二）小震弹性时程分析

该工程选用 5 条天然波和 2 条人工波进行小震弹性时程分析，加速度峰值为有关报告提供的 26cm/s²，主方向和次方向的峰值加速度比值为 1.00∶0.85。这 7 组地震波的平均地震影响系数曲线与 CQC 法所用的地震影响系数曲线在主要振型周期点上相差不超过 20%；每条地震波计算所得结构底部剪力均介于 CQC 法计算结果的 65%～135%；7 条地震波计算所得结构底部剪力平均值介于 CQC 法计算结果的 80%～120%，因此所选地震波满足有关规范要求，其地震反应结果可以作为结构抗震设计依据的补充。

通过小震弹性时程分析得知，7 条地震波分析所得 X 向、Y 向层间位移角最大值分别为 1/1 230 和 1/994，均小于层间位移角限值 1/668。但是部分楼层的弹性时程平均剪力稍大于 CQC 法计算的楼层剪力，幅度在 1.0～1.10，施工图设计时将全楼地震力放大系数取为 1.10，以实现弹性时程法与反应谱法的包络设计，楼层剪力包络曲线如图 7-40 所示。

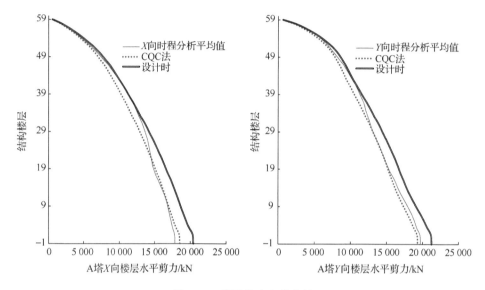

图 7-40　楼层剪力包络曲线

六、中震计算分析

根据《高层建筑混凝土结构技术规程》（JGJ 3—2010）第 3.11.3 条及其条文解释得知，可以采用等效弹性分析设计法来初步验算结构构件是否满足抗震性能化设计的要求，再通过动力弹塑性分析校核全部竖向构件的承载力。

按照设计的抗震性能目标要求，需要对中震作用下关键构件、普通竖向构件和耗能构件的承载力进行复核，判断其是否达到预期的性能目标。中震弹性计算结果显示：剪力墙和框架柱的抗剪承载力均能满足中震弹性的要求，大跨度框架梁的斜截面抗剪承载力也能满足中震弹性的要求。中震不屈服计算结果显示：剪力墙和框架柱的抗弯承载力均能满足中震不屈服的要求，大跨度框架梁的正截面抗弯承载力能满足中震不屈服的要求，其他框架梁和连梁的斜截面抗剪承载力也能满足中震不屈服的要求。

中震不屈服计算结果还显示，在设防地震作用下，塔楼所有剪力墙和框架柱均处于受压状态，未出现拉应力。

七、大震计算分析

（一）大震不屈服验算

根据前述抗震性能目标要求，大震不屈服计算结果显示：关键构件（包括塔楼底部加强区的剪力墙和框架柱、裙房越层柱、支撑大跨梁的柱和剪力墙）和大跨度框架梁的正截面抗弯和斜截面抗剪承载力均能满足大震不屈服的要求，非底部加强区的剪力墙和框架柱均能满足截面抗剪控制条件，可以避免大震下结构发生剪切脆性破坏。

（二）动力弹塑性时程分析

本工程采用 Midas Building 软件对塔楼进行了大震下的动力弹塑性时程分析。地震波选取符合有关规范条件的 2 组天然波和 1 组人工波，采用双向地震输入，主方向和次方向加速度峰值的比值为 1.00∶0.85。A 塔在大震作用下的楼层剪力曲线、位移曲线、位移角曲线如图 7-41～图 7-43 所示。进一步分析可知，基底剪力介于小震 CQC 法相应方向计算值的 3.5～4.5 倍；最大层间位移角均满足《高层建筑混凝土结构技术规程》(JGJ 3—2010)中层间弹塑性位移角 1/120 限值的要求，能够达到"大震不倒"的抗震设防目标；计算得到的弹塑性位移曲线和层间位移角曲线均比较光滑，无明显突变，表明结构无薄弱层。

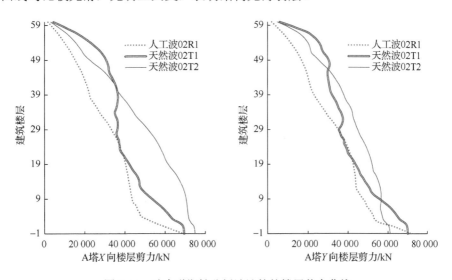

图 7-41　动力弹塑性分析法计算的楼层剪力曲线

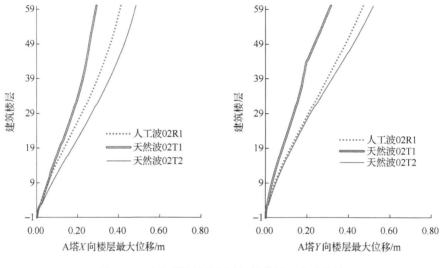

图 7-42　动力弹塑性分析法计算的楼层位移曲线

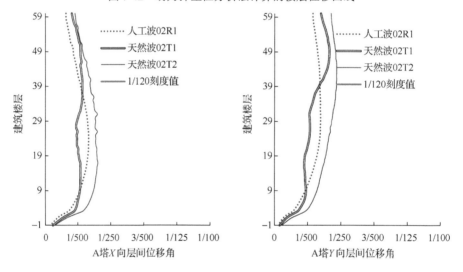

图 7-43　动力弹塑性分析法计算的层间位移角曲线

　　三条地震波计算的构件损伤状况基本一致，以其中 Y 向人工波作用下 A 塔的剪力墙损伤示意图为例，如图 7-44 所示，全楼的剪力墙竖向绝大多数处于弹性状态，有约 0.1%剪力墙的混凝土拉压损伤并进入带裂缝工作状态，但没有进入屈服状态；约 5.1%剪力墙的混凝土受剪损伤并进入带裂缝工作状态，约 2.2%的剪力墙混凝土进入剪切屈服状态，甚至约 2.0%的剪力墙进入极限状态；剪力墙的纵筋几乎都没有进入开裂状态。这些进入开裂甚至屈服状态的剪力墙大多位于三个角部和中庭开口处；进入极限状态的剪力墙基本都是仅在低区存在而到了中高区取消的剪力墙（竖向压力小）；设计时适当加大这些部位墙肢的配筋率。塔楼的大部分梁进入屈服状态，表明剪力墙结构中的梁作为耗能构件，会先于剪力墙进入屈服甚至破坏状态，可起到保护主墙肢的作用。

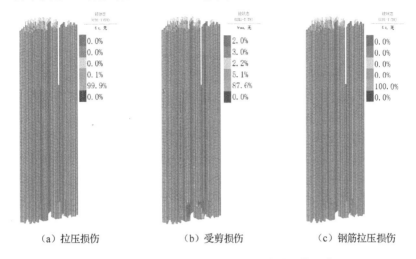

（a）拉压损伤 　　　　（b）受剪损伤 　　　　（c）钢筋拉压损伤

图 7-44 Y 向人工波作用下 A 塔的剪力墙损伤示意图

八、大底盘超长楼板温差效应分析

该工程大底盘裙房南北长约 175m，由于建筑布置的原因，只设后浇带而不设抗震缝。两个塔楼范围内剪力墙布置较密，且厚度大，致使塔楼的刚度非常大，对裙房楼板收缩变形的约束作用很强。尤其在施工阶段，由于没有保温措施，混凝土梁板同室外温度一同变化，这将会在梁板中积累很大的拉、压应力。现进行楼板的温差效应分析如下。

青岛市基本气温最高为 33℃，最低为-9℃。控制后浇带封闭终凝温度为 10℃左右，则最大季节正温差为 33℃-10℃=23℃，最大季节负温差为-9℃+(-10℃)=-19℃。控制裙房地下 4 层～地上 2 层后浇带 180d 后封闭，则混凝土自身收缩当量温差 $\Delta T_s = -e^{-0.01t} \varepsilon_{s0} / \alpha$，其中混凝土极限收缩应变 $\varepsilon_{s0} = 400 \times 10^{-6}$，混凝土线膨胀系数 $\alpha = 1.0 \times 10^{-5} /℃$。代入公式计算出地下 4 层～地上 2 层收缩当量温差为-6.6℃。总负温差为季节温差与收缩当量温差相叠加，裙房地下 4 层～地上 2 层为(-19℃)+(-6.6℃)=-25.6℃。正温差也为季节温差与收缩当量温差相叠加，裙房地下 4 层～地上 2 层为 23℃+(-6.6℃)=16.4℃。因正温差数值小于负温差数值，且混凝土的抗压强度远大于抗拉强度，故本节仅分析负温差效应。

采用 PMSAP 程序进行温度效应计算，温度效应工况分项系数取 1.4，效应组合值系数取 0.6，考虑徐变应力松弛系数 0.3。计算结果显示，在混凝土负温差作用下，由于剪力墙刚度较大，约束了混凝土板的收缩变形，塔楼周边和裙房剪力墙周边混凝土板的拉应力最大。剪力墙处各层大致的最大拉应力（局部角点突变处不计）为：3.0MPa（地下 4 层）、2.6MPa（地下 3 层）、2.1MPa（地下 2 层）、1.8MPa（地下 1 层）、1.3MPa（1 层）、0.9MPa（2 层）。结果显示，地下 4 层的拉应力最大，向上逐层减小，原因是地下 4 层周围土体对挡土墙的变形约束最大，并且结构内部为了调整嵌固端的刚度布置了很多剪力墙，这些因素对楼板的变形约束很大，导致负温差时楼板内部产生较大的拉应力；而到了地上楼层，由于周边不再有挡土墙，内部的剪力墙数量也很少，这样对楼板变形的约束作用远小于地下室，负温差时楼板内的拉应力就很小了。

采取的加强措施是：每隔 30～40m 设置一道后浇带，后浇带合龙时温度控制在年平均气温左右，最好是 10℃左右。采用超前止水后浇带形式，在基础和挡土墙完工后及时施工地下室的防水层和保温层，并抓紧基坑回填。在两侧混凝土浇筑 6 个月之后再浇筑伸缩后浇带的混凝土，在主体完工后再浇筑沉降后浇带的混凝土。采用微膨胀混凝土，内掺部分粉煤灰以减少水化热。加大楼板厚度至 150mm，双层双向配筋，在拉应力较大处加大楼板通长筋，加大梁的纵筋和腰筋，且对应的钢筋均按照受拉钢筋进行搭接和锚固。

九、结语

该工程两栋塔楼属于高度超限建筑，并且结构平面不规则。在结构设计过程中采取了较为合理的结构布置方案，并采取了有效的抗震措施，使得结构具有良好的抗震性能。通过计算结果可以看出，塔楼在小震作用下能够保持弹性，周期比、位移角、位移比、刚度比、抗剪承载力比等整体指标均满足有关规范要求；在中震作用下竖向构件能够满足抗剪弹性以及抗弯不屈服，大跨度梁也能够满足抗剪弹性及抗弯不屈服；在大震作用下弹塑性层间位移角小于规范限值，不会发生整体失稳或整体丧失承载力，关键构件能够满足抗震不屈服，普通竖向构件能够满足截面受剪控制条件。综上所述，结构在小震、中震和大震作用下完全能满足预定的性能目标和性能水准，也能满足"小震不坏，中震可修，大震不倒"三个水准的设计要求。

第五节　烟台八角湾国际会展中心的结构设计

一、工程概况

该工程为烟台八角湾国际会展中心项目，位于烟台开发区 B-26 小区，北靠规划南昌大街，南靠规划贵阳大街，西靠北京中路（206 国道），东靠规划滨海路。总建筑面积约 200 618.00m²，其中地上建筑面积约 150 848.49m²，地下建筑面积约 49 769.51m²，主要功能为会展及综合文化活动中心。会展区域屋盖平面形似海浪，综合文化活动中心形似晶莹剔透的贝壳，在海浪涌动下轻盈地落于沙滩上，呈现出"城岸云浪，海上银贝"的意境。主体建筑分为 A1～A4 展厅、B1～B3 展厅、登录厅、多功能厅及综合文化活动中心。B1～B3 展厅为单层展厅，局部多层；A1/A3 及 A2/A4 为双层展厅。A1 展厅、A2 展厅及主登录厅设置一层地下室，局部有夹层；综合文化活动中心有一层地下室，主要功能为停车库、设备用房及人防地下室。

室内外高差为 0.300m。建筑整体的效果图如图 7-45 所示。

图 7-45　建筑整体的效果图

通过设置抗震缝，将结构划分为 A1 展厅，A2 展厅及登录厅，B1、B2、B3 展厅和综合文化活动中心 6 个单体，结构断缝示意图如图 7-46 所示。

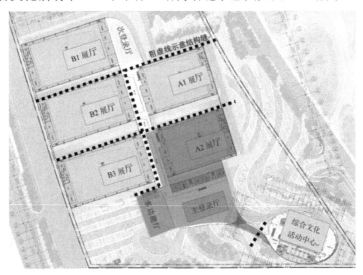

图 7-46　结构断缝示意图

设置结构缝净宽不应小于 405mm；在中震弹性作用下，A1 展厅 X 向位移为

100mm，A2 展厅 X 向位移为 86mm，B3 展厅 Y 向位移为 130mm，A2 展厅 Y 向位移为 80mm，为保证展厅中震弹性作用下不碰撞，A1 展厅与 A2 展厅间缝宽不小于 186mm，A2 展厅与 B3 展厅间缝宽不小于 210mm。综上，结构缝宽取规范计算值与中震弹性计算值的包络值，取为 410mm。

A2 展厅与综合文化活动中心抗震缝处柱顶最大高度为 12m，参考有关规定高度不大于 15m 时，防震缝宽度不小于 150mm；经过中震弹性计算，综合文化活动中心分缝位置柱顶位移最大值为 20mm，A2 展厅分缝位置柱顶位移最大值为 25mm，为保证展厅中震弹性作用下不碰撞，综合文化活动中心与 A2 展厅间缝宽不小于 45mm。综上所述，结构缝宽取规范计算值与中震弹性计算值的包络值，取为 150mm。

综合文化活动中心和 A2 展厅及登录厅为超限单体，综合文化中心地上建筑面积为 2.52 万 m²，地下建筑面积为 0.87 万 m²；A2 展厅及登录厅地上建筑面积为 5.26 万 m²，地下建筑面积为 2.66 万 m²。

二、结构体系

（一）会展展厅

该工程会展部分平面包含 5 个标准展厅、1 个主登录厅及 1 个次登录厅，其屋盖平面投影形似海浪。展厅屋盖平面投影最大长度约 360m，最大宽度约 270m。在 4 个标准展厅之间设置结构缝，使其成为 5 个独立单体。展厅效果图如图 7-47 所示。其中，最复杂的（A2 展厅+登录厅）单体，屋面最大长度约 191m，最大宽度约 187.4m，沿展厅宽度方向，屋盖立面高低起伏，展厅屋盖最大跨度为 66.7m，边缘侧屋盖最大悬挑长度为 23.5m，展厅最高点绝对标高为 63.9m，室内地面绝对标高为 14.9m。

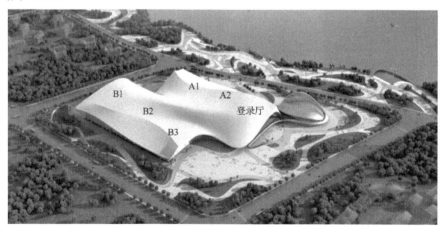

图 7-47　展厅效果图

本工程屋盖建筑外形有其自身的特点，给结构设计提出了制约和挑战。

（1）展厅屋盖平面体量较大，屋面为自由曲面形态，且局部造型曲率变化较大，需关注曲面屋面的实现度、经济性和施工装配的便利性。

（2）烟台地区雪荷载加大，可能会形成一定的积雪厚度，需特殊考虑。

（3）屋盖侧边悬挑较大，且建筑要求采用尽可能简单、干净的结构，控制厚度。

综合考虑各种因素后，根据屋盖形态、跨度、荷载条件及支承条件，展厅屋盖采用平面桁架结构。

展厅屋盖最大跨度 66.7m，沿屋盖跨度 X 方向布置主桁架，相邻榀主桁架间距为 9m，在展厅室内，垂直主桁架方向（Y 向）布置次梁，保证主桁架的平面外稳定性；局部相邻榀主桁架间距为 18m，沿屋盖跨度方向（X 向）在相邻榀主桁架间布置次桁架，次桁架搭接于两侧柱顶桁架（Y 向）。展厅地面以上均为钢结构，桁架构件焊接于框架柱顶，同时在节点处设置内隔板或插板，保证节点抗弯刚度，使桁架与框架柱刚接；在框架柱顶布置平面柱顶桁架；桁架高度均为 3.5m。

展厅屋盖四周均有悬挑，其中沿主桁架方向（X 向）屋盖最大悬挑长度约 18m，主桁架向外延伸成悬挑桁架，作为悬挑屋盖的主受力结构，主桁架室内部分为悬挑部分提供后座跨。A1 与 A2 展厅 Y 向室外悬挑长度约为 10.5m，在悬挑屋盖部分布置次桁架；A1 与 A2 展厅接缝处各悬挑（X 向）约 12m，由于此处屋面为开孔铝板造型，悬挑部分将桁架上弦部分挑出以支撑悬挑造型；A2 与 B3 展厅结构缝处悬挑长度（Y 向）约为 10.5m，柱顶桁架（Y 向）向外延伸成悬挑桁架，作为悬挑屋盖的主受力结构，柱顶桁架室内部分为悬挑部分提供后座跨；在主登录厅与 B3 展厅交界位置，主登录厅室外悬挑处最大悬挑长度（Y 向）约为 23.5m，在悬挑屋盖部分布置次桁架，次桁架与室内主桁架（X 向）相连，保证悬挑结构具有良好的后座跨，减小悬挑桁架对柱顶桁架造成的扭转作用。桁架高度在悬挑端减小至 1m。

在展厅屋盖周边及部分主桁架之间布置水平支撑，以提高屋盖的抗扭性能及整体性。

展厅屋盖典型榀轴测图如图 7-48 所示。

展厅主体钢结构力流传递路径如下所述。

（1）竖向力传递。屋面竖向荷载→次桁架→大跨主桁架、柱顶桁架→钢框架结构→基础。

（2）水平力传递。每个展厅两侧的钢框架结构为展厅主要抗侧力体系。屋面水平力通过屋面梁及屋面支撑传递至钢框架结构，最终传递至基础。

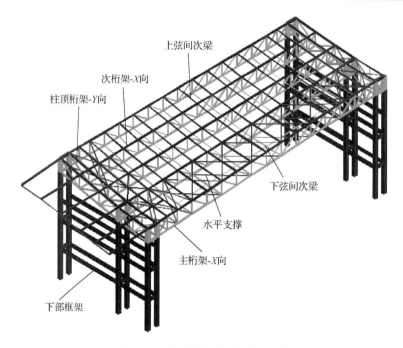

图 7-48　展厅屋盖典型榀轴测图

（二）综合文化活动中心

综合文化活动中心部分结构平面尺寸为 130m×75m，平面呈椭圆形，主屋面结构高度为 42.660m，造型钢构最大高度为 58.900m。1～5 层为钢框架结构，屋面造型为双向桁架+单层网壳结构，双向桁架跨度为 56m×55.8m，桁架高度为 3.000m，单层网壳结构杆件尺寸为 400mm×500mm×18mm。

综合文化活动中心屋盖结构分成两部分：第一部分为主框架结构，对应位置屋面结构为双向桁架结构体系，为建筑防水、隔热、保温屋面层的支承结构；第二部分为侧面表皮造型结构，为建筑表皮造型需要的支承结构。

双向桁架屋盖结构，四周支撑于下部钢框架结构框架柱上，桁架结构与下方框架结构共同组成了完整的抗侧力体系；而侧面表皮造型结构部分双向网壳结构形成抗侧力体系。

屋面结构整体与下部钢框架结构刚接连接，依靠下部的框架梁柱结构提供抗侧力。

三、针对结构抗震不规则及不利情况的措施

针对本工程抗震设防类别为重点设防类、结构平面不规则、刚度突变等不规则情况，采取了以下措施。

（1）针对本项目的复杂性，在结构计算分析方面，采用符合实际情况的整体

模型进行分析：YJK、Midas 模型中拼装了复杂屋盖结构；3D3S 计算屋盖的模型里也带上了下部结构（包括地下室）。通过整体建模，考虑了上下结构间的相互影响。

（2）采用符合实际情况的分析程序 YJK 和 Midas 进行多遇地震反应谱分析比对，保证计算结果的可靠性。

（3）进行了地震反应谱分析、弹性时程分析、抗连续倒塌分析、屋盖结构整体稳定性、温度作用专项分析、大跨度楼盖的舒适度分析、大震动力弹塑性分析、节点有限元分析，通过计算分析发现结构的薄弱环节并进行加强，全面了解结构各工况下的工作性能。

（4）对结构进行了抗震性能化设计，将结构的抗震性能目标为 C 级（关键构件提升至 B 级），通过中震、大震分析，验证了结构的抗震性能目标。

（5）通过大震下动力弹塑性分析，找到薄弱部位进行加强，验证了主体能够实现"大震不倒"的抗震目标。

（6）针对楼板的不规则性，对楼板进行专项分析：采用弹性楼板假定，以考虑楼板实际的刚度，进行中震作用下的有限元分析和温度作用下的专项分析，满足抗震性能目标和温度抗裂应力，分析结果将用于施工图设计。在平面开大洞、局部楼板缺失处、局部楼面弱连接处，适当加厚楼板的厚度并双层双向配筋，在阴角处配置附加双层斜向钢筋。拟通过以上措施，增强楼板的承载力，同时可以增强楼面构件与竖向构件的协同工作性能。

（7）严格控制框架柱、框架梁和钢桁架的应力比，在小震、中震水准下不超过 0.85，大震水准下不超过 0.90。按照温度组合工况对钢结构进行应力比验算，对楼板温度应力较大或缺失楼板处的钢梁，加大其相应方向钢梁的壁厚。

（8）整体计算中考虑了竖向地震作用，并提高到 7 度（0.15g）的竖向地震水准。

（9）根据风洞试验结果和规范风荷载对结构的抗风性能进行包络分析，并额外对屋盖增加了一个 0.7kN/m^2 向下风压的工况，以保证结构在风荷载响应下的各项指标能够满足有关要求。

（10）尽量采用轻质墙体材料，以有效地减轻建筑物的自重，进而减小作用于结构上的地震作用。

四、专项分析

综合文化活动中心在一层至三层东侧存在旋转楼梯，楼梯共两层，每层层高 6.000m。楼梯在每一层 6.000m 的高度内，旋转角度为 540°；楼梯梯板宽度 1 800mm，断面高度 300mm，钢板板厚 30mm，钢材采用 Q355B。

楼梯变形计算：对楼梯进行位移计算，位移最大处为 2 层至 3 层层中位置，最大位移为 27.590mm。

旋转楼梯位移图如图 7-49 所示。

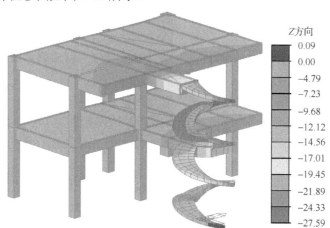

图 7-49　旋转楼梯位移图（单位：mm）

旋转楼梯跨度按照展开面计算为 25.2m，最大位移/跨度=27.590/25 200≈1/913，满足相关要求。

楼梯舒适度计算：对旋转楼梯结构进行剖分，并进行竖向自振频率的分析，其中前三阶竖向振型及振动频率如表 7-24 所示。

表 7-24　振型及振动频率

振型	振动频率	备注
一	4.21	楼梯二层梯段板竖向振动
二	6.91	楼梯二层梯段板竖向振动
三	7.51	楼梯二层梯段板竖向振动

旋转楼梯第一～三阶振型如图 7-50 所示。

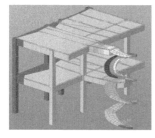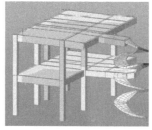

图 7-50　旋转楼梯第一～三阶振型

人行荷载激励曲线的时程如图7-51所示,在第一振型最不利点考虑人行荷载,激励响应曲线如图 7-52 所示。

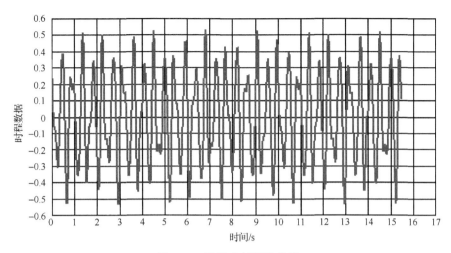

图 7-51 连续步行激励曲线

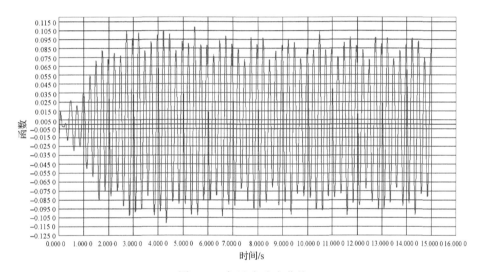

图 7-52 加速度响应曲线

通过上述分析，旋转楼梯最大位移角为 1/913，楼梯梯板竖向震动基频最低为 4.21Hz > 3.0Hz，楼板最大加速度为 0.113m/s² < 0.150m/s²，均满足规范要求。

五、抗连续倒塌分析

A2 展厅及主登录厅为超限结构，其屋面随曲面变化，重要性高，故针对屋面进行抗连续倒塌分析。

分析方法：采用去除构件法，去除构件后的模型此处称为缺陷模型。

荷载组合：

$$A×(1.0S+1.0D+0.5L)$$

式中：S——自重；

　　　D——屋盖恒荷载（包括上弦恒载取为 0.75，下弦吊挂取为 0.5）；

　　　A——动力放大系数，去除构件的相邻跨度内动力放大系数 A 取 2.0，其余
构件的动力放大系数 A 取 1.0。

材料强度：取标准值。

待去除构件：一榀桁架跨中区域的上（下）弦杆。

缺陷模型如图 7-53 所示；缺陷模型与完整模型桁架（ZHJ5）轴力对比如
表 7-25 所示，缺陷模型与完整模型桁架弯矩对比如表 7-26 所示。

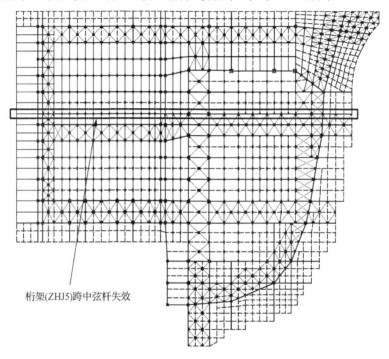

桁架(ZHJ5)跨中弦杆失效

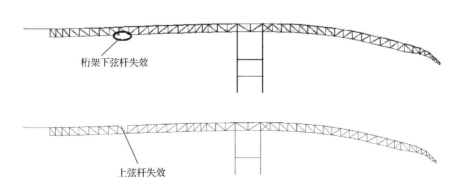

桁架下弦杆失效

上弦杆失效

图 7-53　缺陷模型

表 7-25　缺陷模型与完整模型桁架（ZHJ5）轴力对比

模型	轴力图
上弦失效	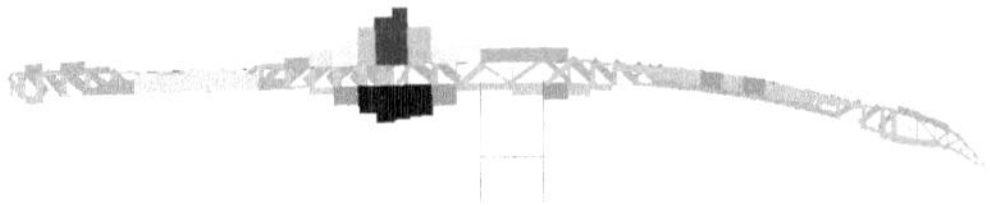 上弦最大拉力 4 349kN，最大压力-1 229kN 下弦最大拉力 1 810kN，最大压力-2 798kN 腹杆最大拉力 1 103kN，最大压力-892kN
下弦失效	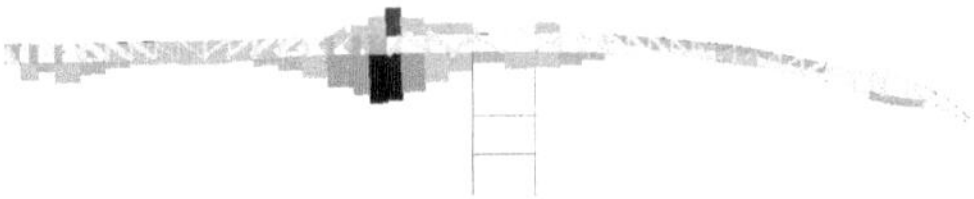 上弦最大拉力 2 335kN，最大压力-1 966kN 下弦最大拉力 64kN，最大压力-4 124kN 腹杆最大拉力 1 052kN，最大压力-767kN
完整模型	 上弦最大拉力 2 300kN，最大压力-2 374kN 下弦最大拉力 2 165kN，最大压力-2 495kN 腹杆最大拉力 1 124kN，最大压力-733kN

注：内力取荷载组合。$A(1.0S+1.0D+0.5L)$，其中 A 为考虑构件失效引起的动力效应，缺陷模型中局部区域荷载动力放大系数取 2.0。余同。

表 7-26　缺陷模型和完整模型桁架弯矩对比

模型	弯矩
上弦失效模型	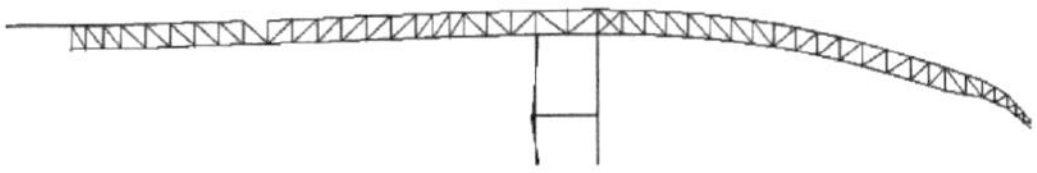 柱顶弯矩为 161kN·m
下弦失效模型	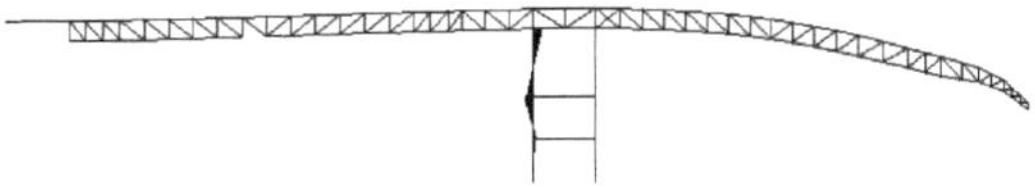 柱顶弯矩为 291kN·m
完整模型	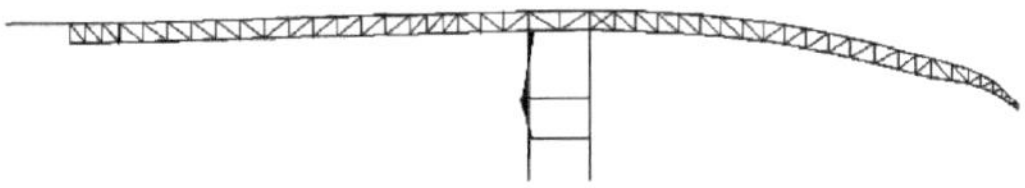 柱顶弯矩为 179kN·m

　　由以上分析可知:

　　主桁架跨中区的上(下)弦杆失效后,桁架上(下)弦的轴力机制无法传递力流,转化为通过下(上)弦杆及腹杆以及周边桁架的协同工作将力流传递至相邻的支座立杆及临跨。下、上弦杆失效模型的应力比如图 7-54 和图 7-55 所示,下、上弦杆失效桁架的应力比如图 7-56 和图 7-57 所示。

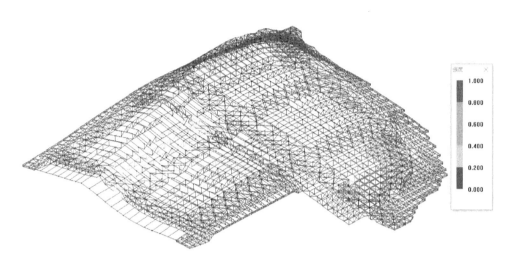

图 7-54　下弦杆失效模型的应力比

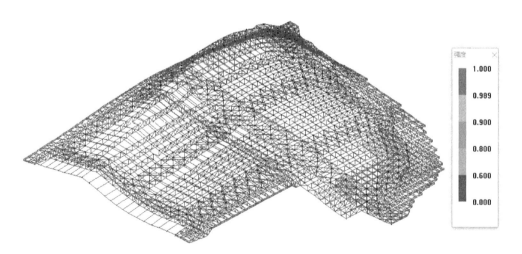

图 7-55　上弦杆失效模型的应力比

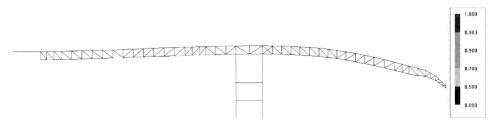

图 7-56　下弦杆失效桁架的应力比

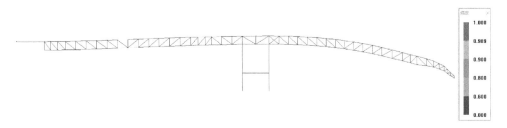

图 7-57　上弦杆失效桁架的应力比

缺陷模型结构整体竖向变形与完整模型相差无几，仅失效构件附近杆件的应力比略有增加，但仍可保持小于 1.0，结构不会发生连续性倒塌。

六、大跨度楼面舒适度分析

本工程在 A2 展厅及登录厅存在较多大跨度的楼面结构。

A2 展厅及登录厅的活动环境为人行走，荷载激励为人行走荷载，楼面舒适度按照《建筑楼盖振动舒适度技术标准》（JGJ/T 441—2019）相关规定计算。行走激励荷载计算公式如下：

$$F(t) = \sum_{i=1}^{3} P_P \cos(2\pi i f_1 t + \varphi_i)$$

对各大跨度楼板处采用 Midas Gen，对人激励下的楼盖进行基于时程计算的舒适度分析。A2 展厅及登录厅最大跨度为 48m，采用双向钢桁架平面结构，桁架上、下弦轴线间尺寸 2.9m，上弦杆截面为 B500×600×36×36×36×36（表示为箱形截面，宽×高×左侧壁厚×右侧壁厚×上侧壁厚×下侧壁厚，单位均为 mm，余同）、下弦杆截面为 B500×600×36×36×36×36，腹杆主要截面为 B400×400×20×20×20×20，钢材标号为 Q355B，板为 250mm 厚 C30 钢筋桁架组合楼盖。

对展厅 48m 跨部分结构进行剖分，计算模型如图 7-58 所示，并进行竖向自振频率的分析，其中第一阶～第三阶竖向振动频率及振型如图 7-59～图 7-61 所示。

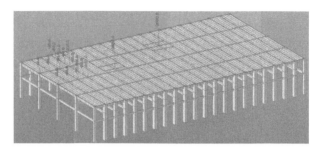

图 7-58　48m 跨区域的计算模型

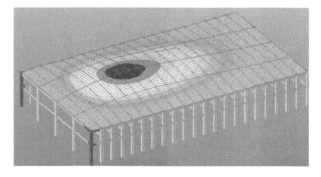

图 7-59　A2 展厅及登录厅第一振型

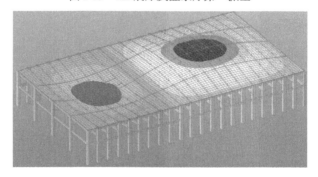

图 7-60　A2 展厅及登录厅第二振型

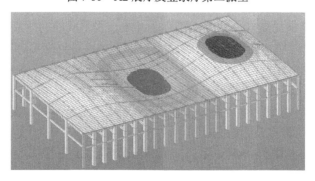

图 7-61　A2 展厅及登录厅第三振型

经分析，48m 跨振型和振动频率如表 7-27 所示。

表 7-27　振型和振动频率

振型	振动频率/Hz	备注
1	3.046	48m 大跨度楼板竖向振动
2	3.547	48m 大跨度楼板竖向振动
3	4.695	48m 大跨度楼板竖向振动

人行荷载激励曲线取 Baumann、《建筑楼盖振动舒适度技术标准》（JGJ/T 441—2019）和 AIJ 中的时程，在第一振型最不利点考虑人行荷载，激励曲线分别如图 7-62～图 7-64 所示。

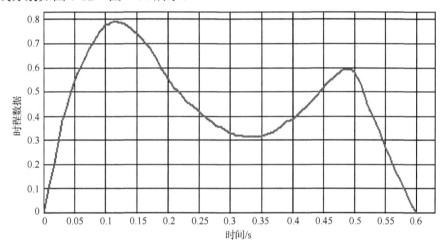

图 7-62　步行一步（Baumann）激励曲线

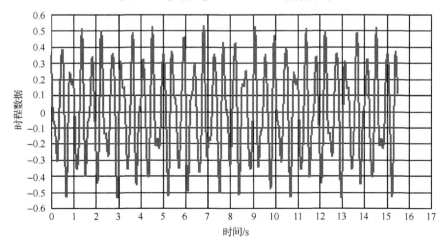

图 7-63　连续步行（JGJ/T 441—2019）激励曲线

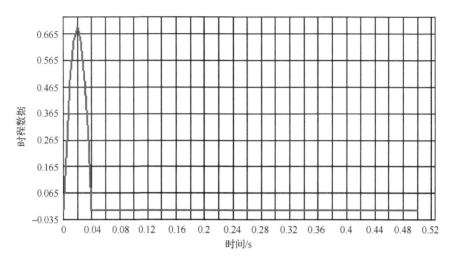

图 7-64　跑步（AIJ）激励曲线

加速度响应时程曲线如图 7-65 所示。

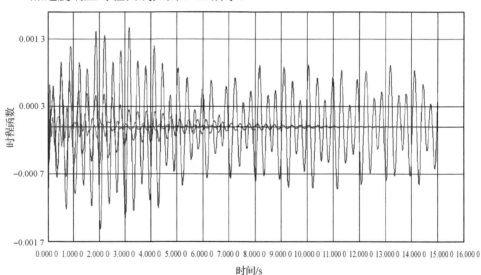

图 7-65　48m 跨加速度响应时程曲线

通过上述分析，48m 跨度楼板基频最低为 3.046Hz>3.0Hz，满足有关规范设计要求，且楼板最大加速度为 0.002m/s²<0.150m/s²，满足有关规范要求。

七、关键节点分析

（一）节点选取与建模原则

第一，考虑到结构重要程度，选取屋面桁架与钢框架柱结构连接节点进行计算分析。

第二，在初设阶段，考虑到混凝土材料的复杂性，建模时偏保守地仅考虑钢构单元。

第三，考虑到节点各部（构）件间等强连接，有限元建模时未考虑焊缝、螺栓等细部构造处理。屋面大悬挑端节点选取如图 7-66 所示。

图 7-66　屋面大悬挑端节点选取

（二）有限元分析模型

采用大型通用有限元程序 ABAQUS 进行节点弹塑性分析。节点构造、有限元网格如图 7-67 所示。

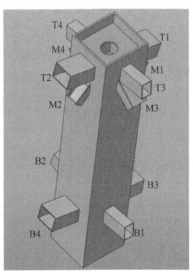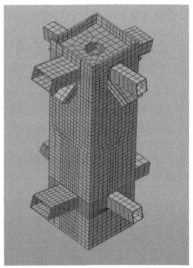

图 7-67　节点构造、有限元网格

（三）材料本构模型

钢材采用 Q355B，根据节点板厚度，钢材的屈服强度按有关规范选取，弹性模量取 $2.06×10^5 \text{N/mm}^2$，泊松比为 0.3。材料应力-应变关系为双折线模型，强化段的斜率为 0.1。钢材复杂应力状态下的强度准则采用 Mises 屈服条件；非线性分析过程中采用等向强化准则。

Q355B 钢材的应力-应变曲线如图 7-68 所示。

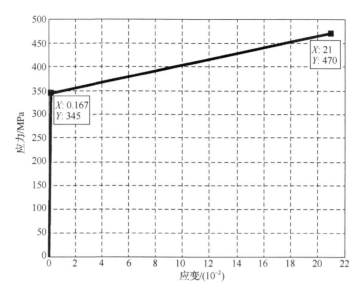

图 7-68　Q355B 的应力-应变曲线

（四）边界条件

对于屋面大悬挑端节点，节点边界约束方式采用将框架柱端面施加固定约束，在其余各杆件端面施加相应的轴力、弯矩和剪力值。

根据 3D3S 整体结构分析计算结果，提取各构件非地震工况组合和地震工况组合下的杆件内力，并将相应的荷载施加到通用有限元模型的杆端。

屋面大悬挑端节点处构件内力如表 7-28 所示。

表 7-28　屋面大悬挑端节点处构件内力

内容	构件	轴力 N/kN	剪力 Q_2/kN	剪力 Q_3/kN	扭矩 T/(kN·m)	弯矩 M_2/(kN·m)	弯矩 M_3/(kN·m)
1.3D+1.5L	M1	851.64	0.77	−1.28	0.00	2.27	−3.36
	M2	517.69	0.06	1.17	0.00	1.78	0.44
	M3	302.38	0.92	−2.47	0.00	3.14	4.98
	M4	125.47	−0.01	−0.81	0.00	0.65	1.58
	T1	1 738.87	−48.44	−0.84	14.13	−0.68	157.59
	T2	1 595.90	165.10	15.86	4.07	−24.50	257.73
	T3	−71.89	10.25	−1.01	−1.75	2.49	20.40
	T4	182.00	−2.32	0.78	−0.70	2.95	6.02
	B1	−140.13	7.57	2.11	−0.09	−5.35	13.30

续表

内容	构件	轴力 N/kN	剪力 Q₂/kN	剪力 Q₃/kN	扭矩 T/(kN·m)	弯矩 M₂/(kN·m)	弯矩 M₃/(kN·m)
1.3D+1.5L	B2	−294.50	4.19	1.85	−2.34	−5.61	10.63
	B3	−2 544.61	68.58	−20.19	15.50	53.14	232.83
	B4	−2 028.05	88.12	−8.54	1.38	9.22	130.05
1.2G_e+1.3E_hk +0.5E_vk （中震弹性）	M1	831.609	1.585	−0.914	0.006	1.03	3.974
	M2	548.1	1.518	1.199	0.004	1.812	−2.367
	M3	756.289	−1.933	−2.103	−0.005	3.146	−5.358
	M4	126.783	−2.554	−0.523	−0.003	0.091	−7.817
	T1	2 143.402	−32.396	−10.659	21.296	−26.81	104.568
	T2	2 007.913	159.291	27.566	0.221	−53.468	244.553
	T3	−154.019	12.66	−3.308	−0.91	8.331	29.408
	T4	212.468	0.362	−6.056	−1.948	−16.414	−0.522
	B1	−688.237	13.847	−1.143	0.856	3.443	37.941
	B2	−350.665	8.056	4.75	−3.401	−16.251	22.962
	B3	−2 585.35	73.079	19.95	−7.917	−52.187	241.839
	B4	−2 260.92	128.375	−23.247	−2.055	−19.802	189.208
1.0G_e+1.0E_hk +0.4E_vk （大震不屈服）	M1	781.996	1.942	−0.489	0.008	0.032	7.932
	M2	543.784	2.332	1.126	0.005	1.723	−3.923
	M3	997.161	−3.617	−1.653	−0.005	2.895	−11.514
	M4	122.513	−4.024	−0.266	−0.006	−0.299	−13.317
	T1	2 299.31	−20.374	−15.601	24.749	−39.563	66.193
	T2	2 174.497	148.155	33.558	−1.945	−68.674	224.636
	T3	−193.694	13.397	−4.599	−0.353	11.597	33.419
	T4	221.804	2.044	−10.078	−2.645	−27.794	−4.482
	B1	−993.973	16.906	−3.097	1.418	8.704	51.154
	B2	−369.682	9.971	6.468	−3.973	−22.573	29.465
	B3	−2 500.27	72.048	43.097	−21.867	−112.553	236.293
	B4	−2 325.84	148.775	−31.037	−3.874	−35.731	219.361

注：D——恒载作用；L——活载作用；G_e——重力荷载代表值；E_hk——水平地震作用；E_vk——竖向地震作用。

（五）收敛准则

节点有限元分析中考虑了材料非线性和几何非线性。迭代计算收敛与否主要采取残差力与位移修正值判定。残差力容许值设置为在整个荷载阶段上作用于结构上的平均力的 0.5%；位移修正值要求小于总的增量的位移的 1%。只有同时满足上述两个收敛性准则，才认定该迭代步收敛。

（六）有限元分析结果

图 7-69 为静力荷载组合下节点应力云图。从钢材 Mises 应力云图可见，柱节点核心区内应力分布均匀且应力水平较低，节点域局部最大应力值 220MPa 左右，出现在斜腹杆翼缘向节点区扩头转角处，该范围内节点板厚度小于 40mm，钢材强度设计值为 295MPa，满足设计规范的要求且具有较高的安全储备。

图 7-70 为中震弹性组合下节点应力云图。从钢材 Mises 应力云图可见，柱节点核心区内应力分布均匀且应力水平较低，节点域局部最大应力值 287MPa 出现在斜腹杆翼缘向节点区扩头转角处，该范围内节点板厚度小于 40mm，钢材强度设计值为 295MPa，考虑地震作用下的构件承载力调整系数 γ_{RE} 偏安全的取 0.75，因此应力控制数据为 295/0.75=393(MPa)，满足中震弹性的设计要求。

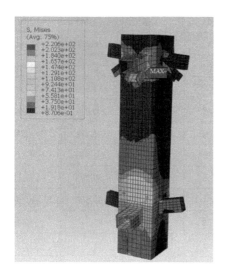 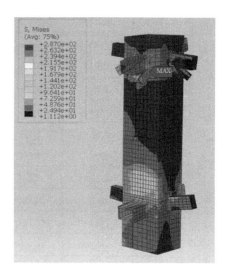

图 7-69　屋面大悬挑端节点应力云图　　　图 7-70　屋面大悬挑端节点应力云图
　　　　（静力荷载组合）　　　　　　　　　　　（中震弹性组合）

图 7-71 为大震组合下节点应力分布图，节点域局部最大应力值约 308MPa 出现节点域处，小于钢材强度的屈服应力 335MPa，大部分区域的应力水平均较低，节点满足大震不屈服的性能要求。

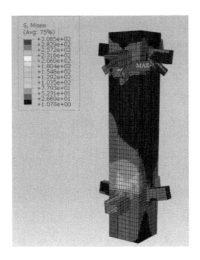

图 7-71　屋面大悬挑端节点应力分布图（大震组合）

八、结语

　　该工程存在平面及竖向不规则、越层柱、复杂屋面等多项不规则，采取抗震性能化分析、弹性时程分析、动力弹塑性时程分析、屋面网壳整体稳定性分析及关键节点有限元分析等，针对结构薄弱点采取了有效的加强措施。

　　会展中心屋面为自由曲面形态，局部造型曲率变化较大，屋盖侧边悬挑较大，且建筑要求采用尽可能简单、干净的结构，控制屋面结构厚度，综合考虑各种因素后，沿波浪方向布置屋盖平面桁架体系，采用空间杆系有限元法计算，受力简单、经济合理、便于施工。

　　综合文化活动中心屋盖结构采用大跨度桁架与单层网壳的组合结构，对连接节点处采取加强措施，既给整体结构提供了良好的侧向刚度，又在中庭顶部、屋顶造型和侧面幕墙造型处实现内部大跨空间，外观简洁，也便于安装施工。旋转楼梯采用箱形钢梁作为主承重结构，既保证结构受力的安全性，又实现了建筑立面的美观性。

第六节　回字形山地建筑结构设计

　　山地建筑结构是一种底部竖向构件的约束部位不在同一水平面上且不能简化为同一水平面时的结构形式，按接地类型可分为吊脚、掉层、附崖和连崖等形式，按结构体系可分为山地框架结构、山地剪力墙结构、山地框架-剪力墙结构、山地筒体结构、山地砌体结构等。

　　山地建筑结构各部分嵌固端在不同平面上，其与地面或边坡、台地的连接形式较正常结构体系复杂，并且还需充分考虑周边山体水文、地质、边坡稳定性等因素对主体结构安全的影响。本节以一个已经完工的实际工程为例[20]，针对其高差大、结构嵌固及掉层结构对局部构件内力放大等特点提出相应解决措施，为以后山地建筑的设计提供思路。

一、工程概况

该工程为中央美院青岛创业中心，由主体建筑和配套建筑组成，位于青岛市蓝色硅谷核心区，问海路以北、盘龙庄村以东、规划路以西。园区占地南北长约200m，东西长约400m，西高东低，地势高差较大，最大高差约为20m；东部较低处地势相对平缓，西侧地势较高且整体形成丘陵式地形。主体建筑地上10层，结构总高度为54m，坐落在3个台地上，每两个相邻台地高差10m左右，各台地上分布4~6个楼层。场地北侧邻规划城市道路及自然山体，南侧距海岸直线距离约400m，用地周围无高大密集建筑群，距其他建筑物较远，建筑效果图和总平面图如图7-72所示。

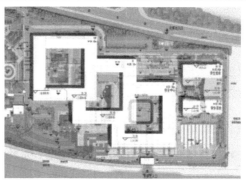

图 7-72　建筑效果图和总平面图

该工程结构设计使用年限为50年，标准设防类，抗震设防烈度7度（0.10g），建筑场地类别为Ⅱ类，设计地震分组为第三组，场地特征周期为0.45s，50年一遇基本风压取0.60kN/m²，地面粗糙度为A类。主体建筑采用框架-剪力墙结构，框架抗震等级提高至二级，剪力墙提高至一级。

二、结构设计要点

（一）结构布局

该工程占地面积大，场区高差较大，地形复杂。为合理利用自然地形和地质条件并满足建筑的使用要求，主体建筑布局基于上述地形进行了整体设计。主体建筑由三个"回"字形环组成，每个台地的首层均为架空室外空间，以此最大限度地利用地形特点，达到建筑与自然和谐统一的状态。"回"字形环交错重叠，采取"天平地不平"的设计方法，依地形分为三个不同标高，将主体建筑设计为掉层的山地建筑（图7-73），可使建筑用地利用率增加，同时大幅减少了土石方的开挖量和回填量，降低了施工难度，缩短了施工周期，取得生动、自然的景观效果。建筑布局与地形紧密契合，在东侧地势最低的位置设置大面积地下空间，中部高差变化较大的位置设计为错台（图7-74），三个台地间地面高差均为两层，高度为10.8m，小于15m。

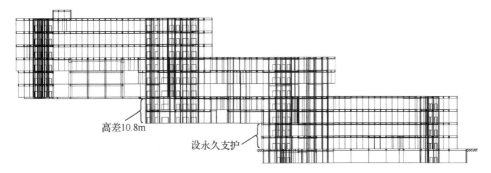

图7-73　主体建筑错台式立面示意图

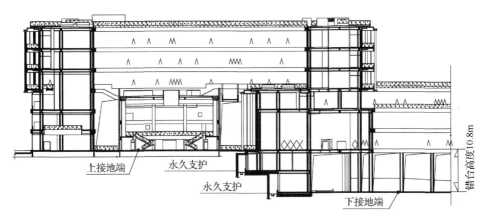

图7-74　局部掉层处大样示意图

　　掉层处采用"掉层脱开式且有拉梁"的方式进行结构布置。针对该工程的特点，对山体泄洪、边坡影响、支护要求、结构体系、嵌固端位置及底部加强区高度的设计都采取了相应的加强措施，并采用时程分析法补充计算了台地对结构竖向构件内力的放大影响。

　　主体建筑每个楼层均为一个环或两个环相连，典型楼层平面布置如图 7-75 所示。结构受力构件主要截面：框架柱为圆形截面 $\phi 1\,000$；框架梁截面为 450×1 100 和 400×800；采用单向次梁方案，次梁截面为 300×600；交通核剪力墙外墙 400 厚，内墙 200 厚（以上构件截面单位均为 mm）。墙、柱的混凝土标号为 C35，梁、板为 C30。

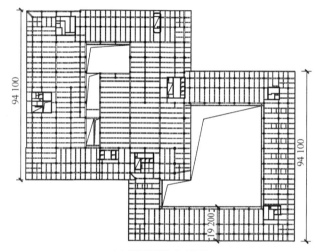

（a）双环平面（4层顶）

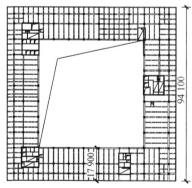

（b）单环平面（8层顶）

图 7-75　典型楼层平面布置图

（二）地基基础设计

山地建筑结构设计应保证基础嵌固条件的有效性，并应重点考虑边坡自身的长期稳定性及动力稳定性，查明影响边坡稳定性和结构安全性的各种工程地质和水文情况，进行详细评价，并采取针对性设计措施以确保边坡和结构的安全。

根据勘察资料揭示，场区地层由第四系和基岩组成，基岩主要为白垩系下统莱阳群砂岩，穿插后期侵入的煌斑岩。根据现场岩土工程条件，结合本地区地质构造情况分析，场区无可液化土层，未见滑坡、崩塌、泥石流、岩溶及采空区等不良地质作用，无大型断裂通过，场地稳定性及建筑适宜性良好。场区内第四系厚度小，且大部分地段岩石裸露，属于建筑抗震有利地段。

该工程基底标高绝大部分都落在基岩上，采用柱下独立基础，车库区域在柱基间布置抗水板。基础持力层为中风化砂岩，地基稳定性良好。

（三）山体泄洪设计

该地段中部原为场区及北侧山体汇水的排泄通道，由于地下车库的修建，堵塞了原地表水的径流路径。为避免使用期间山洪等极端情况对主体的冲击，该工程在场地沿北侧及东侧道路利用高差提前规划设置泄洪渠，考虑重现期为100年的最不利水量，将北侧山地汇水阻拦导流，从而有效地保护了主体结构的安全。

（四）永久支护

山地建筑结构设计应保证基础嵌固条件的有效性，边坡必须达到稳定且严格控制变形，支护设计时需考虑罕遇地震作用下边坡动土压力对支护结构的影响，要求达到罕遇地震作用下边坡结构不破坏的性能要求。

该工程场地高差大，各部分基底标高高差也较大，并且基础距边坡距离小。为满足基础承载力、变形和地基稳定性要求，该工程进行了针对台地间边坡稳定的专项边坡设计。台地间地基错台处设置了独立的永久支护，从而避免不对称土压力传至主结构上，保证地基及主体结构的整体稳定性。永久支护为独立的支挡结构，安全等级按一级设计，并进行罕遇地震作用参与组合下的边坡稳定性验算。

（五）嵌固端位置

该工程最东侧环形的嵌固端取在地下室顶板处，其他各台地主体结构均取相应位置的基础顶为嵌固端。对掉层结构，上接地部分和掉层部分分别按有关规定验算层抗侧刚度比，且上接地层掉层范围内结构抗侧刚度不宜小于上层相应结构部分的抗侧刚度。

（六）结构两道防线设计

结构总高度54m，采用框架-剪力墙结构，剪力墙设置于3个环角部重叠区域处的交通核位置，并围合成筒状，外墙 400mm 厚，内墙 200mm 厚。剪力墙是主要的抗侧力体系，混凝土柱和梁组成的框架以承担竖向荷载为主，同时也承担部分水平力和倾覆弯矩。为保证作为第二道防线的框架具有一定的抗侧能力，计算时对框架承担的剪力进行调整。

（七）剪力墙底部加强区范围

山地建筑结构竖向构件具有多标高约束的特点，剪力墙底部加强区范围的确定较为复杂。根据工程研究，上接地端剪力墙底部为受力较大且破坏发展较为突出的部位，从偏安全角度考虑，剪力墙底部加强区范围可取从上接地端起算的底部两层和墙体总高度的 1/10 二者中较大值，且向下延伸至各接地端。同时考虑到最高约束层以下结构内力变化较大，均应按底部加强区处理。

该工程剪力墙底部加强区范围从最高台地三环的上接地端起算向上取两层，且向下延伸至各接地端，详见图 7-76 的阴影区域范围。

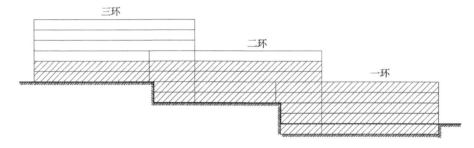

图 7-76 剪力墙底部加强区范围示意图

三、工程抗震设计的弹性计算及分析

（一）计算分析说明

（1）主体建筑体型为三个回字形环交错重叠，东西向总长为 210.0m，南北向总长为 159.6m。因错台原因楼板最大仅连接两个回字环，连续楼板最大尺寸为148.10m（东西向）×119.80m（南北向）。因为三个回字形环交错重叠，且内部越层、开洞复杂，故不宜设置抗震缝及伸缩缝。但这也使得整体结构体型较复杂，因此除采用两个软件进行多遇地震反应谱法分析外，还对模型进行了弹性时程分析和抗震性能化设计，并对超长结构进行了温度应力计算分析，综合所有计算结果进行包络设计。

（2）结构抗震性能指标（表 7-29）考虑主体建筑为掉层结构且存在越层柱、楼板开洞等不利因素，故将抗震性能目标提高至 C 级，将底部加强区的剪力墙和框架柱、上接地拉梁按关键构件进行抗震性能设计。

表 7-29　结构抗震性能指标

地震动水准			设防地震	罕遇地震
性能水准			三	四
宏观损坏程度			轻度损坏，一般修理后可继续使用	中度损坏，修复或加固后可继续使用
层间位移角指标				1/100
关键构件	底部加强区的剪力墙和框架柱、上接地拉梁	承载力指标	抗剪弹性；抗弯不屈服	抗剪不屈服；抗弯可部分屈服
		损坏状态	轻微损坏	轻度损坏
普通竖向构件	非底部加强区的剪力墙及框架柱	承载力指标	抗剪弹性；抗弯不屈服	满足截面受剪控制条件
		损坏状态	轻微损坏	部分构件中度损坏
耗能构件	框架梁、连梁	承载力指标	抗弯部分屈服；抗剪不屈服	允许大部分屈服
		损坏状态	轻度损坏，部分中度损坏	中度损坏、部分较严重损坏

（3）为充分体现台地对结构整体受力的影响，主体建筑按如下 6 种模型进行了分体计算和整体计算，并进行包络设计。计算模型及相应计算分析内容如表 7-30所示；部分计算模型示意图如图 7-77 所示。

表 7-30　计算模型及相应计算分析内容

模型分类	对应内容		
分体模型（单环）	模型 A：一环	模型 B：二环	模型 C：三环
分体模型（两环）	模型 D：一环+二环		模型 E：二环+三环
整体模型（三环）	模型 F：一环+二环+三环		

模型A立面　　　　　　　　　　模型D立面

图 7-77　部分计算模型示意图

（二）多遇地震振型分解反应谱法计算

以模型 D 为例，采用 PKPM 和 Midas Building 两种软件进行了对比分析，计算模型中考虑重力二阶效应（P-Δ 效应）、偶然偏心、双向地震作用及施工模拟。

经对比计算，两种软件计算结果吻合较好。结构第 1 扭转周期与第 1 平动周期的比值均小于有关规定的 0.85 的要求；结构振型参与有效质量系数均大于 95%；

X 向、Y 向层间位移角均小于 1/800；扭转位移比均小于 1.40，模型 D 对比计算结果如表 7-31 所示。

表 7-31　模型 D 对比计算结果

参数		参数值	
		Satwe 软件	Midas Building 软件
周期	T_1/s T_2/s T_3/s	0.647 9（Y 向平动） 0.586 3（X 向平动） 0.545 4（扭转）	0.610 5（Y 向平动） 0.519 8（X 向平动） 0.498 2（扭转）
	扭转周期比 T_t/T_1	0.84	0.82
质量	总质量/t	188 317	185 426
	有效质量系数/%　X 向	99	99
	Y 向	99	98
风荷载	底部剪力/kN　X 向	10 588	10 026
	Y 向	10 097	9 968
	最大层间位移角　X 向	1/9 999（1 层）	1/9 999（1 层）
	Y 向	1/9 999（1 层）	1/9 999（1 层）
地震作用	底部剪力 （剪重比）/kN　X 向	65 220（3.46%）	63 051（3.15%）
	Y 向	61 396（3.26%）	59 265（3.01%）
	最大层间位移角　X 向	1/1 891（7 层）	1/1 725（7 层）
	Y 向	1/1 989（7 层）	1/1 899（7 层）
	扭转位移比　X 向	1.13（1 层）	1.15（1 层）
	Y 向	1.25（1 层）	1.29（1 层）
楼层刚度比	X 向	1.01（2 层）	1.01（2 层）
	Y 向	1.01（2 层）	1.01（2 层）
楼层抗剪承载力比	X 向	0.84（2 层）	0.80（2 层）
	Y 向	0.90（2 层）	0.87（2 层）
刚重比	X 向	27.7	26.5
	Y 向	24.8	22.4

根据计算结果可知，结构在风荷载及多遇地震作用下，能够保持良好的抗侧性能和抗扭转能力，无薄弱层，可满足弹性阶段的结构性能目标要求。

（三）多遇地震弹性时程分析计算

根据有关规定，该工程选用 2 条天然波和 1 条人工波进行小震弹性时程分析，加速度峰值为 35cm/s²，主方向和次方向的峰值加速度比值为 1.00：0.85。经验证，这 3 组地震波的平均地震影响系数曲线与反应谱法所用的地震影响系数曲线在主要振型周期点上相差不超过 20%，每条地震波计算所得的底部剪力均介于反应谱法计算结果的 65%～135%，3 条地震波计算所得的底部剪力平均值介于反应谱法计算结果的 80%～120%，因此所选地震波可用于弹性时程分析。

仍以模型 D 为例，多遇地震作用下楼层剪力包络曲线如图 7-78 所示。由图可知，3 条地震波计算的楼层剪力最大值稍大于反应谱法计算的楼层剪力，幅度在1.01～1.12。施工图阶段需将反应谱法的楼层地震剪力乘以相应的放大系数，以此来实现弹性时程分析法和反应谱法的包络设计。

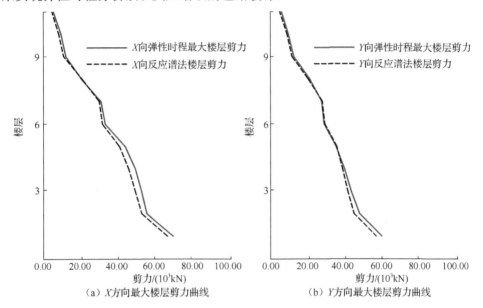

（a）X方向最大楼层剪力曲线　　　　　（b）Y方向最大楼层剪力曲线

图 7-78　D 模型楼层剪力包络曲线

四、超长楼板温差效应分析

主体建筑体型为 3 个回字形环交错重叠，并且还存在掉层、越层柱、楼板不连续等不利因素，故不宜设置抗震缝或伸缩缝。连续楼板最长位于 4 层顶和 7 层顶，均为两个环相连处，平面尺寸约为 148.10m（东西向）×119.80m（南北向），均超出规范限值较多。本节以 4 层顶的超长楼板为例进行温差效应分析。

青岛市 50 年重现期的月平均最高气温为 33℃，最低为-9℃。控制后浇带封闭终凝温度为 15℃左右，则最大季节正温差为 33℃-15℃=18℃，最大季节负温差为-9℃-15℃=-24℃。控制后浇带两个月后封闭，则混凝土自身收缩残余的当量温差为

$$\Delta T_s = -e^{-0.01t} \varepsilon_{s0} / \alpha$$

式中：ε_{s0}——混凝土极限收缩应变，$\varepsilon_{s0} = 400 \times 10^{-6}$；

α——混凝土线膨胀系数，$\alpha = 1.0 \times 10^{-5} / ℃$；

t——天数。

　　将温差数据代入上述公式可计算出封闭后浇带之后残余收缩当量温差为
-6.6℃。总负温差为季节温差与收缩当量温差相叠加，即(-24℃)+(-6.6℃)=
-30.6℃。正温差也为季节温差与收缩当量温差相叠加，即18℃+(-6.6℃)=11.4℃。
因正温差数值小于负温差数值，且混凝土的抗压强度远大于抗拉强度，故仅分析
负温差效应。

　　采用 PMSAP 程序进行温度效应计算，温度效应工况分项系数取 1.4，组合值
系数取 0.6，考虑混凝土徐变和收缩效应的应力松弛系数 0.3，以及混凝土开裂等
因素引起的结构刚度降低，混凝土弹性模量折减系数取 0.85。

　　降温产生的楼板应力云图如图 7-79 和图 7-80 所示。由结果可知，降温工况
下 4 层顶的楼板有较多区域出现了拉应力，并且个别位置的拉应力大于楼板 C30
混凝土的抗拉强度标准值 2.01MPa。进一步对这些区域进行多工况组合下的应力
计算，并由板内钢筋来承担拉力。经验算，应力最大区域需配置双层通长三级钢
ϕ10@150。

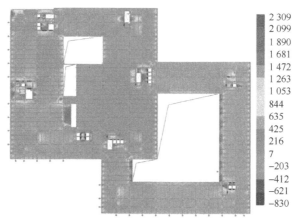

图 7-79　降温工况下 X 向应力云图（单位：kPa）

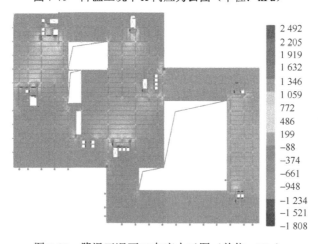

图 7-80　降温工况下 Y 向应力云图（单位：kPa）

五、罕遇地震动力弹塑性时程分析

针对台地间错高较大、连成一体后对高台地竖向构件内力的影响，为了充分研究结构在罕遇地震下的动力特性和破坏模式，达到"大震不倒"的抗震设计目标，采用 SAUSAGE 软件进行了动力弹塑性时程分析。在 SAUSAGE 软件波库中筛选出频谱特性、基底剪力、有效时长均符合本工程结构计算要求的 2 条天然波和 1 条人工波，总计 3 条地震波进行双向水平地震作用输入，主方向和次方向的峰值加速度比值为 1.00∶0.85。

3 条地震波作用下的楼层位移、楼层剪力等地震反应比较相似，构件的地震损伤程度和出现位置也差不多，其中 X 向人工波作用下的剪力墙、柱、梁损伤如图 7-81 所示。

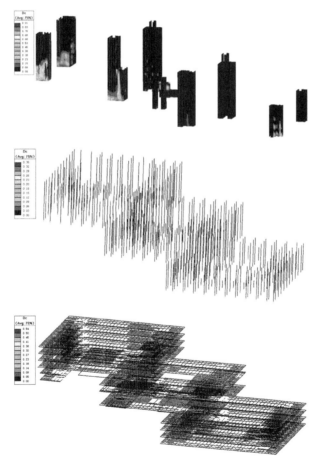

图 7-81　X 向人工波作用下的剪力墙、柱、梁损伤图

图 7-81 表明，剪力墙和框架柱的损伤集中出现在最高处的接地层，而最低处接地端的损伤相对较轻，说明因台地掉层和上接地端的嵌固作用，导致上接地层的刚度明显大于掉层区域，从而使这部分竖向构件受力放大较多，损伤程度也较大，施工图阶段需要重点加强。

六、加强措施

山地建筑由于天生的不规则性，扭转效应明显，水平力分配复杂，设计时应尽可能合理布置竖向构件，减小扭转的不利影响，本项目采取了如下加强措施。

（1）掉层结构采用与边坡脱开的形式，减弱了传力不明确和刚度偏心的不利影响；同时加强边坡支护的稳定性，确保主体结构上接地端基础嵌固条件的有效性。

（2）掉层部分的框架柱，由于该部位柱刚度相对较小，计算的地震剪力也较小。从多道防线角度出发，对这部分框架柱的地震剪力放大了 1.1 倍。

（3）采用具有两道防线的框架-剪力墙结构，剪力墙集中布置在回字形的四角。

（4）上接地层楼盖按弹性板进行计算，楼板采用通长筋+附加筋的配筋形式，框架梁按偏拉构件设计，其轴向拉力取弹性楼板计算值的 1.1 倍。

（5）与常规项目相比，本项目剪力墙和框架的抗震等级均提高了一级。

（6）采用两个不同力学模型的结构分析软件进行分体计算和整体计算，同时进行包络设计。

（7）采用弹性时程分析进行补充验算并进行包络设计。

（8）按 C 级的性能目标进行抗震性能设计。

（9）进行罕遇地震动力弹塑性时程分析，找到薄弱部位并进行加强。

（10）地震作用下全楼放大 1.10 倍；计算时指定足够多的振型数，使得有效参与质量不小于总质量的 95%。

（11）因山地建筑对地基承载力、变形、稳定性和抗滑移有更高的要求，故基础埋深不小于建筑物最大高度的 1/15。

七、结语

该工程主体建筑采用三个回字形环交错重叠的设计手法，同时利用山体错台布局，存在掉层、越层柱、楼板不连续等不利因素。依据有关规范和文献进行了多遇地震反应谱法计算、弹性时程分析和动力弹塑性时程分析，并进行了抗震性能设计，计算结果均满足有关要求；同时针对各种不利因素采取了相应的加强措施，确保结构安全，可为类似山地建筑的设计提供参考。

第七节 阜城全民健身中心体育场罩棚的结构设计

一、工程概况

阜城全民健身中心项目[21]位于河北省衡水市阜城县东安大街以东，阜康路以南，总建筑面积约 3.1 万 m²，由体育场和体育馆组成，屋面以绵延的形式连为整体（图 7-82），婉转流动的建筑形体如同轻舞的衣袖，使建筑根植于阜城的文脉之中，体现出"袖舞阜城"的文化传承。项目南北向长约 530m，东西向宽约 400m，地上建筑通过伸缩缝分成了体育馆、飘带和体育场三个单体，本节主要阐述体育场主看台钢结构罩棚的结构设计内容。

图 7-82 建筑效果图

体育场钢结构罩棚平面投影呈半椭圆形，水平投影外轮廓长约为 185m，最大悬挑宽度约为 21m，最高点标高约 29.6m，整体实景图如图 7-83 所示。底部看台为混凝土结构，看台顶部的罩棚为钢结构。钢罩棚以钢管混凝土柱顶、看台的梁柱节点为支撑形成空间受力体系。

图 7-83 体育场实景图

二、结构选型及布置

（一）罩棚结构体系

体育场罩棚常用结构体系一般有悬挑桁架、网架、悬索及拱结构等。结合该体育场的建筑造型、周围用地条件和下部混凝土结构提供的支撑特点，可选用的结构体系有网架结构和悬挑桁架结构。该方案对屋盖形式的要求是杆件和节点尽量少，要求有良好的视觉效果，而悬挑桁架与网架结构相比杆件和节点数量少，造型优美，因此最终确定采用悬挑桁架体系。

体育场看台罩棚采用立体桁架结构体系，由悬挑径向立体桁架、环向次桁架与稳定支撑杆件组成，如图 7-84 所示。

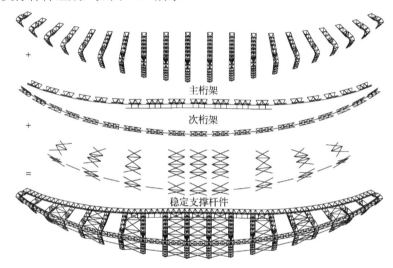

图 7-84　结构体系组成图

（二）悬挑径向立体桁架

罩棚为空间自由曲面，建模时以椭圆形径向轴线所在的竖向平面切割罩棚曲面得到的剖切面作为空间定位来建立单榀悬挑桁架模型。悬挑径向桁架又可以采用平面或者空间立体桁架，考虑到该体育馆为非闭合的开敞式结构，良好的空间结构性能对整体稳定性十分重要，立体桁架空间作用要优于平面桁架，因此悬挑径向桁架采用立体桁架，立面示意图如图 7-85 所示。悬挑径向桁架采用变高度的倒三角截面，截面高度在柱顶支座处最大，为 3.0m，向悬挑端及落地段逐渐减小，悬挑端部最小高度为 1.5m。每榀桁架由柱顶的前支点和看台梁柱交点处的后支点形成空间体系来抵抗倾覆力矩，前支点采用球铰支座连接，后支点采用销栓连接。

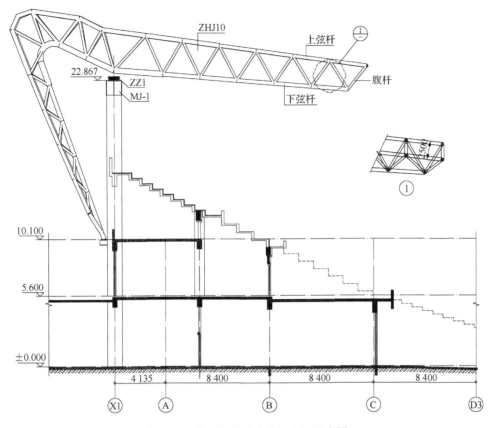

图 7-85 典型悬挑径向桁架立面示意图

（三）环向次桁架与稳定支撑杆件

悬挑径向桁架面外设置了 2 榀环向桁架及 9 组稳定支撑杆件。2 榀环向桁架分别布置在悬挑桁架端部及转折处，稳定刚性支撑布置于桁架上弦。环向桁架和稳定支撑协调各榀悬挑径向桁架之间的变形，并形成整体，从而保证罩棚平面内和平面外的稳定性。

（四）材料强度

钢结构罩棚主要材料采用 Q345B 钢材，销轴采用牌号为 40Cr 的合金结构钢，铸钢节点采用《铸钢节点应用技术规程》（CECS 235：2008）规定的 G20Mn5QT 钢。

三、计算参数和荷载取值

结构设计使用年限为 50 年，安全等级为一级，抗震设防类别为乙类，阜城地区抗震设防烈度为 6 度，设计基本地震加速度值为 0.05g，设计地震分组为第三组，场地类别为Ⅲ类，特征周期为 0.65s，弹性分析时阻尼比 0.03。

恒荷载按照屋面做法实际情况取值：杆件自重由程序自动考虑，并按杆件总重量的 5%考虑节点自重；屋面附加恒荷载（包含屋面材料、檩条、檩托、连接件、吊挂等）取 $1.0kN/m^2$。

屋面活荷载按 $0.5kN/m^2$ 取值；马道活荷载取值为 $0.5kN/m^2$。

100 年一遇雪压为 $0.35kN/m^2$（与活荷载不同时考虑，取两者的较大值）；雪荷载准永久值系数分区为 II 类。

体育场罩棚属于对风敏感建筑，取用 100 年一遇风压 $0.40kN/m^2$，地面粗糙度类别为 B 类。参考其他同类工程，风振系数取 2.0。风荷载体型系数按图 7-86 所示进行取值。

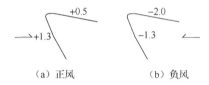

（a）正风　　　　　　（b）负风

图 7-86　钢结构罩棚风荷载体型系数

温度荷载：根据有关资料，阜城基本气温最低为-11℃，最高为 36℃，年平均气温 10℃～20℃。考虑到太阳辐射钢结构表面温度增加约 12℃，钢结构合拢温度为 15℃～20℃，罩棚设计时温差取±30℃。

四、结构设计指标

变形控制指标：体育场罩棚钢结构在恒荷载与活荷载标准值作用下的挠度允许限值取 $L/125$（L 为结构悬挑跨度）。

构造控制：采取的杆件长细比和计算长度系数的控制要求如表 7-32 所示。

表 7-32　杆件构造要求

结构分类		桁架弦杆	桁架腹杆
长细比	受压构件	180	180
	受拉构件	250	250
计算长度系数		1.0	0.9

应力比：鉴于本工程的重要性和结构的特殊性，在设计过程中采取了较为严格的控制指标，重要部位和薄弱部位的杆件应力比从严控制，使结构具有较大安全度。应力比控制目标具体为：桁架弦杆 0.85，腹杆和其他杆件 0.90。

五、整体静力计算

采用 Midas 软件对结构进行了整体建模，采用振型分解反应谱法分析，考虑偶然偏心、双向地震及竖向地震作用，振型数取 100 阶以确保有效质量参与系数达到规范要求的 90%以上。前三阶振型图如图 7-87 所示，第一阶振型为竖向振动，第二阶振型为扭转振动且伴有竖向振动，第三阶振型为一侧尾部的局部振动。

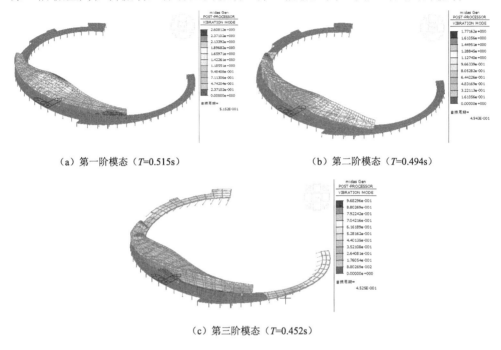

　　（a）第一阶模态（T=0.515s）　　　　　　　　　（b）第二阶模态（T=0.494s）

　　　　　　　　　　　　（c）第三阶模态（T=0.452s）

图 7-87　前三阶振型图

应力分析结果显示，由于本项目所在地的地震烈度较低，风荷载也较小，罩棚杆件最大应力主要由恒荷载、活荷载和温度荷载的工况组合控制，最大应力比均在 0.85 以下。

桁架最大挠度为127mm，出现在"1.0 恒荷载+1.0 活荷载+0.6 正风+0.6 降温"荷载组合下，位于中间附近的悬挑端（图 7-88），该处悬挑长度约为 21m，127mm<L/125=168mm，挠度满足有关规范要求。

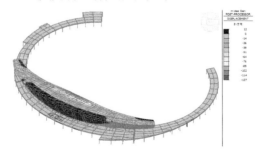

图 7-88　结构竖向变形云图

六、结构整体稳定性分析

为保证结构的整体稳定性，需对钢桁架进行屈曲稳定性分析，通过屈曲分析计算出其屈曲模态及易发生屈曲的位置，进而判断结构的整体稳定性。屈曲分析时考虑结构的初始几何缺陷，其分布采用结构的最低阶屈曲模态，缺陷最大计算值取桁架悬挑长度的 1/150，即 21 000/150=140(mm)。稳定分析的荷载组合有 6 种，即 1.0 恒荷载+1.0 活荷载、1.0 恒荷载+1.0 半跨活荷载、1.0 恒荷载+1.0 正风、1.0 恒荷载+1.0 负风、1.0 恒荷载+1.0 升温、1.0 恒荷载+1.0 降温。

对上述 6 种荷载组合分别进行屈曲稳定分析，结果显示"1.0 恒荷载+1.0 活荷载"组合下，结构第一阶模态的临界荷载系数（即稳定安全系数）36.57 最小（图 7-89），表明这种荷载组合下钢结构罩棚最易发生屈曲。但其安全系数远大于有关规范要求的 4.2，说明钢结构罩棚的刚度较大，稳定性很好，因此无须进行非线性稳定分析。

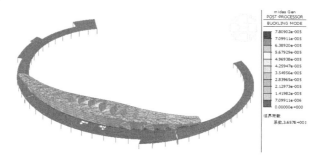

图 7-89　1.0 恒+1.0 活第一阶屈曲模态变形图

七、支座节点有限元分析

悬挑径向桁架的下弦杆和钢柱相交的支座处为多杆连接节点，受力复杂，对整体安全性起至关重要的作用，为保证节点安全可靠，采用 ABAQUS 软件进行了有限元分析。

支座节点根据受力大小采用 G20Mn5QT 铸钢节点或 Q345B 焊接空心球节点，弹性模量为 $2.06 \times 10^5 \text{N/mm}^2$，泊松比为 0.3。材料应力-应变关系为双折线模型，强化段的斜率为 0.1。钢材复杂应力状态下的强度准则采用 Mises 屈服条件，非线性分析过程中采用等向强化准则。

支座节点底部与成品球铰支座焊接，节点采用 C3D4 单元进行自由网格划分。模型里对空间节点采用力加载的方式来模拟受力情况，在每根杆件的端头定义参考点，用参考点作为杆件的耦合点，以在耦合点上加集中力的方式来模拟相应断面处的受力情况，将集中力和集中弯矩均匀地传递给管壁实体。

（一）1号支座铸钢节点分析

受力较大的 1 号支座处采用了铸钢节点，最小屈服强度为 300MPa，其三维轴测图和杆件规格分别如图 7-90 和表 7-33 所示。

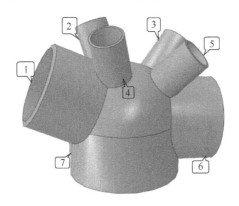

图 7-90　1 号下弦支座节点三维轴测图

表 7-33　1 号支座节点杆件规格

杆件类型	杆件编号	杆件规格	材质
下弦杆	1、6	$\phi450\times25$	G20Mn5QT
腹杆	2、3、4、5	$\phi180\times20$	G20Mn5QT
铸钢件底部	7	$\phi600\times40$	G20Mn5QT

施加在铸钢节点上的荷载通过 Midas 软件从整体结构中提取，根据内力组合原则选取节点处的控制组合。通过比较，1 号支座节点的控制荷载组合为"1.2 恒荷载+1.4 正风+0.98 活荷载+0.84 降温"。

（1）1号支座节点弹性分析结果。从节点 Von Mises 应力云图（图 7-91）可知，在控制荷载组合作用下节点应力最大为 194MPa，位于杆件 6 与杆件 7 相交位置，其余位置的应力水平基本都低于 147MPa，该节点总体应力水平适中，具有一定的安全储备。从节点的变形云图（图 7-92）可以看出，节点位移很小，最大为 0.46mm，说明该铸钢节点具有较大刚度。

（2）1 号支座节点弹塑性极限承载力分析。通过弹塑性有限元分析可得到节点的极限承载力（图 7-93），破坏荷载施加方式为所有杆端力均逐步增加，直至节点破坏。

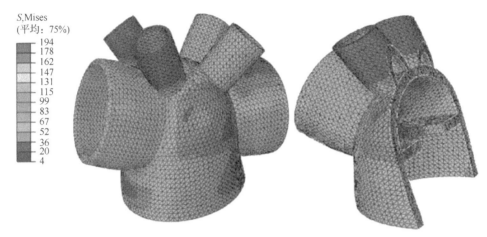

图 7-91　1 号支座节点整体和剖面应力云图（单位：MPa）

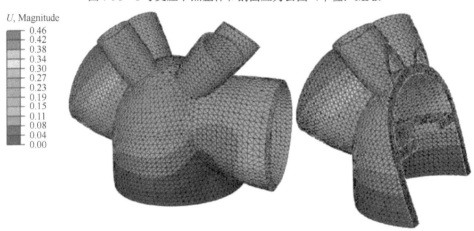

图 7-92　1 号支座节点整体和剖面变形云图（单位：mm）

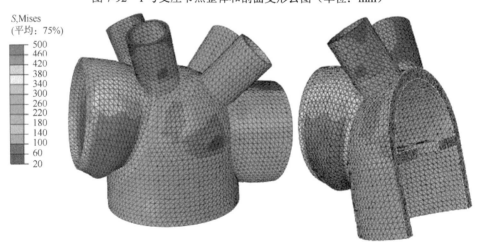

图 7-93　1 号支座节点极限承载力的整体和剖面应力云图（单位：MPa）

图 7-94 为荷载作用全过程的荷载-位移曲线图。

图 7-94　荷载作用全过程的荷载-位移曲线图

图 7-94 给出了铸钢节点杆件在 1~10 倍设计荷载下的节点极限承载力。从图 7-94 中可以得出，极限承载力约为设计荷载值的 4 倍，其值大于 3 倍的设计承载力，铸钢节点承载力满足规范要求。

（二）2 号支座焊接空心球节点分析

2 号支座节点采用了 Q345B 焊接空心球节点，强度设计值为 295MPa，其三维轴测图和杆件规格分别如图 7-95 和表 7-34 所示。

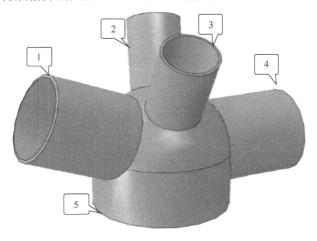

1~5——杆件编号。

图 7-95　2 号下弦支座节点三维轴测图

表 7-34　2 号支座节点杆件规格

杆件类型	杆件编号	杆件规格	材质
下弦杆	1、4	$\phi 299 \times 10$	Q345B
腹杆	2、3	$\phi 180 \times 8$	Q345B
空心球底部	5	$\phi 450 \times 20$	Q345B

　　施加在焊接空心球节点上的荷载通过 Midas 软件从整体结构中提取，根据内力组合原则选取节点处的控制组合。通过比较，2 号支座节点的控制荷载组合为"1.2 恒荷载+1.4 降温+0.98 活荷载+0.84 正风"。

　　从节点 Von Mises 应力云图（图 7-96）可知，在控制荷载组合作用下节点应力最大值为 262MPa，位于杆件 4 与杆件 5 相交位置，小于钢材强度设计值；其余位置的应力水平基本都低于 176MPa，该节点总体应力水平适中，具有一定的安全储备。

　　从节点的变形云图（图 7-97）可以看出，节点位移很小，最大值仅为 0.57mm，说明该空心半球节点具有较大刚度。

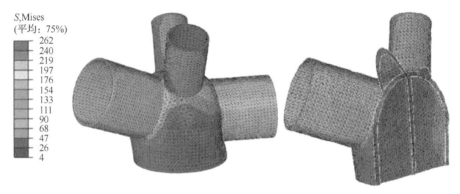

图 7-96　2 号支座节点整体和剖面应力云图（单位：MPa）

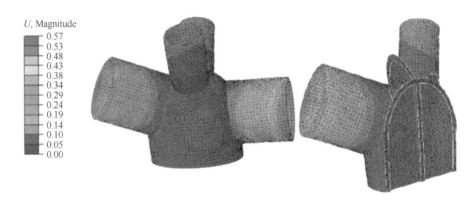

图 7-97　2 号支座节点整体和剖面变形云图（单位：mm）

八、结语

　　阜城体育场看台罩棚采用倒三角形截面空间管桁架，通过环向桁架和稳定支撑保证面外稳定，结构形式简洁，传力路径明确。

　　对结构进行整体分析，结果表明，结构变形、构件应力比均满足空间网格规程、钢结构设计规范的要求。

　　对结构进行稳定性分析，第一阶屈曲模态的临界荷载系数较大，结构不会发生失稳破坏。

　　部分支座节点处因受力较大，普通焊接节点不能满足刚度与强度要求，改用钢铸钢节点才能满足设计要求，并采用有限元软件对节点进行承载力和刚度的弹性分析，以及极限承载力的弹塑性分析，保证节点在弹性阶段满足承载力及施工要求，在极限承载力下具有相应的变形能力和承载能力。

参 考 文 献

[1] 中国建筑科学研究院. 高层建筑混凝土结构技术规程：JGJ 3—2010[S]. 北京：中国建筑工业出版社，2011.

[2] 中华人民共和国住房和城乡建设部. 建筑消能减震技术规程：JGJ 297—2013[S]. 北京：中国建筑工业出版社，2013.

[3] 吕西林. 高层建筑结构[M]. 武汉：武汉理工大学出版社，2011.

[4] 中国建筑科学研究院,中华人民共和国住房和城乡建设部. 建筑抗震设计规范（2016 年版）：GB 50011—2010[S]. 北京：中国建筑工业出版社，2016.

[5] 中国建筑科学研究院. 混凝土结构工程施工质量验收规范：GB 50204—2015 [S]. 北京：中国建筑工业出版社，2015.

[6] 中华人民共和国住房和城乡建设部，中华人民共和国国家质量监督检验检疫总局. 钢结构设计标准：GB 50017—2017[S]. 北京：中国建筑工业出版社，2017.

[7] 中国地震局. 中国地震动参数区划图：GB 18306—2017[S]. 北京：中国标准出版社，2015.

[8] 中国建筑科学研究院. 建筑工程抗震设防分类标准：GB 50233—2008 [S]. 北京：中国建筑工业出版社，2018.

[9] 傅学怡. 实用高层建筑结构设计[M]. 2 版. 北京：中国建筑工业出版社，2010.

[10] 中国建筑科学研究院. 建筑地基基础设计规范：GB 50007—2011 [S]. 北京：中国建筑工业出版社，2011.

[11] 中国建筑科学研究院. 混凝土结构设计规范（2015 年版）：GB 50010—2010[S]. 北京：中国建筑工业出版社，2015.

[12] 温凌燕，娄宇，聂建国. 结构大震弹塑性时程分析中的能量反应分析[J]. 土木工程学报，2014，47（5）：1-8.

[13] 赵国臣. 地震动位移反应谱分析及抗震设计谱研究[D]. 哈尔滨：哈尔滨工业大学，2018.

[14] 王铭帅. 高层建筑结构设计中的隔震减震[J]. 建筑技术开发，2020，47（3）：39-40.

[15] 朱宏平，周方圆，袁涌. 建筑隔震结构研究进展与分析[J]. 工程力学，2014，31（3）：1-10.

[16] 赵宏旭. 高层建筑结构隔震减震技术研究[J]. 湖南科技学院学报，2009，30（8）：150-151.

[17] 杜涛，夏世群，柳温忠，等. 某钢管混凝土筒中筒超高层结构设计[J]. 建筑结构，2019，49（9）：27-32.

[18] 夏世群，劳希君，王熙堃，等. 中华国际广场超限高层结构设计[J]. 建筑结构，2021，51（12）：25-31.

[19] 夏世群，杜涛，柳温忠，等. 青岛富都国际广场超限高层结构设计[J]. 建筑结构，2021，51（12）：19-24.

[20] 夏世群，戴西行，张光义，等. 回字形山地建筑结构设计[J]. 建筑结构，2021，51（12）：38-43.

[21] 夏世群，陈军法，柳温忠，等. 阜城全民健身中心体育场罩棚结构设计[J]. 建筑结构，2021，51（12）：14-18.